LE
CANAL DE SUEZ

PAR

VOISIN BEY

INSPECTEUR GÉNÉRAL DES PONTS ET CHAUSSÉES EN RETRAITE
ANCIEN DIRECTEUR GÉNÉRAL DES TRAVAUX DE CONSTRUCTION DU CANAL

TOME PREMIER

I

HISTORIQUE ADMINISTRATIF

ET

ACTES CONSTITUTIFS DE LA COMPAGNIE

PREMIÈRE PARTIE

PÉRIODE DES ÉTUDES ET DE LA CONSTRUCTION

1854 à 1869

PARIS

Vᵛᵉ Ch. DUNOD, ÉDITEUR

49, Quai des Grands-Augustins, 49

1902

LE
CANAL DE SUEZ

TOME PREMIER

FERDINAND DE LESSEPS

19 Novembre 1805 — 7 Décembre 1894

LE CANAL DE SUEZ

PAR

VOISIN BEY

INSPECTEUR GÉNÉRAL DES PONTS ET CHAUSSÉES EN RETRAITE
ANCIEN DIRECTEUR GÉNÉRAL DES TRAVAUX DE CONSTRUCTION DU CANAL

TOME PREMIER

I

HISTORIQUE ADMINISTRATIF

ET

ACTES CONSTITUTIFS DE LA COMPAGNIE

PREMIÈRE PARTIE

PÉRIODE DES ÉTUDES ET DE LA CONSTRUCTION
1854 à 1869

PARIS

Vᵛᵉ Cн. DUNOD, ÉDITEUR

49, Quai des Grands-Augustins, 49

1902

DÉDIÉ

A LA MÉMOIRE

DU CRÉATEUR DU CANAL

LE CANAL DE SUEZ

HISTORIQUE ADMINISTRATIF
ET ACTES CONSTITUTIFS DE LA COMPAGNIE

PREMIÈRE PARTIE

PÉRIODE DES ÉTUDES & DE LA CONSTRUCTION
(DE 1854 A 1869)

MÉMOIRE DE M. DE LESSEPS
SUR LE PROJET DE PERCEMENT DE L'ISTHME DE SUEZ
(15 NOVEMBRE 1854)

Depuis l'année 1849, — année où il avait demandé et obtenu la disponibilité de son grade de ministre plénipotentiaire, — M. de Lesseps n'avait cessé d'étudier la question du percement de l'isthme de Suez, qui avait déjà occupé son esprit vingt ans auparavant, pendant qu'il occupait le poste de consul de France en Égypte. Dès l'année 1852, il adressait un mémoire tout confidentiel sur la question à son ami de cette ancienne époque, M. Ruyssenaërs, devenu consul général des Pays-Bas, en lui demandant de communiquer ce mémoire au vice-roi d'alors, Abbas-Pacha, au cas où il jugerait celui-ci apte à comprendre l'utilité du projet pour l'Égypte et disposé à concourir à son exécution.

Sur la réponse que lui fit M. Ruyssenaërs qu'il n'y avait aucune chance de faire accepter par Abbas-Pacha le percement de l'isthme de Suez, M. de Lesseps communiqua son projet à un financier de ses amis, M. Benoît Fould, qui devait s'associer à une opération ayant pour but de créer à Constantinople un crédit mobilier et qui se montra frappé de la grandeur de l'entreprise et de l'avantage qu'il y aurait à comprendre, parmi les concessions à demander à la Turquie, le privilège de l'exécution du canal de Suez; mais le négociateur envoyé à ce sujet à Constantinople rencontra des difficultés qui firent renoncer au projet : un des arguments qui lui furent opposés, était l'impossibilité de prendre l'initiative d'un travail à exécuter en Égypte où le vice-roi avait seul la faculté de l'entreprendre.

Dans cette situation, M. de Lesseps laissa dormir son mémoire sur le percement de l'isthme, attendant des temps plus propices qui, comme on va le voir, ne tardèrent pas à se présenter. En effet, en septembre 1854, M. de Lesseps reçut la nouvelle de la mort d'Abbas-Pacha et de l'avènement au pouvoir de Mohammed-Saïd, dont M. Ruyssenaërs et lui étaient des amis de jeunesse, et à qui il s'empressa d'écrire pour le féliciter en lui annonçant en même temps sa visite en Égypte dès qu'il connaîtrait son retour de Constantinople, où le nouveau vice-roi devait aller recevoir son investiture [1].

---

1. Mohammed-Saïd-Pacha, quatrième fils de Méhémet-Ali, né en 1822, était le quatrième vice-roi de la dynastie régnante.

Ses prédécesseurs avaient été :

Méhémet-Ali-Pacha, fondateur de la dynastie, né en 1769 à La Cavale (Kavala), petit port de la Roumélie, qui régna de 1806 à 1849;

Ibrahim-Pacha, fils aîné de Méhémet-Ali, né en 1789, qui, de 1847 à 1849, régna au nom de son père, dont une maladie avait altéré les facultés intellectuelles;

Abbas-Pacha, petit-fils de Méhémet-Ali, neveu d'Ibrahim-Pacha, né en 1813, qui régna de 1849 à 1854.

On rappellera ici sommairement dans quelles circonstances et à quelles conditions fut établie la vice-royauté héréditaire d'Egypte en faveur de la descendance mâle de Méhémet-Ali.

Méhémet-Ali était arrivé en Egypte, en 1800, comme simple lieutenant d'un détachement de 300 hommes fourni par le gouverneur de La Cavale et qui devait rejoindre la flotte turque chargée, avec le concours des troupes alliées, de rétablir en Egypte la domination ottomane. Il conquit promptement le grade de général.

A la suite d'une succession de révoltes militaires qui eurent lieu contre les divers vice-rois nommés par la Sublime Porte, Méhémet-Ali, en 1806, se fit proclamer par les cheiks et les ulémas gouverneur du Caire ou vice-roi, et la Porte fut obligée de le confirmer dans ce poste.

Beaucoup plus tard, à la date du 12 février 1841, sous le règne du sultan

C'est dans les premiers jours de novembre que M. de Lesseps se rendit à Alexandrie pour faire au vice-roi la visite qu'il lui avait annoncée. Son Altesse lui fit l'accueil le plus cordial. Ce ne fut néanmoins que le 15 novembre, après de nombreuses entrevues, que M. de Lesseps se résolut à l'entretenir de son projet de percement de l'isthme de Suez. Le vice-roi se déclara convaincu de l'utilité du projet ; il acceptait le plan proposé, sauf étude des moyens d'exécution ; c'était, dit-il, une affaire entendue ; M. de Lesseps pouvait compter sur lui. Finalement, Son Altesse invita M. de Lesseps à rédiger et à lui remettre un mémoire sur la question.

Abdul-Medjid, qui venait de succéder à Mahmoud, et à la suite de longues guerres soutenues par Méhémet-Ali contre la puissance suzeraine, un premier hatti-shérif, dû à la médiation des cinq grandes Puissances européennes (Angleterre, Autriche, France, Prusse et Russie) et destiné à régler les rapports de l'Egypte avec la Porte, accorda à la descendance mâle de Méhémet-Ali la vice-royauté d'Egypte à titre héréditaire.

La disposition de ce hatti-shérif concernant l'hérédité stipulait que, « lorsque le Gouvernement de l'Egypte serait vacant, il serait confié à celui des enfants mâles de Méhémet-Ali que choisirait le Sultan; que le même ordre de succession s'appliquerait aux enfants mâles de ce dernier et ainsi de suite ».

Cette disposition n'ayant pas été acceptée par la France, qui y voyait tout un avenir de nouvelles difficultés, de nouvelles négociations eurent lieu, et un second hatti-shérif, en date du 1er juin 1841 (2 rabi-ewel 1257), accepté cette fois et garanti par les cinq grandes Puissances, établit que, « quand le Gouvernement de l'Egypte serait vacant, il passerait du fils aîné au fils aîné dans la ligne directe et masculine des fils et descendants de Méhémet-Ali »; en d'autres termes, que « la vice-royauté de l'Egypte appartiendrait à la descendance mâle de Méhémet-Ali par ordre de primogéniture ».

Les principales conditions imposées par la Porte étaient d'ailleurs les suivantes :

Les traités qui liaient la Porte avec les autres Puissances, étaient également valables pour l'Egypte, et les lois administratives de ce pays devaient se rattacher à celles de l'Empire ottoman;

Les impôts seraient levés au nom et avec l'autorisation du Sultan ;

Le tribut annuel (qui était précédemment de 1.500.000 francs) serait désormais de 7.500.000 francs.

Les monnaies égyptiennes devaient être frappées au même titre et d'après les mêmes divisions que la monnaie turque;

L'armée pour le service intérieur ne devait pas dépasser 18.000 hommes, et ce chiffre ne pouvait être augmenté ni des navires de guerre être construits sans l'assentiment du Sultan, qui nommait les officiers généraux au-dessus du grade de colonel.

Enfin, chaque nouveau vice-roi devait se rendre à Constantinople pour recevoir l'investiture des mains du Sultan.

(Voir, en ce qui est des successeurs de Mohamed-Saïd et des nouveaux pouvoirs qui leur ont été concédés par le Sultan, au chapitre concernant l'avènement de S. A. Imaïl Pacha. 18 janvier 1863.)

Ce mémoire, destiné à prouver la possibilité d'exécution et à justifier l'utilité du canal de jonction des deux mers, et qui était déjà préparé en substance depuis deux ans, fut remis le jour même à Son Altesse. Il était libellé comme suit :

MÉMOIRE ADRESSÉ PAR M. DE LESSEPS
A S. A. MOHAMMED-SAÏD, VICE-ROI D'ÉGYPTE, LE 15 NOVEMBRE 1854

La jonction de la mer Méditerranée et de la mer Rouge par un canal navigable est une entreprise dont l'utilité a appelé l'attention de tous les grands hommes qui ont régné ou passé en Égypte : Sésostris, Alexandre, César, le conquérant arabe Amrou, Napoléon Ier et Mohammed-Ali.

Un canal communiquant par le Nil avec les deux mers a déjà existé dans l'antiquité, pendant une première période dont on ne connaît pas la durée, sous les anciennes dynasties égyptiennes ; pendant une seconde période de quatre cent quarante-cinq ans, depuis les premiers successeurs d'Alexandre et la conquête romaine, jusque vers le IVe siècle avant l'hégire[1], et, enfin, pendant une troisième période de cent trente ans, après la conquête arabe[2].

Napoléon, dès son arrivée en Égypte, chargea une Commission d'in-

---

1. L'hégire, ère des Musulmans, commence, on le sait, au 16 juillet, an 622 après Jésus-Christ.

2. Hérodote attribue la première exécution d'un canal joignant le Nil à la mer Erythrée (mer Rouge) au pharaon Nécos, qui aurait pourtant laissé son œuvre inachevée (an 630 av. J.-C.) ; 120.000 hommes auraient péri en creusant ce canal. Les travaux n'auraient été repris et terminés qu'après la conquête persane, par Darius Ier (an 520). « Ce canal, dit Hérodote (qui visita l'Egypte cinquante ans après Darius), a de longueur quatre journées de navigation et assez de largeur pour que deux trirèmes puissent y passer ; il a son origine un peu au-dessus de Bubastis (sur la branche Pélusiaque) et aboutit à la mer Erythrée dans le golfe d'Arabie. »
Selon Diodore de Sicile et Strabon, Darius n'aurait pas non plus achevé le canal, parce qu'on lui avait persuadé que la mer Rouge était plus élevée que le sol de l'Egypte, en sorte que, si la coupure était faite jusqu'à la mer, les eaux salées viendraient se mêler aux eaux potables du Nil et inonder le pays. L'œuvre n'aurait été complétée que sous les Lagides. Ce serait Ptolémée II qui l'aurait achevée « en faisant placer vers le débouché à la mer (à l'endroit où était bâtie la ville d'Arsinoë) des euripes ou barrières très ingénieusement construites, qu'on ouvrait quand on voulait passer et qu'on refermait ensuite très promptement » (an 285 av. J.-C.).
Pline dit, entre autres choses, sur le même sujet, que Ptolémée II fit creuser le canal en lui donnant 100 pieds au moins de largeur et 37.500 pas de longueur, jusqu'aux sources amères, où l'on s'arrêta par la crainte d'inonder

génieurs de rechercher s'il serait possible de rétablir et de perfectionner cette voie de communication. La question fut résolue d'une manière affirmative, et lorsque le savant M. Lepère lui remit le rapport de la Commission, il dit : « La chose est grande; ce ne sera pas moi qui, maintenant, pourrai l'accomplir; mais le Gouvernement Turc trouvera peut-être un jour sa gloire dans l'exécution de ce projet. »

Le moment est arrivé de réaliser la prédiction de Napoléon. L'œuvre du percement de l'isthme de Suez est certainement destinée, plus que toute autre, à contribuer à la conservation de l'Empire ottoman et à démontrer à ceux qui proclamaient naguère sa décadence et sa ruine, qu'il possède encore une existence féconde, et qu'il est capable d'ajouter une page brillante à l'histoire de la civilisation du monde.

Pourquoi les Gouvernements et les peuples de l'Occident se sont-ils réunis pour maintenir le Grand Seigneur dans la possession de Constantinople, et pourquoi la Puissance qui a voulu menacer cette situation a-t-elle rencontré l'opposition armée de l'Europe? Parce que le passage de la Méditerranée à la mer Noire a une telle importance que la Puissance européenne qui en deviendrait maîtresse, dominerait toutes les autres et renverserait un équilibre que tout le monde est intéressé à conserver.

Que l'on établisse sur un autre point de l'Empire ottoman une position semblable et encore plus importante ; que l'on fasse de l'Égypte le passage du commerce du monde par le percement de l'isthme de Suez, et l'on créera en Orient une double situation inébranlable ; car, pour ce qui concerne le nouveau passage, les grandes Puissances européennes, par la crainte de voir l'une d'elles s'en emparer un jour, regarderont comme une question vitale la nécessité d'en garantir la neutralité.

M. Lepère demandait, il y a cinquante ans (en 1799), 10.000 ouvriers, quatre années de travail et 30 à 40 millions pour la restauration de

---

le pays, la mer Rouge ayant été trouvée en cet endroit supérieure de 3 coudées au sol de l'Égypte : que quelques auteurs en donnaient cette autre raison que l'on craignait de gâter, par cette communication, les eaux du Nil, fleuve qui, seul en Egypte, donnait des eaux potables.

Le canal fut de nouveau creusé pendant la domination romaine par l'empereur Trajan (an 98) ou par son successeur Adrien. C'est sans doute alors que, pour mettre le pays à l'abri de l'envahissement toujours redouté des eaux de la mer Rouge, la prise d'eau fut reportée plus haut dans la vallée, à l'endroit de l'antique Fostât (vieux Caire).

Enfin le canal fut nettoyé et creusé à nouveau par Amrou, lieutenant d'Omar (an 642), pour permettre de conduire à Médine, soumise à une grande disette, les blés d'Egypte ; mais il fut comblé, en 775, sur l'ordre du khalife alors régnant.

Depuis cette époque, le canal a été tout à fait abandonné, et il s'est complètement comblé, mais en conservant pourtant, en divers points du désert, les reliefs très prononcés de ses anciennes digues.

l'ancien canal indirect.; il concluait à la possibilité du percement direct de l'isthme, de Suez à Péluse [1].

M. Paulin Talabot, l'un des trois célèbres ingénieurs choisis il y a dix ans, avec MM. Stephenson (pour l'Angleterre) et Negrelli (pour l'Autriche), par une société dite « Société d'études du canal des deux mers », avait adopté la voie indirecte d'Alexandrie à Suez, en profitant du barrage (alors en construction) pour la traversée du Nil. Il évaluait la dépense totale à 130 millions pour le canal et à 20 millions pour la rade et le port de Suez [2] (Voir Pl. II).

M. Linant-Bey qui, depuis trente années, dirige avec habileté les travaux de canalisation en Égypte; qui a fait, sur les lieux, de la question du canal des deux mers, l'étude de toute sa vie et dont l'opinion mérite une sérieuse attention, avait proposé de trancher l'isthme sur une ligne presque directe dans la partie la plus étroite, en établissant un grand port intérieur dans le bassin du lac Timsah, et en rendant abordables aux plus grands navires les passages de Péluse et de Suez sur la Méditerranée et sur la mer Rouge [3].

---

1. Voir, pour renseignements détaillés à ce sujet, au volume du présent ouvrage contenant la description des projets.

2. La Société d'études s'était formée, en 1846, sous les auspices de M. Enfantin.
Le projet de M. Talabot a été publié pour la première fois en 1847, dans la *Revue des Deux-Mondes*; puis, une seconde fois, dans le numéro de la même *Revue* du 1er mai 1855
Voir, pour renseignements détaillés sur ce projet, au volume déjà mentionné ci-dessus.

3. Dès l'année 1830, M. Linant-Bey avait communiqué à M. de Lesseps, alors consul de France au Caire, son projet complet de canal direct de jonction des deux mers, qui fut envoyé, à la même époque, à plusieurs Cabinets européens. Ce fut cette première et intéressante communication qui fit naître chez M. de Lesseps l'impérieux désir, qu'il n'abandonna jamais depuis, de devenir, comme il le fut en effet plus tard, le persévérant promoteur du percement de l'isthme de Suez.
En février 1841, M. Linant-Bey avait formé avec M. Anderson, qui fut plus tard directeur de la Compagnie péninsulaire et orientale, une Société pour préparer la construction d'un canal direct de Suez à Péluse; mais les projets de cette première Société n'eurent pas de suite.

Pour compléter l'historique des premières études du canal des deux mers, on peut ajouter aux opinions déjà citées les suivantes, qui prouvent tout l'intérêt que, depuis le projet de Lepère, on attachait, surtout en Angleterre et en France, à une prompte solution de la question.
Opinion de M. Maclaren, publiée dans le *Jamieson's Journal* (1825). — Lorsqu'on explore le terrain, les difficultés supposées s'évanouissent, et l'on reconnaît que la nature a fourni des facilités si singulières et si inattendues à l'établissement d'une communication d'eau entre les deux mers, qu'elle a laissé peu à faire à l'homme pour compléter son ouvrage. Les facilités que présente ce terrain sont telles que, bien que le canal, vu sa grande section,

Le général du génie Gallice-Bey, auteur et directeur des fortifications d'Alexandrie, avait, de son côté, présenté à Mohammed-Ali un projet de percement de l'isthme conforme au plan proposé par M. Linant Bey.

M. Mougel-Bey, directeur des travaux du barrage du Nil, ingénieur en chef des Ponts et Chaussées, avait également entretenu Mohammed-

---

dût être certainement le plus large de ceux existants, la dépense en serait certainement moindre que celle de quelques-uns des ouvrages moins importants du même genre exécutés dans l'occident de l'Europe.

Opinion du capitaine Chesney (*enquête devant le Comité du Parlement anglais*) (1834). — Quant à ce qui regarde l'exécution du canal de Suez à Péluse, il n'y a qu'un avis possible : il n'y a pas de difficultés naturelles sérieuses ; il n'y a pas une seule montagne qui puisse mériter même le nom de colline ; et, dans un pays où l'on peut avoir la main-d'œuvre sans limite, à un prix extrêmement inférieur à celui qu'elle coûte dans toute autre partie du monde, la dépense serait modérée pour une nation qui l'entreprendrait à elle seule ; elle ne serait rien si on la partageait entre les grandes nations de l'Europe, qui, toutes, y profiteraient immensément.

Opinion du journal « Foreign Quarterley Review » (1836). — Il n'y a pas de doute que si les Français étaient restés en Egypte, et, spécialement, avec Napoléon à la tête du Gouvernement, ils auraient poussé à exécution leur projet de canal. La dépense, comparée à la grandeur du résultat, est si peu de chose qu'il est extraordinaire que l'exécution n'en ait pas été effectuée jusqu'à présent, soit par une Compagnie ayant l'appui de Méhémet-Ali, soit par le Pacha pour son propre compte.

Un coup d'œil sur la carte accompagnant le plan topographique des ingénieurs français est tout à fait suffisant pour démontrer avec quelle facilité et à quelle dépense modérée on construirait un canal maritime de la mer Rouge à la Méditerranée.

Opinion du cap. James Wetch, du génie anglais (*Enquête sur les moyens d'établir une navigation maritime entre la Méditerranée et la mer Rouge*) (1843). — Le cap. Wetch se déclarait, dans les conclusions de son mémoire, pour l'ouverture d'un canal maritime direct entre les deux mers. Il était d'ailleurs d'avis « que le capital anglais et l'énergie anglaise étaient seuls capables d'exécuter ce travail d'une façon véritablement utile et permanente ». Il faisait remarquer, enfin, « que l'exécution devenait chaque jour d'autant plus opportune qu'elle était d'une facilité vraiment pratique, et que, d'une manière ou d'une autre, elle ne subirait certainement pas de longs ajournements ».

Opinion de MM. Galinier et Ferret, officiers d'état-major français (*Exposé de la question du canal des deux mers*). — Introduction d'un ouvrage intitulé *Voyage en Abyssinie*, publié par ordre du Gouvernement Français (1847). — Ce n'est pas dans l'exécution du projet de canal de l'intérieur que consiste la véritable jonction des deux mers. Ce problème ne sera résolu qu'autant que l'isthme offrira une brèche praticable où passeront tous les navires sans rompre charge. Pour cela, il faut l'attaquer directement de Péluse à Suez. Dans cette ligne, le désert est moins large que partout ailleurs. C'est encore dans cette direction que s'étend la vaste dépression au fond de laquelle se trouve le grand bassin des lacs Amers.

Opinion de M. de Negrelli, inspecteur général des chemins de fer d'Autriche (1847). — M. de Negrelli avait dressé, en 1847, un projet de canal à tracé direct qui différait peu de celui qui a été définitivement proposé, en 1855, par les ingénieurs du vice-roi.

Ali de la possibilité et de l'utilité du percement de l'isthme de Suez, et, en 1840, sur la demande de M. le comte Walewski, alors en mission en Égypte, il fut chargé de faire en Europe des démarches préliminaires auxquelles les événements politiques ne permirent pas de donner suite.

Un examen approfondi déterminera celui des tracés qui conviendra le mieux; mais, l'entreprise étant reconnue exécutable, il n'y a plus qu'à faire choix du meilleur projet.

Toutes les opérations à entreprendre, quelque difficiles qu'elles soient, ont cessé d'effrayer l'art moderne. Leur réussite ne peut plus être mise en doute aujourd'hui : c'est une question d'argent que l'esprit d'entreprise et d'association ne manquera pas de résoudre si les bénéfices qui devront en résulter, sont en rapport avec la dépense.

Il est facile de démontrer que la dépense du canal de Suez, en admettant le devis le plus élevé, n'est pas hors de proportion avec l'utilité et les profits de cette grande œuvre, qui abrégerait de plus de moitié la distance des principales contrées de l'Europe et de l'Amérique pour se rendre dans les Indes.

Ce résultat est rendu évident dans le tableau suivant dressé par le professeur de géologie, M. Cordier (Voir Pl. I).

INDICATION des PORTS D'EUROPE ET D'AMÉRIQUE	DISTANCES JUSQU'A BOMBAY en lieues		DIFFÉRENCE
	Par le canal de Suez	Par l'Atlantique	
Constantinople	1.800	6.100	4.300
Malte	2.062	5.800	3.778
Trieste	2.340	5.980	3.620
Marseille	2.374	5.650	3.276
Cadix	2.224	5.200	2.976
Lisbonne	2.500	5.350	2.850
Bordeaux	2.800	6.650	2.850
Le Havre	2.824	5.800	2.976
Londres	3.100	5.950	2.850
Liverpool	3.050	5.900	2.850
Amsterdam	3.100	5.950	2.850
Saint-Pétersbourg	3.700	6.550	2.850
New-York	3.761	6.200	2.439
La Nouvelle-Orléans	3.724	6.450	2.726

(Les lieues indiquées à ce tableau sont des lieues métriques, de 4 kilomètres.)

Devant de pareils chiffres, les commentaires deviennent inutiles; ils font voir que toutes les nations de l'Europe, et même les États-Unis d'Amérique, sont également intéressées à l'ouverture du canal de Suez aussi bien qu'à la neutralité rigoureuse et inviolable de ce passage.

Mohammed-Saïd a déjà compris qu'il n'a pas d'œuvre à exécuter qui, par la grandeur et l'utilité de ses résultats, puisse entrer en parallèle avec celle que je lui propose. Pour son règne, quel beau titre de gloire! pour l'Égypte, quelle source intarissable de richesses! Les noms des souverains égyptiens qui ont élevé les pyramides, ces monuments de l'orgueil humain, restent ignorés. Le nom du prince qui aura ouvert le grand canal maritime sera béni de siècle en siècle jusqu'à la postérité la plus reculée.

Le pèlerinage de la Mecque assuré en tout temps et devenu facile pour tous les Musulmans; une impulsion immense donnée à la navigation à vapeur et aux voyages de long cours; les pays qui bordent la mer Rouge et le golfe Persique, la côte orientale d'Afrique, l'Inde, le royaume de Siam, la Cochinchine, le Japon, le vaste empire de la Chine, les îles Philippines, l'Australie et cet immense archipel vers lequel tend à se porter l'émigration de la vieille Europe, rapprochés de près de 3.000 lieues du bassin de la Méditerranée ainsi que du nord de l'Europe et de l'Amérique, tels sont les effets soudains, immédiats du percement de l'isthme de Suez [1].

---

1. Dans une brochure publiée à Londres en 1843 et intitulée : *Observations sur la possibilité et l'utilité d'ouvrir une communication entre la mer Rouge et la Méditerranée par un canal maritime traversant l'isthme de Suez*, M. Anderson, de la Compagnie des Indes, faisait ressortir ainsi qu'il suit l'utilité d'un pareil projet :

Il faisait remarquer,

D'une part, que la distance entre la Manche et Calcutta, par le cap de Bonne-Espérance, suivant la route parcourue par les meilleurs navires, était d'environ 13.000 milles, tandis que, par la Méditerranée et l'isthme de Suez, elle ne serait que de 8.000 milles; différence en faveur de la route du canal, 5.000 milles. Pour Bombay, la distance par le cap était de 11.500 milles; par la voie de l'isthme, 6.200 milles; différence, 5.300 milles. Or, ajoutait-il, la route n'était pas plus difficile par une voie que par l'autre, attendu qu'en regard de la sujétion des saisons que présente la navigation dans la mer Rouge, on devait tenir compte des inconvénients qui résultent, sur la route du Cap, des calmes continus succédant à des tempêtes permanentes, des maladies qui déciment les équipages, et des sinistres si fréquents au passage de l'équateur;

D'autre part, que l'Inde contenait 150 millions d'habitants, et la Chine environ 350 millions, soit (sans y comprendre les autres régions de l'Extrême Orient) une population totale de 500 millions d'âmes avec laquelle les relations commerciales se trouveraient grandement facilitées par la nouvelle route maritime.

Il concluait donc en disant que, au point de vue politique, les avantages que le Gouvernement anglais retirerait du canal seraient presque incalculables; et que, sous le rapport commercial, ils seraient plus considérables encore.

D'un autre côté, dans un mémoire adressé en 1855 à la Société de Géogra-

On a calculé que la navigation de l'Europe et de l'Amérique, par le cap de Bonne-Espérance et le cap Horn, peut entretenir un mouvement annuel de 6 millions de tonneaux, et que, sur la moitié seulement de ces tonneaux, le commerce du monde réaliserait un bénéfice de 150 millions de francs par an, en faisant passer les navires par le golfe Arabique.

---

phie, et qui avait pour devise : *Aperire terram gentibus*, M. le comte d'Escayrac de Lanture, voyageur français, a fait ressortir également les avantages que devait offrir le canal des deux mers au point de vue de l'abréviation considérable de la route des Indes ; et il exprimait l'opinion que la nouvelle voie, rencontrant sur son parcours de nombreux ports de relâche et des marchés importants, et réduisant dans une large mesure le temps nécessaire aux voyages et aux opérations de commerce, ouvrirait cette même route à la navigation de cabotage.

Enfin, M. Talabot, dans son projet publié en 1855 par la *Revue des Deux Mondes*, a donné, à son tour, le tableau suivant (dressé d'après les calculs de M. Gressier, ingénieur hydrographe, conservateur du dépôt des cartes et plans de la marine) des distances comparées par le cap de Bonne-Espérance et par Suez, entre les différents ports de l'Europe et Ceylan, pris comme point central des mers de l'Inde.

DÉSIGNATION DES PORTS	DISTANCES JUSQU'A CEYLAN en milles marins		DIFFÉRENCE
	Par Suez	Par le Cap	
Saint-Pétersbourg	8.620	15.660	7.040
Stockholm	8.290	15.330	7.040
Dantzig	8.200	15.240	7.040
Hambourg	7.610	14.650	7.040
Amsterdam	7.420	14.460	7.040
Londres	7.300	14.340	7.040
Le Havre	7.090	14.130	7.040
Lisbonne	6.190	13.500	7.310
Barcelone	5.500	14.330	8.830
Marseille	5.490	14.500	9.010
Gênes	5.440	14.690	9.250
Trieste	5.220	15.480	10.260
Constantinople	4.700	15.630	10.880
Odessa	5.080	15.960	10.880

En prenant pour point spécial de comparaison les ports de l'Angleterre, qui entraient pour près des trois quarts dans le mouvement général du commerce avec les Indes, on reconnaissait, par les chiffres du tableau, que le canal de Suez réaliserait une abréviation moyenne d'environ 3.000 lieues métriques sur un parcours total de 6.000 lieues.

[Dans un *Rapport sur le canal maritime*, de février 1870,— après l'ouverture du canal à la navigation, — rédigé par M. le capitaine Richards, hydrographe de la Marine anglaise, et M. le lieutenant-colonel Clarke, directeur des travaux

Il est hors de doute que le canal de Suez donnera lieu à une augmentation considérable de tonnage ; mais, en comptant seulement sur 3 millions de tonneaux, on obtiendra encore un produit annuel de 30 millions de francs par la perception d'un droit de 10 francs par tonneau, droit qui pourrait être réduit en proportion de l'augmentation de la navigation [1].

---

du Génie de l'Amirauté, les distances entre le Pas-de-Calais et Pointe-de-Galle (île de Ceylan), respectivement par l'une et l'autre route, se trouvent indiquées comme suit :

	Milles
Par le canal...	6.551
Par la route ordinaire des voiliers autour du cap de Bonne-Espérance.	11.650
Différence en faveur de la voie du canal....	5.135

équivalant à une réduction de trente-six jours dans la durée de la traversée.]

1. Postérieurement au mémoire de M. de Lesseps, il a été fait de nouvelles évaluations, — corroborant les premières, — des avantages que devait offrir le canal projeté pour la navigation entre l'Europe et l'Extrême-Orient.

Celles de ces évaluations qui sont antérieures à la souscription publique et à la constitution définitive de la Compagnie, se trouvent résumées dans les deux notes ci-dessous (on fera remarquer de suite que lesdites évaluations se rapportaient uniquement à la navigation à voiles, qui était alors très prépondérante, et que l'on supposait devoir emprunter dans une proportion rapidement croissante, la voie du futur canal de préférence à la voie du Cap. On explique succinctement ci-après comment et pourquoi ces prévisions ne se sont pas réalisées) :

I. MM. Linant-Bey et Mougel-Bey, auteurs de l'avant-projet qui fut dressé en 1855, — ainsi qu'il sera expliqué plus loin, — ont, à l'occasion de l'évaluation des revenus du canal projeté, cherché à se rendre compte de l'économie qui résulterait pour la navigation de l'abréviation de parcours.

Ils admettaient que, par la voie du canal, on économiserait au minimum 2.000 lieues dans le parcours entre l'Europe et les régions de l'Extrême-Orient, ce qui correspondrait à une économie de temps de deux mois sur cinq et aurait pour résultat de permettre au navire de faire annuellement trois voyages, soit d'aller, soit de retour, au lieu de deux. Ils estimaient d'ailleurs la valeur moyenne de la tonne de marchandises à 600 francs, et ils considéraient le cas d'un navire de 500 tonneaux de chargement, coûtant en moyenne 150.000 francs et muni d'un équipage entraînant à une dépense mensuelle pour salaires de 1.250 francs.

En partant de ces données, et passant successivement en revue les frais divers grevant la marchandise, ils arrivaient à ce résultat final, à savoir : que, pour une réduction de parcours de 2.000 lieues, on réaliserait par tonne une économie totale de 32 francs, soit une économie de 16 francs par tonne pour chaque réduction de 1.000 lieues, et, en nombre rond, une économie totale de 50 francs, — sous déduction toutefois du droit de passage par le canal, — pour une abréviation de parcours de 3.000 lieues.

II. Dans une note commerciale et maritime publiée en 1856 par M. de Lesseps (2ᵉ série des documents), M. de Chancel, ancien officier de marine, l'un des fondateurs et qui devint ensuite l'un des plus éminents administrateurs de la Compagnie, a calculé à son tour, d'après des bases un peu différentes de celles des auteurs de l'avant-projet de 1855, l'économie que procurerait la nouvelle voie dans le prix des transports maritimes entre l'Europe et

En terminant cette note, je crois devoir appeler l'attention de Votre Altesse sur les préparatifs qui se font actuellement en Amérique pour établir, entre l'océan Atlantique et l'océan Pacifique, de grandes voies de communication, et sur les résultats qu'aurait pour le commerce du monde et, par suite, pour l'avenir de la Turquie l'ouverture de ces voies nouvelles, si l'isthme qui sépare la Méditerranée de la mer Rouge devait rester longtemps encore fermé au commerce et à la navigation.

La différence capitale qui existe entre l'isthme de Panama et l'isthme

---

l'Extrême-Orient, et, comme on va le voir, il est arrivé au même résultat.

Il admettait que la durée d'un voyage d'aller et de retour, y compris un mois de séjour pour chacun des deux trajets, serait, par la voie du Cap, de dix mois, et par la voie de Suez, où le trajet se trouvait réduit de moitié, de six mois seulement. Il estimait d'ailleurs la valeur moyenne de la tonne de marchandises à 1.000 francs, et il considérait également le cas d'un navire de 500 tonneaux de chargement, coûtant en moyenne 250.000 francs et muni d'un équipage entraînant à une dépense mensuelle de 1.200 francs pour salaires et de 1.800 francs pour vivres.

En partant de ces données, il trouvait que le prix d'un voyage complet d'aller et de retour était par la voie du Cap de 120.000 francs et par la voie de Suez de 72.000 francs (non compris le droit de passage par le canal), soit, pour les prix de transport d'une tonne, à l'aller ou au retour, respectivement 120 francs et 72 francs ; d'où, en faveur de la nouvelle voie, une économie de 48 francs ou, en nombre rond, de 50 francs.

Il ne sera pas sans intérêt d'expliquer, dès maintenant, comment et pourquoi les espérances que l'on avait fondées sur une large participation de la navigation à voiles dans le trafic du canal ne se sont pas réalisées.

Comme il est dit plus haut, en 1854, à l'époque où M. de Lesseps remettait au vice-roi son mémoire destiné à prouver la possibilité d'exécution et à justifier l'utilité du canal de jonction des deux mers, les relations commerciales entre l'Europe et l'Extrême-Orient avaient lieu, pour la plus grande partie, sinon pour la presque totalité, par la marine à voiles faisant le tour du Cap, et l'on espérait que le nouveau canal pourrait détourner la moitié au moins de cette navigation, évaluée alors à environ 6 millions de tonnes.

Les seuls renseignements que l'on possédait à cette époque sur les conditions de la navigation à voiles dans la mer Rouge semblaient assez favorables pour justifier de pareilles prévisions.

Mais, depuis lors, pendant la construction même du canal, alors que le monde maritime commençait à se bien persuader de la réussite technique certaine de l'œuvre, ces conditions ont été, en vue de la meilleure utilisation possible de la nouvelle voie qui allait être ouverte à la navigation, mieux étudiées.

C'est par suite et comme conséquence de ces nouvelles études que, dans le rapport déjà mentionné précédemment, de MM. le capitaine Richards et lieutenant-colonel Clarke, en date de février 1870, — rapport ayant ainsi suivi de près l'ouverture du canal, — se trouvait formulée l'opinion suivante :

« 63. En ce qui concerne les avantages que le canal offrira aux intérêts nationaux et commerciaux du Royaume-Uni sur la route actuelle de l'Orient par le cap de Bonne-Espérance, il se présente deux questions : la première, à quelle partie du globe et à quelle classe de navires offrira-t-il des avantages ? la seconde, quels seront ces avantages comme temps et argent ? La réponse

de Suez, c'est que le premier, élevé et montagneux, ne paraît pas pouvoir admettre un canal maritime continu, tandis que tout, dans le second, semble disposé pour cette solution. Il en résulte qu'on a été amené à adopter pour l'isthme américain une voie mixte composée d'un canal et d'un chemin de fer. Malgré l'infériorité des résultats, la dépense présumée est bien supérieure à celle qu'entraîne le canal maritime de Suez, où les bâtiments de grande dimension pourron passer sans rompre charge ; et si, pour réaliser une solution imparfaite,

---

est que l'Inde, la Chine et l'Archipel Oriental sont les parties du globe qui seront particulièrement affectées, ainsi que, dans une certaine mesure, l'Australie et la Nouvelle-Zélande ; et que la classe des navires qui en profitera exclusivement doit être celle des vapeurs, pour cette raison spéciale qu'une partie de la Méditerranée et la mer Rouge en entier doivent être regardées comme essentiellement réservées à la navigation à vapeur par suite du caractère des vents. »

Du reste, fort heureusement pour le succès économique de l'œuvre, les armateurs anglais, — qui devaient former la principale clientèle du canal, — n'avaient pas attendu la fin des travaux pour faire mettre en chantier la construction de nombreux vapeurs spécialement destinés à se servir de la nouvelle voie de navigation. On sait, d'ailleurs, que, depuis lors, notamment pour les relations commerciales de l'Europe avec l'Extrême-Orient, la marine à vapeur n'a pas cessé de se développer au détriment de la marine à voiles.

En fait, par suite des difficultés et des dangers que présente la mer Rouge pour la navigation à voiles, le canal de Suez, depuis son ouverture, n'a donné passage qu'à un nombre insignifiant de navires à voiles, dont la plupart même, parmi ceux venant d'Europe, n'ont pas franchi la mer Rouge, les uns s'arrêtant à Suez ou à Djedda, où ils portaient du charbon, d'autres s'arrêtant même à Ismaïlia où ils venaient prendre des graines de coton.

On jugera de l'absence à peu près complète de la navigation à voiles dans le canal par les chiffres suivants déduits du relevé du mouvement annuel du transit depuis l'origine :

Pendant les neuf années de 1870 à 1878, sur un transit moyen annuel de 1.220 navires ayant ensemble un gross tonnage de 2.308.000 tonnes, la navigation à voiles ne s'est trouvée représentée que par une moyenne de 21 navires ayant ensemble un gross tonnage de 10.720 tonnes ; et, depuis l'année 1879, c'est à peine si, chaque année, on voit un ou deux navires à voiles dans le canal.

Les difficultés et les dangers de la navigation à voiles dans la mer Rouge sont dus aux causes suivantes :

Cette mer a une longueur d'environ 400 lieues qui se partage ainsi :

Environ 150 lieues dans la partie nord, où règne presque constamment le vent du nord ;

Environ 100 lieues dans la partie médiane, où règnent les calmes ;

Enfin, environ 150 lieues dans la partie sud, où règne presque constamment le vent du Sud.

Les navires à voiles sont donc obligés de louvoyer, ce qui rend leur navigation très lente, en même temps qu'elle est très dangereuse par suite de l'existence de récifs de corail sur les côtes : chaque douze heures, dans les parties larges, les navires doivent changer de direction ; chaque deux ou trois heures, dans la région étroite du golfe de Suez.

les nations les plus intéressées ont déjà répondu au premier appel, si les conventions qui établissent la neutralité de la voie américaine ont été acceptées sans difficulté, n'est-ce pas un signe que le moment de traiter la question de l'isthme de Suez est arrivé? N'en faut-il pas conclure que cette grande œuvre, bien autrement importante pour l'avenir du monde, est désormais à l'abri de toute opposition sérieuse et que les tentatives qui auraient pour but d'en amener la réalisation, seront soutenues par la sympathie universelle et par le concours actif et énergique des hommes éclairés de tous les pays.

PREMIER ACTE DE CONCESSION
(30 novembre 1854)

Les vues développées par M. de Lesseps dans son mémoire
ci-dessus et les propositions qu'il formula ensuite devant le
vice-roi pour la création d'une Compagnie universelle chargée de la construction du canal et de son exploitation pendant une période déterminée ayant reçu la complète approbation de Son Altesse, M. de Lesseps fut invité par Elle à
préparer, en conformité, un projet de firman de concession.

Le 25 novembre 1854, tous les fonctionnaires égyptiens
et consuls généraux des diverses puissances se trouvaient
réunis à la citadelle, au Caire, pour complimenter le vice-roi
à l'occasion de son arrivée dans la capitale. M. de Lesseps,
spécialement engagé par Son Altesse, assistait à la réunion.
A peine les consuls généraux avaient-ils fait leurs compliments que le vice-roi annonça publiquement sa résolution
de faire ouvrir l'isthme de Suez par un canal maritime et
de charger M. de Lesseps de constituer une Compagnie de
capitalistes de toutes les nations à laquelle il concéderait le
droit d'exécuter et d'exploiter cette entreprise.

Le firman de concession fut signé par Son Altesse, le
30 novembre. Il était libellé comme suit :

PREMIER ACTE DE CONCESSION

DE S. A. MOHAMMED-SAID, VICE-ROI D'ÉGYPTE[1]

*Notre ami, M. Ferdinand de Lesseps, ayant appelé notre
attention sur les avantages qui résulteraient pour l'Égypte de*

---

1. Ce premier acte de concession a été confirmé et complété par un deuxième
acte de concession portant la date du 5 janvier 1856 (voir plus loin), dont le
dernier article est ainsi conçu :

Art. 23. — *Sont rapportées toutes dispositions de notre ordonnance du*

la jonction de la mer Méditerrannée et de la mer Rouge par une voie navigable pour les grands navires, et nous ayant fait connaître la possibilité de constituer, à cet effet, une compagnie formée de capitalistes de toutes les nations, nous avons accueilli les combinaisons qu'il nous a soumises, et lui avons donné, par ces présentes, pouvoir exclusif de constituer et de diriger une compagnie universelle pour le percement de l'isthme de Suez et l'exploitation d'un canal entre les deux mers, avec faculté d'entreprendre ou de faire entreprendre tous travaux et constructions, à la charge par la compagnie de donner préalablement toute indemnité aux particuliers en cas d'expropriation pour cause d'utilité publique ; le tout dans les limites et avec les conditions et charges déterminées dans les articles qui suivent :

Article premier. — *M. Ferdinand de Lesseps constituera une Compagnie, dont nous lui confions la direction, sous le nom de Compagnie universelle du canal maritime de Suez, pour le percement de l'isthme de Suez, l'exploitation d'un passage propre à la grande navigation, la fondation ou l'appropriation de deux entrées suffisantes, l'une sur la Méditerranée, l'autre sur la mer Rouge, et l'établissement d'un ou de deux ports.*

Art. 2. — *Le directeur de la Compagnie sera toujours nommé par le Gouvernement égyptien et choisi, autant que possible, parmi les actionnaires les plus intéressés dans l'entreprise.*

Art. 3. — *La durée de la concession est de quatre-vingt-dix-neuf ans, à partir du jour de l'ouverture du canal des deux mers.*

Art. 4. — *Les travaux seront exécutés aux frais exclusifs de la Compagnie, à laquelle tous les terrains nécessaires n'appartenant pas à des particuliers seront concédés à titre*

---

30 *novembre* 1854 (1er acte de concession) *et autres qui se trouveraient en opposition avec les clauses et conditions du présent cahier des charges, lequel fera seul loi pour la concession à laquelle il s'applique.*

gratuit. Les fortifications que le Gouvernement jugera à propos d'établir ne seront point à la charge de la Compagnie.

ART. 5[1]. — *Le Gouvernement égyptien recevra annuellement de la Compagnie 15 0/0 des bénéfices nets résultant du bilan de la Société, sans préjudice des intérêts et dividendes revenant aux actions qu'il se réserve de prendre pour son compte lors de leur émission et sans aucune garantie de sa part dans l'exécution des travaux ni dans les opérations de la Compagnie. Le reste des bénéfices nets sera réparti ainsi qu'il suit :*

75 0/0, au profit de la Compagnie;

10 0/0, au profit des membres fondateurs.

ART. 6. — *Les tarifs des droits de passage du canal de Suez, concertés entre la Compagnie et le vice-roi d'Égypte et perçus par les agents de la Compagnie, seront toujours égaux pour toutes les nations, aucun avantage particulier ne pouvant jamais être stipulé au profit exclusif d'aucune d'elles.*

ART. 7. — *Dans le cas où la Compagnie jugerait nécessaire de rattacher par une voie navigable le Nil au passage direct de l'isthme, et dans celui où le canal maritime suivrait un tracé indirect desservi par l'eau du Nil, le Gouvernement égyptien abandonnerait à la Compagnie les terrains du domaine public aujourd'hui incultes qui seraient arrosés et cultivés à ses frais ou par ses soins.*

La Compagnie jouira, sans impôts, desdits terrains pendant dix ans, à partir du jour de l'ouverture du canal; durant les quatre-vingt-neuf ans qui resteront à s'écouler jusqu'à l'expiration de la concession, elle payera la dîme au Gouvernement égyptien; après quoi, elle ne pourra continuer à jouir des terrains ci-dessus mentionnés qu'autant qu'elle

---

1. Voir plus loin, au sujet des 15 0/0 attribués au Gouvernement égyptien, la *Note* sur l'article 18 du Cahier des charges fixant les conditions de la deuxième concession du 5 janvier 1856.

I.

payera audit Gouvernement un impôt égal à celui qui sera affecté aux terrains de même nature.

Art. 8. — *Pour éviter toute difficulté au sujet des terrains qui seront abandonnés à la Compagnie concessionnaire, un plan dressé par M. Linant-Bey, notre commissaire ingénieur auprès de la Compagnie, indiquera les terrains concédés, tant pour la traversée et les établissements du canal maritime et du canal d'alimentation dérivé du Nil, que pour les exploitations de culture, conformément aux stipulations de l'article 7.*

Il est, en outre, entendu que toute spéculation est, dès à présent, interdite sur les terrains du domaine public à concéder, et que les terrains appartenant antérieurement à des particuliers, et que les propriétaires voudront plus tard faire arroser par les eaux du canal d'alimentation exécuté aux frais de la Compagnie, payeront une redevance de..... par feddan cultivé[1] (ou une redevance fixée amiablement entre le Gouvernement égyptien et la Compagnie).

Art. 9. — *Il est enfin accordé à la Compagnie concessionnaire la faculté d'extraire des mines et carrières appartenant au domaine public, sans payer de droits, tous les matériaux nécessaires aux travaux du canal et aux constructions qui en dépendront, de même qu'elle jouira de la libre entrée de toutes les machines et matériaux qu'elle fera venir de l'étranger pour l'exploitation de sa concession.*

Art. 10. — *A l'expiration de la concession, le Gouvernement égyptien sera substitué à la Compagnie, jouira sans réserve de tous ses droits et entrera en pleine possession du canal des deux mers et de tous les établissements qui en dépendront. Un arrangement amiable ou par arbitrage déterminera l'indemnité à allouer à la Compagnie pour l'abandon de son matériel et des objets mobiliers.*

Art. 11. — *Les statuts de la Société nous seront ultérieu-*

---

1. Le feddan égyptien correspond à peu près à un demi-hectare.

*rement soumis par le directeur de la Compagnie et devront
être revêtus de notre approbation. Les modifications qui pourraient être introduites plus tard, devront préalablement recevoir notre sanction. Lesdits statuts mentionneront les noms
des fondateurs, dont nous nous réservons d'approuver la
liste. Cette liste comprendra les personnes dont les travaux,
les études, les soins ou les capitaux auront antérieurement
contribué à l'exécution de la grande entreprise du canal de
Suez.*

ART. 12. — *Nous promettons enfin notre bon et loyal concours et celui de tous les fonctionnaires de l'Égypte pour
faciliter l'exécution et l'exploitation des présents pouvoirs.*

Caire, le 30 novembre 1854.

A mon dévoué ami, de haute naissance et de rang élevé,
M. Ferdinand de Lesseps.

*La concession accordée à la Compagnie universelle du
canal de Suez devant être ratifiée par S. M. I. le Sultan, je
vous remets cette copie pour que vous la conserviez par devers
vous. Quant aux travaux relatifs au creusement du canal de
Suez, ils ne seront commencés qu'après l'autorisation de la
Sublime Porte.*

Le 3 ramadan 1271.

O. Cachet du vice-roi.

Pour traduction conforme au texte turc,

*Le Secrétaire des commandements
de Son Altesse le vice-roi,*

Signé : KOENIG-BEY.

Alexandrie, le 19 mai 1855.

Des copies du mémoire du 15 novembre et du firman de concession furent envoyées, le 2 décembre, par M. de Lesseps à tous les consuls généraux, avec une lettre où il les prévenait que le vice-roi devait s'entendre directement sur le sujet avec la Porte.

Dans une lettre précédente, du 29 novembre, accompagnant l'envoi de copies du mémoire et du projet de firman, M. de Lesseps priait le consul général de France d'informer le Gouvernement de l'empereur de la décision prise par le vice-roi de lui confier le soin de constituer et de diriger la Compagnie du Canal des deux mers, ajoutant qu'il s'empresserait, à son retour à Paris, de solliciter l'honneur de rendre compte lui-même à Sa Majesté des moyens d'exécution de l'entreprise et du résultat de l'exploration qu'il allait faire dans l'isthme avec MM. Linant-Bey, directeur des Travaux publics de l'Égypte et Mougel-Bey, ingénieur en chef des Ponts et Chaussées, au service du Gouvernement égyptien, que le vice-roi lui avait permis de s'adjoindre pour cette exploration.

Le 22 décembre, le vice-roi reçut de l'empereur le grand-cordon de la Légion d'honneur. Dans sa lettre de remerciements, Son Altesse fit part à l'empereur de ses projets relatifs au canal de Suez dans les termes suivants :

« Pénétré de cette vérité que tous les hommes sont frères, et mû par le désir d'être utile à tous les peuples, j'ai formé le projet de réunir la Méditerranée à la mer Rouge par un canal de navigation et de confier l'exécution de cette grande œuvre à une Compagnie universelle. J'ose espérer, Sire, que Votre Majesté, dont la haute sollicitude s'étend à toutes les entreprises qui peuvent contribuer au bien-être de l'humanité, daignera donner son approbation à un projet dont la réalisation ouvrira un nouveau débouché au commerce et à l'industrie de toutes les nations d'Europe. »

AVANT-PROJET
DE MM. LINANT-BEY ET MOUGEL-BEY
(20 mars 1855)

VOIR PL. III

M. de Lesseps, après avoir obtenu le firman de concession, avait été invité par Son Altesse à présider une exploration de l'isthme destinée à compléter par un nouvel examen du terrain les études faites antérieurement. Les deux principaux ingénieurs du Gouvernement égyptien, MM. Linant-Bey et Mougel-Bey, furent chargés de cette exploration, qui fut faite entièrement aux frais du vice-roi, dura du 23 décembre 1854 au 15 janvier 1855 et eut pour résultat de faire adopter en principe le projet de tracé direct comme étant le plus facilement réalisable et le seul qui donnât réelle et complète satisfaction à la navigation universelle. Un programme d'études fut rédigé, en conséquence, par M. de Lesseps, dès son retour au Caire, et MM. Linant-Bey et Mougel-Bey purent remettre, le 20 mars 1855, un avant-projet sommaire du canal direct des deux mers avec adjonction d'un canal de communication et d'irrigation dérivé du Nil. Cet avant-projet sommaire fut approuvé en principe par le vice-roi, qui invita M. de Lesseps à lui donner la plus grande publicité. Le mémoire des ingénieurs à l'appui de leur avant-projet, avec estimation des dépenses d'exécution et évaluation approximative des produits, devait former, en effet, la base essentielle de l'opération à entreprendre. Il fut donc publié par M. de Lesseps (1re série de documents, 1855), dans le but principal d'appeler l'attention et la discussion du monde financier et du monde savant sur l'œuvre projetée.

Une analyse de ce mémoire est donnée dans le volume du présent ouvrage contenant la description des divers projets.

On se contentera de mentionner ici les chiffres d'évaluations des dépenses et de recettes donnés par les auteurs de l'avant-projet :

DÉPENSES

	Francs
Exécution des travaux, suivant estimation détaillée, et frais d'administration..........................	162.550.000
Intérêts aux actionnaires pendant la durée des travaux, supposée devoir être de six années..............	22.450.000
Estimation totale des dépenses...	185.000.000

Le capital maximum nécessaire à l'exécution de l'entreprise ne dépasserait donc certainement pas le chiffre de 200 millions de francs.

REVENUS

	Francs
Droits de passage par le canal : 3.000.000^T à 10 francs.	30.000.000
Droits d'ancrage dans les ports et de passage sur le canal de communication..........................	3.060.000
Produits des cultures des terres et des semis des dunes.	6.996.000
Total des produits annuels......	40.056.000
A retrancher :	
2 0/0 pour frais d'entretien et 1 0/0 pour amortissement..	1.201.680
Montant des bénéfices nets......	38.854.320
Sur lequel on aurait à prélever :	
15 0/0 pour la part du Gouvernement Égyptien...... 10 0/0 pour les fondateurs........................	9.713.580
Solde restant pour les actionnaires.	29.140.740

Ce solde représentait un dividende d'environ 10 0/0 en sus de l'intérêt à 5 0/0 pour un capital de 200 millions de francs.

DÉMARCHES DE M. DE LESSEPS A CONSTANTINOPLE

(FÉVRIER-MARS 1855)

Pendant que les ingénieurs du Gouvernement égyptien
étudiaient l'avant-projet sommaire du canal maritime, M. de
Lesseps, sur l'invitation du vice-roi, s'était rendu à Constantinople où Son Altesse avait jugé sa présence nécessaire.
Il était muni des lettres de recommandation les plus pres-
santes.

Arrivé à Constantinople au commencement de février 1855,
ses premières informations semblèrent lui permettre d'au-
gurer qu'il pourrait compter sur le bon vouloir des ministres
de la Sublime Porte, notamment, du grand-vizir, Réchid-
Pacha. Mais il apprit, en même temps, que Réchid-Pacha
redoutait l'opposition de l'ambassadeur anglais, lord Stratford de Redcliffe, qui se montrait personnellement on ne peut
plus hostile au projet du canal, bien qu'il n'eût encore reçu
aucune instruction officielle de son Gouvernement. Par contre,
M. de Lesseps se croyait assuré du concours de l'internonce
d'Autriche, M. le baron de Bruck, de M. de Sonza, ministre
d'Espagne, du comte de Zuylen de Nieyvelt, chargé d'affaires
de Hollande et de plusieurs autres personnages qui, à des
degrés différents, étaient en situation de lui venir en aide.
Quant au chargé d'affaires de France, M. Benedetti, tout en
désirant ne pas se mettre personnellement trop en avant, il
promit pourtant à M. de Lesseps de faire, d'accord avec lui,
tout ce qui serait nécessaire pour amener la réussite d'une
négociation à laquelle il savait que le Gouvernement de
l'empereur attachait un grand intérêt.

Par les soins de M. Benedetti, une entrevue particulière
avec le grand-vizir fut ménagée à M. de Lesseps, le 12 février.
Après avoir remis à Réchid-Pacha la lettre du vice-roi dont

il était porteur, accompagnée de la traduction en turc de son mémoire sur la jonction de la mer Rouge à la Méditerranée, et du firman de concession pour lequel l'agrément du sultan était demandé, et après lecture attentive de ces divers documents, M. de Lesseps s'efforça de convaincre le grand-vizir qu'il ne devait pas se laisser arrêter par la crainte de l'opposition personnelle de l'ambassadeur anglais. Il rappela, à cette occasion, que, dans d'autres temps, le Gouvernement anglais avait d'abord déclaré à la Porte que le vice-roi d'Égypte avait le droit de faire exécuter le chemin de fer d'Alexandrie à Suez, *sans en avoir l'ordre de son souverain*, et avait ensuite, malgré l'opposition de la diplomatie française, emporté de haute lutte l'autorisation du sultan.

Le lendemain, 13, dans un grand dîner diplomatique donné par le Ministre des Affaires Étrangères, Ali-Pacha, à l'occasion du départ du baron de Bruck, Réchid-Pacha crut devoir entretenir lord Stratford du motif qui avait conduit M. de Lesseps à Constantinople. Il rencontra la résistance attendue.

Il fallait alors presser la conclusion et agir vigoureusement, de manière à prévenir le sultan et à devancer les demandes de l'ambassadeur d'Angleterre. L'internonce d'Autriche déclara à M. de Lesseps que son appui personnel et officiel lui était acquis. Son successeur, qu'il attendait de jour en jour, devait nécessairement apporter des instructions spéciales; mais, jusque-là, il ne craignait pas de s'engager, et il ne négligerait rien pour contre-balancer l'influence de lord Stratford.

Le 19 février, sur la demande que lui en avait faite M. Benedetti, Réchid-Pacha fit obtenir à M. de Lesseps une audience du sultan.

Le 24, M. de Lesseps adressa au grand-vizir la lettre suivante :

Lettre du 4 février 1855, de M. de Lesseps au Grand-Vizir

Après un séjour de deux semaines à Constantinople, après avoir reçu de S. M. I. le Sultan l'audience la plus bienveillante, je me disposais hier à retourner en Égypte, avec la réponse qui m'avait été promise par Votre Altesse pour S. A. Mohammed-Saïd-Pacha.

J'appris, avant de m'embarquer, que cette réponse ne serait pas telle que le vice-roi semblait être autorisé à la désirer.

Je suspendis alors mon départ afin d'éviter, autant qu'il pouvait dépendre de moi, les inconvénients que je m'étais empressé de signaler verbalement à Votre Altesse.

Aujourd'hui, l'on me dit qu'il est à propos de demander ou d'attendre des explications sur le projet de S. A. Mohammed-Saïd-Pacha. Cette objection toute nouvelle, qui aurait pu m'être faite dès le premier jour de mon arrivée, me parut devoir être facilement levée.

Permettez-moi de préciser les faits et de vous prier d'appeler de nouveau l'attention du Conseil de Sa Majesté Impériale, sur l'objet de ma mission.

S. A. Mohammed-Saïd-Pacha a écrit à Votre Altesse, dès le mois de décembre, pour lui faire connaître son projet de percement de l'isthme de Suez, qu'Elle avait annoncé à tous les agents des Puissances étrangères en Égypte, afin d'en informer leurs Gouvernements respectifs et d'être instruite de leurs dispositions avant d'en référer d'une manière définitive à la Sublime Porte.

Le vice-roi fit ensuite exécuter dans l'isthme de Suez, par deux ingénieurs à son service, une exploration scientifique.

Lorsqu'il acquit la conviction que nulle difficulté matérielle ne s'opposait à la réalisation de son entreprise, et, lorsque, du 30 novembre au 1er février, il n'avait reçu des Gouvernements étrangers que des félicitations et pas une seule représentation qui fût de nature à l'arrêter, il s'adressa aux conseillers de son souverain, leur soumit son plan ainsi que tous les documents propres à le faire apprécier, me chargea de le présenter et de le commenter, et m'accrédita auprès de Votre Altesse.

J'étais donc complètement en mesure de donner, à Constantinople, toutes les informations, tous les renseignements possibles.

Je prie Votre Altesse, si elle ne l'a pas déjà fait, de faire connaître cette situation au conseil de Sa Majesté Impériale et d'appeler son attention sur cette circonstance, que ma présence à Constantinople ôte toute espèce de fondement à l'idée, inopinément produite, d'attendre des renseignements de l'Égypte.

J'ose espérer que Votre Altesse voudra bien me remettre prochainement une réponse concluante pour S. A. Mohammed-Saïd-Pacha.

Le 26 février, le nouvel internonce d'Autriche, M. le baron Koller, à qui M. de Lesseps avait communiqué officieusement les documents relatifs à son projet ainsi qu'une copie de sa lettre au grand-vizir, lui annonça, en lui retournant ces documents, « qu'il avait saisi l'occasion d'un entretien avec Ali-Pacha pour recommander chaudement à Son Altesse de provoquer une prompte et favorable solution à l'égard du grand projet de percement de l'isthme de Suez, dont M. de Lesseps poursuivait la réalisation avec un zèle dont toute l'Europe lui devait de la reconnaissance et auquel son Gouvernement attachait un intérêt proportionné à l'immense importance de l'entreprise ».

Le même jour, M. de Lesseps communiqua à lord Stratford, sur sa demande, les mêmes documents. (Le consul général d'Angleterre en Égypte, M. Bruce, n'avait, paraît-il, communiqué à l'ambassade de Constantinople aucun des documents qui lui avaient été remis par M. de Lesseps avant même d'avoir été portés à la connaissance du consul général de France.) En faisant sa communication, M. de Lesseps exprimait l'espoir de ne plus rencontrer la puissante opposition de l'ambassadeur. Il lui annonçait en même temps que le vice-roi venait de lui faire savoir, par une lettre datée du 17, qu'à cette date M. Bruce n'avait adressé à Son Altesse aucune représentation de son Gouvernement.

Dans sa lettre d'accusé de réception, lord Stratford, après s'être excusé de ne pouvoir recevoir de suite M. de Lesseps, s'exprimait ainsi :

« Vous avez raison de me supposer le désir d'être éclairé, et ce désir n'est pas moins vif dans cette occasion que dans toute autre où il s'agirait d'une grande entreprise qui touche de près les intérêts de plus d'un Etat et qui, tout en séduisant les esprits par la théorie, divise les opinions du côté de la pratique.

. . . .

« Dans une position comme la mienne, l'indépendance personnelle a ses limites et ne saurait s'effacer devant les éventualités officielles. »

A la date du 1er mars, le grand-vizir remit à M. de Lesseps la lettre suivante, qu'il adressait au vice-roi :

(Traduction du turc.)

« Votre très humble serviteur a l'honneur de vous exposer ce qui suit :

« M. Ferdinand de Lesseps retourne maintenant auprès de Votre Altesse. En effet, ainsi qu'Elle a daigné nous le faire connaître, c'est un hôte qui mérite par lui-même toute espèce d'égards et de considération. L'objet de sa venue ici a été relatif à l'affaire du canal, entreprise des plus utiles. Pendant son séjour à Constantinople, j'ai eu l'avantage de le voir plusieurs fois et de l'entretenir longuement sur bien des matières. Il a eu aussi l'honneur d'être présenté à S. A. le Sultan et d'être, de sa part, l'objet de la plus haute bienveillance.

« Conformément à l'ordre impérial émané au sujet de l'entreprise si intéressante du canal, la question se trouve actuellement à l'étude du Conseil des ministres. M. de Lesseps, ne pouvant pas attendre la fin des conférences, a décidé son départ d'ici. Dans peu, j'aurai à en faire connaître le résultat détaillé à Votre Altesse. »

Comme on le voit par cette lettre, l'opposition de lord Stratford, à défaut d'un refus d'approbation de l'acte de concession par le Conseil des ministres, était parvenu, pourtant, à obtenir un ajournement.

Dans ces conditions, M. de Lesseps ne jugea pas utile de prolonger davantage son séjour à Constantinople.

Après avoir séjourné quelque temps à Smyrne, il fut de retour à Alexandrie le 14 mars ; et, dès le lendemain, il était reçu par le vice-roi. En même temps qu'il remettait à Son Altesse la dépêche de Réchid-Pacha, le vice-roi recevait par le courrier une lettre de son beau-frère Kiamil-Pacha qui, lui écrivant de la part du grand-vizir, lui adressait, sous forme d'observations particulières et confidentielles, des demandes d'explications sur les points suivants [1] :

1° Sur les garanties à réclamer de la Compagnie du Canal des deux mers pour le passage des bâtiments de guerre ;

---

1. Une seconde lettre, dictée par Réchid-Pacha à Kiamil-Pacha, et reçue par le vice-roi le 17 mars, vint, paraît-il, répéter et aggraver les premières objections.

2° Sur les concessions de terre à des Européens, contraires, — disait-on, — aux anciens usages et aux préjugés de la Turquie ;

3° Sur les dangers que pourrait faire encourir à l'Égypte l'hostilité de l'Angleterre ;

4° Enfin, sur de prétendues représentations qui auraient été faites à Saïd-Pacha de la part du Cabinet anglais par l'agent et consul général britannique en Egypte.

Le vice-roi fit connaître aussitôt à M. de Lesseps son intention de répondre à ces observations de la manière suivante :

SUR LE PREMIER POINT. — Il n'y aura lieu de réclamer de la Compagnie concessionnaire du canal aucune garantie concernant la souveraineté territoriale, qui restera intacte en Turquie, lorsque des capitaux anonymes viendront s'engager dans une entreprise de voie de communication, au même titre que les capitaux nationaux ou étrangers au moyen desquels s'exécutent depuis longtemps en Angleterre, en France et en Allemagne, des chemins de fer ou des canaux. Aucun de ces pays n'a jamais eu la pensée, en admettant des capitaux, de traiter avec les Sociétés qui les représentent sur des intérêts de souveraineté locale qui, restant réservée, ne peuvent pas être mis en discussion et sont inaliénables.

SUR LE DEUXIÈME POINT. — Les concessions de terres faites à la Compagnie du Canal de Suez dans la partie inculte qui sera arrosée et fécondée par le canal d'alimentation dérivé du Nil, seront un bienfait pour l'Égypte, dont le Gouvernement doit tenir à voir augmenter la prospérité et les revenus. Si pareil exemple pouvait être imité dans d'autres provinces de l'Empire ottoman, où la mauvaise administration aussi bien que des préjugés destinés à disparaître ont appauvri et dépeuplé le pays, il faudrait, au lieu d'apporter des obstacles, favoriser ceux qui offriraient, en échange d'une terre stérile et improductive, de payer l'impôt territorial habituel et d'abandonner 15 0/0 de leurs bénéfices. Il n'y a, d'ailleurs, rien de contraire aux usages actuels dans une concession de terre faite à une Société anonyme formée, comme il a déjà été dit, par des capitaux universels, qui ne portent par conséquent avec eux le caractère d'aucune nationalité particulière.

SUR LE TROISIÈME POINT. — Il résulte de toutes les informations reçues en Égypte de l'accueil obtenu dans toute l'Europe par la nouvelle du projet de l'ouverture de l'isthme de Suez et des avantages que devront nécessairement en recueillir le commerce et la navigation de la Grande-Bretagne, que l'hostilité de l'Angleterre n'est point à craindre pour l'Égypte.

SUR LE QUATRIÈME POINT. — Le vice-roi est en mesure de déclarer formellement que M. Bruce, agent et consul général de Sa Majesté

Britannique en Égypte, informé, dès le 27 novembre dernier, du projet de canalisation de l'isthme de Suez, ne lui a fait aucune observation de la part de son Gouvernement.

Le vice-roi se montra d'ailleurs très ferme dans ses résolutions. Sans la lettre particulière de Kiamil-Pacha, il eût considéré, dit-il, les expressions du message officiel du grand-vizir comme le témoignage d'une complète approbation à son projet.

(Le grand-vizir Réchid-Pacha fut remplacé dans le courant d'avril.)

RAPPORT DE M. DE LESSEPS A S. A. MOHAMMED-SAID-PACHA ET INSTRUCTIONS DE SON ALTESSE

(30 avril-19 mai 1855)

A la suite de la remise par MM. Linant-Bey et Mougel-Bey de leur avant-projet, M. de Lesseps adressa au vice-roi, à la date du 30 avril 1855, le rapport ci-dessous formulant ses propositions au sujet des études à poursuivre en vue de la rédaction du projet définitif, en même temps qu'au sujet de la grande consultation publique à provoquer ensuite sur ledit projet, rapport qui reçut l'approbation de Son Altesse.

RAPPORT A S. A. MOHAMMED-SAID-PACHA
ET INSTRUCTIONS DU VICE-ROI

J'ai eu l'honneur de soumettre à Votre Altesse le mémoire de ses ingénieurs MM. Linant-Bey et Mougel-Bey sur la canalisation de l'isthme de Suez.

Ce travail est destiné à servir d'avant-projet pour le percement de l'isthme. Il est accompagné d'une carte indiquant la configuration et la nature du sol. Il a mérité l'approbation de Votre Altesse qui m'a invité à lui donner la plus grande publicité, afin d'appeler, sur une question qui intéresse le monde entier, l'attention, l'examen et les observations de tous les hommes compétents de l'Europe et de l'Amérique.

Votre Altesse a décidé d'envoyer immédiatement aux conseillers de S. M. I. le Sultan les explications qu'ils réclament pour ratifier le projet de la communication des deux mers. Je me rendrai, de mon côté, directement en Europe. Je m'empresserai de faire imprimer et de publier les documents officiels de l'affaire, ainsi que l'avant-projet de MM. Linant-Bey et Mougel-Bey. Des dispositions seront prises à l'effet de recueillir, dans un délai fixé, les opinions des hommes com-

pétents qui voudront bien apporter à l'entreprise le concours de leurs lumières.

Pendant ce temps, vos ingénieurs prépareront les éléments de leur projet définitif.

Lorsque ce projet définitif sera achevé, et lorsque les observations reçues de chaque pays auront pu former un corps de doctrine, il sera procédé à la nomination d'une Commission d'ingénieurs connus par leurs travaux hydrauliques, et choisis en Angleterre, en France, en Allemagne et en Hollande. Cette Commission donnera son opinion sur le projet des ingénieurs de Votre Altesse, indiquera les modifications ou les changements qu'elle croira devoir adopter. Tous les moyens seront mis à sa disposition pour visiter l'isthme de Suez si elle juge nécessaire de voir les localités avant de prononcer.

Votre Altesse a voulu, dès à présent, circonscrire dans de certaines limites les études des tracés. Après avoir passé en revue les nombreux projets présentés aux gouvernements ou au public depuis plus de cinquante ans, elle laisse toute liberté d'appliquer les moyens que la science reconnaîtra les meilleurs pour faire communiquer entre elles la mer Rouge et la Méditerranée par la coupure de l'isthme de **Suez**, sur tel ou tel point de l'isthme, à l'est du cours du Nil; mais elle a déclaré qu'elle n'autoriserait pas la Compagnie du grand canal maritime de Suez à adopter un tracé qui aurait pour point de départ la côte de la Méditerranée à l'ouest de la branche de Damiette et qui traverserait le cours du Nil.

Ce sera seulement après l'adoption du tracé de communication des deux mers, et lorsque tous les avantages et toutes les obligations de ceux qui prendront part à l'entreprise seront bien déterminés, que les capitalistes et le public seront appelés à souscrire des actions, et que les représentants des intéressés décideront en dernier ressort sur toutes les questions se rattachant à l'administration, à l'exécution et à l'exploitation de l'entreprise.

Permettez-moi maintenant de signaler à Votre Altesse les travaux préparatoires auxquels auront à se livrer dès à présent MM. Linant-Bey et Mougel-Bey avant de présenter leur projet définitif.

Ils devront :

1° Tracer sur le terrain la ligne du canal maritime dans ses détails, avec tous ses angles, toutes ses courbes, et rapporter cette ligne ainsi tracée sur un plan ;

2° Faire le nivellement le long de cette ligne, qu'ils prolongeront dans les deux mers jusqu'à une profondeur de 10 mètres d'eau;

3° Lever des profils en travers partout où la forme du terrain l'exigera ;

4° Procéder aux sondages le long de la ligne et pousser ces sondages jusqu'à 10 mètres au-dessous du niveau des basses mers de la Méditerranée ;

5° Recueillir des échantillons des diverses natures de terrains découvertes dans leurs opérations ;

6° Fixer les prix élémentaires de la main-d'œuvre et de tous les matériaux qui seront employés dans la construction du canal;

7° Établir les bases positives qui serviront à évaluer la quantité d'ouvriers en tous genres nécessaires à l'exécution des travaux.

J'aurai soin, de mon côté, de recueillir les documents statistiques les plus récents qui permettront de fixer l'évaluation minimum *des produits.*

Lorsque le moment arrivera de commencer les travaux du canal maritime, on devra faire venir d'Europe un grand nombre de machines et une quantité considérable de matériaux, des bois, des fers, de la houille, etc., etc. La Compagnie du Canal de Suez trouvera des avantages de sûreté, d'économie et de facilité de transport qui n'existent pas aujourd'hui, dans le chemin de fer continué jusqu'à Suez et dans l'établissement de la Société de remorquage, à laquelle se lie l'amélioration du canal Mahmoudiéh, ainsi que sa communication avec le port d'Alexandrie.

Les correspondances que j'ai reçues de l'Europe témoignent de l'intérêt toujours croissant avec lequel le projet de l'ouverture de l'isthme est partout accueilli. Parmi les personnes qui m'ont spontanément offert leur concours, il en est qui ont mis à ma disposition des sommes considérables pour contribuer aux premières dépenses de l'entreprise. Ces offres s'élèvent déjà à plus de 15 millions de francs. Je n'ai pas pensé qu'il y eût lieu d'en profiter; mais j'ai inscrit ceux qui les ont faites, et Votre Altesse a trouvé juste de leur réserver un avantage de priorité à l'époque de la répartition des actions.

Votre Altesse a déjà arrêté une première liste de soixante membres fondateurs remplissant les conditions voulues par l'article 11 du firman. Votre Altesse, qui me laisse le soin de la compléter par l'adjonction des personnes qui m'auront aidé en Europe ou en Amérique dans la fondation de l'œuvre, a désiré que le nombre total ne s'élevât pas, autant que possible, au-delà de cent.

Votre Altesse a bien voulu approuver la nomination provisoire de M. Ruyssenaërs, consul général des Pays-Bas, en qualité d'agent supérieur de la Compagnie en Égypte. Il méritait à tous égards ce témoignage de confiance.

Tels sont les actes préliminaires qui ont paru à votre Altesse devoir aider à la réussite de sa grande entreprise. Je vous prie, Monseigneur, de me faire connaître si j'ai bien compris vos intentions.

FERD. DE LESSEPS.

Camp de Maréa, 30 avril 1855.

A mon dévoué ami, de haute naissance et de rang élevé,
M. Ferdinand de Lesseps

J'ai pris connaissance du rapport que vous m'avez adressé le 30 avril, et j'ai approuvé ce document, qui devra vous tenir lieu d'instructions. J'ai apprécié le zèle que vous avez déployé dans cette affaire, l'intérêt tout amical que vous y avez pris, et j'en ai éprouvé une véritable satisfaction.

Le 3 ramadan 1271.

O. *Cachet du vice-roi.*

Pour traduction conforme au texte turc,

*Le secrétaire des commandements
de Son Altesse le vice-roi,*

Signé : Koenig-Bey.

Alexandrie, le 19 mai 1855.

On a vu, par le rapport ci-dessus, que M. de Lesseps annonçait au vice-roi son prochain départ pour la France, en vue de la propagande à y faire en faveur du projet et de la publication des documents officiels de l'affaire. Ce départ avait été décidé par Son Altesse à la suite des correspondances reçues de Paris et de Constantinople qui prouvaient que de nouvelles démarches de M. de Lesseps, en ce moment, auprès du Gouvernement de la Sublime Porte, ne pourraient, dans la situation des choses, être faites utilement.

Peu de jours après son arrivée à Paris, le 5 juin, M. de Lesseps fit remettre à l'empereur, en prévision des instructions à donner à M. Thouvenel, nommé ambassadeur à Constantinople, une note ainsi conçue :

Note du 5 juin 1855 de M. Lesseps, remise à l'Empereur

Les deux Gouvernements (anglais et français) s'étaient, en quelque sorte, promis de ne pas agir officiellement à Constantinople au sujet de l'isthme de Suez et de laisser la question se régler entre le sultan et le vice-roi.

Il serait essentiel de la maintenir dans ces termes pour le moment, c'est-à-dire, afin de mieux préciser, que l'ambassadeur de France s'abstiendrait de peser officiellement sur la Porte, en faveur de la ratification, et que l'ambassadeur anglais, de son côté, s'abstiendrait d'exiger de la Porte un engagement contraire à la ratification.

Si cet accord n'était pas gardé par lord Stratford, la situation de M. Thouvenel deviendrait libre.

Le 9 du même mois de juin, dans une nouvelle note, M. de Lesseps, après avoir rappelé que, dans l'audience que Sa Majesté avait bien voulu lui accorder à son retour d'Égypte, Elle lui avait recommandé de se rendre prochainement en

Angleterre et d'établir des rapports avec le journal *the Times*, annonçait qu'il était prêt à partir pour Londres et joignait, en même temps, la copie d'une note (reproduite ci-dessous) que le correspondant du *Times* à Paris, M. O'Meagher, s'était chargé d'envoyer à son directeur, comme étant sa propre appréciation dans l'affaire de Suez.

Voici cette note, qui, à sa date, présente un exposé assez complet de la situation de l'affaire :

Note du 10 juin 1855 du correspondant du journal the Times, *à Paris, remise par M. de Lesseps à l'Empereur*

Le vice-roi d'Égypte fit communiquer, en novembre dernier, aux consuls généraux résidant auprès de lui, un firman en vertu duquel il chargeait M. Ferd. de Lesseps d'organiser une Compagnie universelle à laquelle serait accordée la concession du percement de l'isthme de Suez.

Ainsi la concession n'a pas été donnée, comme on l'a dit à tort, à un Français ou à une Compagnie française, mais à une réunion d'actionnaires de tous les pays, qui sera formée par les soins du vice-roi, de son représentant, de son négociateur.

M. de Lesseps s'empressa, dès le principe, de donner ces explications à M. Bruce, agent et consul général de S. M. Britannique en Égypte ; ses correspondances témoignant de son désir constant de chercher à éviter tout ce qui pourrait porter ombrage à de justes susceptibilités ; nous savons que ses efforts n'ont pas peu contribué à faire décider par le vice-roi l'achèvement du chemin de fer du Caire à Suez, résultat depuis longtemps désiré par la politique anglaise.

Lorsqu'il se rendit ensuite à Constantinople, il entretint de bons rapports avec lord Stratford de Redcliffe, et, bien que le grand-vizir lui eût remis, pour le vice-roi d'Égypte, une lettre officielle dans laquelle l'entreprise du percement de l'isthme de Suez était considérée *comme des plus utiles et des plus intéressantes*, il ne voulut pas insister pour obtenir la ratification du Sultan, dès qu'il vit se manifester l'opposition formelle de l'ambassadeur d'Angleterre.

Lord Stratford ayant fait connaitre au Divan qu'il allait adresser un rapport à son Gouvernement et ayant demandé qu'aucune décision ne fût prise avant qu'il eût des instructions, M. de Lesseps, toujours désireux de ne pas donner prétexte à la manifestation officielle d'une divergence d'opinion entre les deux ambassadeurs de France et d'Angleterre, quitta Constantinople et revint en Égypte, se contentant pour le moment de la lettre vizirielle dont il vient d'être parlé.

Dès que les ingénieurs du vice-roi eurent terminé un mémoire très

intéressant et très concluant sur la canalisation de l'isthme de Suez,
M. de Lesseps s'occupa, avec S. A. Mohammed-Saïd-Pacha, de combiner les principales bases de l'organisation de la Compagnie.

Il nous a été assuré que, dans la répartition projetée de 200 millions de francs à distribuer entre les divers pays, suivant la proportion de leur importance actuelle ou éventuelle dans le commerce des Indes, la Grande-Bretagne figure pour 40 millions de francs et la France pour 30 millions.

Aujourd'hui, M. de Lesseps, au lieu de retourner à Constantinople, où il craignait de ne pas rencontrer, sur la question de l'isthme de Suez, l'accord désirable entre l'ambassade d'Angleterre et celle de France, est rentré en France, où il doit publier, d'après les instructions du vice-roi, les documents officiels de l'affaire, avec le mémoire et les plans des ingénieurs.

Nous apprenons avec plaisir qu'il n'a voulu jusqu'à présent prendre d'engagement ni même entrer en pourparlers avec aucun capitaliste français ou étranger, et que, préalablement à toute démarche, il se rendra à Londres, où nous espérons que les dispositions des hommes d'État ou de finance seront favorables à une entreprise qui, étant d'un intérêt universel, lui paraît devoir obtenir nos sympathies, si elle n'est pas dirigée par un esprit de nationalité exclusive et s'il résulte d'un examen impartial de la question que les intérêts de la Grande-Bretagne loin d'être affectés par le percement de l'isthme de Suez, y trouveront des avantages supérieurs à ceux obtenus par toute autre nation.

Jusqu'à présent, aucune objection sérieuse n'a été faite en Angleterre contre l'ouverture de l'isthme de Suez par un canal maritime, tandis que plusieurs de nos compatriotes, entre autres Sir James Wetch, capitaine au corps royal du génie, et notre célèbre auteur Charles Dickens, en ont démontré l'utilité.

On dit qu'en cas de guerre avec les Français, les Anglais seraient exposés à voir les flottes de leurs voisins les devancer dans la mer des Indes. Si le monde était menacé d'un malheur aussi grand que celui d'une collision entre la France et l'Angleterre, ce que, pour notre compte, nous croyons impossible, une flotte à vapeur ennemie n'aurait pas besoin d'aller tenter une attaque aussi lointaine contre la puissance qui possède sur la route directe des Indes la chaîne militaire de Gibraltar, de Malte et d'Aden.

On lit dans une publication récente : « Le maître d'Aden ouvre et
« ferme à son gré la mer Rouge, et si l'influence du peuple et des Gou-
« vernements dans le monde se mesure surtout à ce qu'ils peuvent
« faire de bien ou de mal à leurs adversaires, ce ne serait pas assuré-
« ment un médiocre avantage pour l'Angleterre qu'une révolution qui
« amènerait le courant principal du globe à passer sous les batteries
« de ses forteresses et de ses vaisseaux. » Sont-ce bien les marines de la

Méditerranée dont l'Angleterre a le plus à redouter les attaques dans les Indes? Dans tous les cas, le salut de ses établissements pourra dépendre de l'abréviation de la distance à partir de sa base d'opérations.

Les Grandes Indes ne sont pas la seule possession britannique dont le passage par Suez abrégera la route. L'Australie n'en profitera pas moins, et il serait d'autant plus nécessaire de fortifier la défense de cette contrée qu'elle deviendra, si le percement de l'isthme américain s'effectue, plus accessible aux navires de guerre des États-Unis.

Il est permis de conclure de ces observations que l'ouverture de l'isthme de Suez risquerait peu d'affaiblir la puissance militaire des Iles Britanniques. Pour qu'elle compromît leur puissance commerciale, il faudrait qu'une abréviation de 3.000 lieues dans la distance qui les sépare des Indes, réduisît la multiplicité des échanges entre elles et que ceux qui produisent et qui vendent les denrées de l'Extrême-Orient, perdissent à ce que la consommation en doublât en Europe.

Si l'Angleterre gagne à l'ouverture de l'isthme un accroissement de puissance militaire et commerciale, l'esprit de calcul triomphera bientôt chez elle d'une opposition peu réfléchie. Elle ne sacrifiera pas l'élévation absolue dont la base s'élargit avec le développement de ce qui l'entoure, à l'élévation relative qui se contente de l'abaissement des autres, et elle ne donnera plus à qui que ce soit le droit de lui prêter, vis-à-vis de tous les peuples riverains de la Méditerranée, le langage tenu ailleurs sur la Grèce et sur l'Orient. Elle laisse une pareille politique à sa place. Sachant que sa force réside dans sa puissance d'expansion et sa capacité d'échanger, elle recherche, dans la prospérité de ses voisins, l'élargissement des bases de la sienne, et c'est pour cela qu'elle vivifie de son concours tant d'entreprises qui font la fortune du continent. Elle n'en aura jamais accordé de plus fructueux, pour elle, qu'aux travaux de l'isthme de Suez. Son intérêt nous répond d'elle, et quand elle l'aura dégagé de quelques apparences trompeuses, nous n'aurons plus à nous défendre de son opposition.

On a dit aussi que, dans le cas où l'on ferait venir un nombre considérable d'ouvriers européens dans l'isthme de Suez, il serait à craindre que, si ces ouvriers appartenaient presque exclusivement à une seule nation, la politique d'une autre nation n'en éprouvât une fâcheuse influence. Cette objection qui, d'ailleurs, pourrait être combattue, dans le cas où le travail devrait être exécuté par des ouvriers européens, tombe d'elle-même du moment où l'on sait que la Compagnie du Canal de Suez aura le plus grand intérêt à employer seulement des Égyptiens comme ouvriers journaliers. Le fellah d'Égypte est pour ainsi dire né terrassier. C'est lui seul qui a exécuté, sous la direction d'ingénieurs et de conducteurs habiles et expérimentés, tous les grands travaux entrepris jusqu'à ce jour. Aucun peuple ne peut fournir plus facilement ni à meilleur marché des armées disciplinées de travailleurs actifs, robustes, sobres et intelligents pour les travaux de canalisation ou de constructions hydrauliques.

Le 18 juin, M. de Lesseps adressa de Paris, aux membres fondateurs de la future Compagnie universelle du Canal maritime de Suez, en Égypte, la circulaire suivante :

Lettre circulaire, du 18 juin 1855, adressée par M. de Lesseps
aux membres fondateurs de la future compagnie du canal

L'exécution du projet de percement de l'isthme de Suez ne paraît plus devoir être mise en doute aujourd'hui. Il est donc à propos de constituer régulièrement, dans un intérêt commun, la réunion des membres fondateurs désignés en vertu des termes du firman de S. A. Mohammed-Saïd, en date du 30 novembre 1854, de mon rapport au prince du 30 avril 1855 et de son ordre du 3 ramadan 1271, me faisant connaître que ledit rapport me tiendra lieu d'instructions.

J'ai l'honneur de vous informer que vous avez été désigné comme membre fondateur de la Compagnie universelle du Canal maritime de Suez et qu'à ce titre vous aurez à verser, d'ici au 1er septembre prochain, entre les mains de M. S. W. Ruyssenäers, à Alexandrie, soit la somme de 5.000 francs, soit celle de 2.500 francs, suivant l'attribution d'une part entière ou d'une demi-part de membre fondateur.

Ce versement, destiné à subvenir aux dépenses préparatoires dont il vous sera rendu compte ultérieurement, est effectué par chacun de nous dans le seul intérêt de la réussite de l'entreprise à laquelle nous vouons tous nos efforts; il n'engage notre responsabilité ni entre nous, ni vis-à-vis d'aucun tiers, et il permettra, avec les avances importantes si généreusement faites par Son Altesse, de conduire sûrement l'opération à maturité et de choisir le moment le plus favorable pour la mise en actions de l'affaire.

En échange de votre versement, vous recevrez, plus tard, en cas de réussite et lors de la formation légale de la Compagnie, un nombre d'actions correspondant à vos débours.

Projet de réponse à une note anglaise
Remis le 19 juin 1855 par M. de Lesseps au Comte Walewski
ministre des affaires étrangères, sur sa demande

Lord Clarendon, dans une dépêche à lord Cowley, communiquée au Gouvernement français, fait connaître que le Gouvernement de Sa Majesté Britannique voit des inconvénients à laisser la question du canal de l'isthme de Suez se décider entre le sultan et le vice-roi d'Égypte, parce qu'alors les agents et les partisans des deux pays alliés, usant de leur influence à Constantinople et à Alexandrie, pourraient, par des menées et des intrigues, renouveler une lutte d'antagonisme et de rivalité qui a heureusement disparu de la politique des deux Gouvernements.

La question se trouvant dans le cas d'être examinée, lord Clarendon présente les objections suivantes :

Première objection. — « Le canal est physiquement impossible, et s'il « pouvait être exécuté, ce serait au prix de telles dépenses qu'il n'en « ressortirait aucun profit comme spéculation commerciale, ce qui « prouve qu'il ne pourrait être entrepris que pour des motifs poli-« tiques. »

Réponse. — Si le canal est matériellement impossible, ceux qui craindraient de voir leurs intérêts affectés par son exécution n'auraient pas à s'en préoccuper.

S'il n'était possible qu'au moyen de dépenses qui ne seraient pas en rapport avec les profits à recueillir, il serait également inexécutable, car le vice-roi d'Égypte abandonne complètement la charge de sa construction, sans même garantir aucun intérêt à une réunion de capitalistes libres de toutes les nations, sans exclusion pour personne, sans avantage particulier pour aucun pays et sans réclamer l'intervention ou l'assistance des Gouvernements étrangers. Dans ces conditions, il est évident que les particuliers, auxquels il ne sera pas démontré qu'ils auront un intérêt matériel à apporter leur argent à l'entreprise, ne l'apporteront pas.

Les ingénieurs du pacha d'Égypte, qui ont d'ailleurs fait connaître le résultat de leurs travaux à l'agent et consul général de Sa Majesté Britannique en Égypte, établissent, dans un mémoire destiné à être prochainement publié, que le canal projeté à travers l'isthme de Suez, avec un port intérieur dans le bassin du lac Timsah, s'avançant dans les deux mers au moyen de jetées prolongées jusqu'à la profondeur voulue pour l'entrée facile des bâtiments, dont les travaux ne dureraient que six ans, coûterait seulement 200 millions de francs, la moitié de ce qu'a coûté le railway de Paris à Lyon.

Le pacha d'Égypte a déclaré à son fondé de pouvoirs que le projet de ses ingénieurs serait soumis au jugement d'ingénieurs européens, choisis en France, en Hollande, en Allemagne, et que ce serait leur décision scientifique qui servirait de base à l'organisation de la Compagnie universelle à laquelle l'entreprise du canal sera concédée.

Les deux Gouvernements de France et d'Angleterre n'ont donc point à s'occuper de la question scientifique des moyens d'exécution ni de la question matérielle de l'exécution.

Ce qui vient d'être exposé démontre que le projet du canal, tel qu'il a été conçu et produit spontanément par le pacha d'Égypte, exclut toute idée de mobile politique, soit de sa part, soit de celle d'aucun Gouvernement européen.

La canalisation de l'isthme de Suez a toujours passé pour être avantageuse aux intérêts commerciaux et maritimes de toutes les nations en général, de la Grande-Bretagne en particulier. Elle a obtenu en dernier lieu les sympathies du Gouvernement de l'Empereur, qui sont assurées à toute entreprise destinée à augmenter le bien-être des peuples et à favoriser les rapports internationaux.

C'est d'après ce principe que l'agent français à Alexandrie a tout récemment soutenu et appuyé le projet de railway de la Méditerranée à la mer Rouge, à travers l'Égypte, exclusivement désiré autrefois par la politique anglaise et qui avait été regardé, à tort sans doute, comme devant uniquement servir les intérêts britanniques.

La vieille politique d'antagonisme et de jalousie nationale a été loyalement écartée par le Gouvernement de l'empereur et par ses agents qui, fidèles à leurs instructions, n'ont pratiqué nulle part ce système de menées et d'intrigues que semble signaler ou redouter la dépêche de lord Clarendon à lord Cowley. Ce qui vient de se passer à l'occasion du railway du Caire à Suez en est la preuve, et il y a lieu d'espérer que, dans toute circonstance où il s'agira d'un progrès à conseiller ou d'une mesure d'utilité générale à laisser librement s'accomplir, les agents français, désireux de ne pas donner prétexte à une accusation d'antagonisme, ne se trouveront plus dans la pénible situation de devoir s'effacer devant une opposition formelle des agents anglais.

DEUXIÈME OBJECTION. « Le projet du canal qui, en tout cas, deman-
« derait un temps fort long pour l'exécution, retarderait considéra-
« blement, s'il ne l'empêchait pas tout à fait, l'achèvement du chemin
« de fer entre le Caire et Suez, en prolongement de celui qui est déjà
« établi entre Alexandrie et le Caire. Il serait ainsi certainement nui-
« sible à nos intérêts relatifs à l'Inde. Tout ce que le Gouvernement
« Britannique doit rechercher en Égypte, c'est une route facile et
« prompte vers l'Inde pour des voyageurs, des marchandises légères et
« des dépêches. Il ne cherche ni ascendant, ni domination territoriale;
« il lui faut seulement un transit libre et sans entrave. La continua-
« tion du chemin de fer nous donnerait ce transit rapide, et la condi-
« tion actuelle de l'Égypte, comme dépendance de l'Empire turc, nous
« le garantit librement et sûrement. »

RÉPONSE. — Nous reconnaissons que l'importance politique de l'Égypte, à l'égard de la Grande-Bretagne, consiste dans la liberté de transit vers les Indes, et que la France, plus désintéressée qu'elle sous ce rapport, ne recherche pas un ascendant exclusif ou une domination territoriale. Dans l'intimité de nos relations actuelles, nous admettons parfaitement que l'Égypte étant la route la plus courte, la plus directe de l'Angleterre à ses possessions orientales, cette route doit lui être constamment ouverte, et qu'en ce qui touche ce puissant intérêt elle ne saurait jamais transiger.

Le Gouvernement de Sa Majesté Britannique, qui ne paraît attacher de l'importance qu'au passage des voyageurs, des marchandises légères et des dépêches, croit que le chemin de fer suffirait à tous les besoins, et il craindrait que les ressources absorbées par le canal ne fissent retarder infiniment l'achèvement du railway. Si les deux entreprises étaient livrées en même temps à l'industrie privée, il serait, en effet, à craindre que le canal, où passera la navigation commerciale du monde entier, ne fût préféré au railway, dont les profits sont fort douteux et dont la première section a été fort onéreuse au Trésor égyptien, sans lui donner un revenu en rapport avec la dépense. Mais, heureusement, le pacha d'Égypte s'est décidé à continuer, à ses frais, le chemin de fer du Caire à Suez ; il a déjà commandé les rails à une maison anglaise ; les études se terminent et les travaux de terrassement sont commencés. Ce résultat a été accepté avec empressement par l'agent britannique en Égypte ; l'agent français en a, de son côté, félicité le vice-roi, et, jusqu'à présent, personne n'a encore fait l'observation que l'on n'avait pas songé à demander à la Porte l'autorisation que l'on a eu soin de solliciter pour le projet du canal.

Ainsi la crainte de voir l'achèvement du railway retardé par l'exécution du canal n'a aucun fondement.

TROISIÈME OBJECTION. « La troisième objection au projet du canal, « c'est que le Gouvernement de Sa Majesté Britannique ne peut pas dis- « simuler qu'il est fondé sur une politique d'antagonisme de la part de « la France, dans la question de l'Égypte, antagonisme qu'il avait cru « et espéré être remplacé par cet heureux changement survenu en « dernier lieu dans les relations mutuelles des deux pays.

« Lorsque les partisans de chaque Gouvernement croyaient qu'ils ne « pouvaient pas mieux servir les intérêts de leur propre Gouvernement « qu'en blessant et en contrariant les intérêts de l'autre, il était natu- « rel que les partisans de la politique française eussent considéré « comme étant un objet d'une grande importance de détacher l'Égypte « de la Turquie pour interrompre la voie de communication la plus « facile entre l'Angleterre et les Indes. C'est dans ce but et avec cet « esprit que des fortifications d'une grande étendue, conçues dans le « département de la Guerre, à Paris, furent dirigées par des ingénieurs « français sur la côte méditerranéenne d'Égypte pour défendre ce pays « en cas d'attaque de toute force navale venant de Turquie. Ce fut « aussi dans ce but que le grand barrage fut construit sur le Nil, « lequel, sous prétexte d'irrigation, ce qui est parfaitement inutile, « fournit les moyens d'inondation pour défendre militairement une « partie du Delta et a aussi le but de servir de rempart pour la Basse- « Égypte contre toute force venant du sud.

« Ce fut aussi dans ce but et dans cet esprit que le projet du canal
« fut mis en avant. Son effet serait d'interposer entre la Syrie et l'Égypte
« la barrière physique d'un canal vaste et profond, défendu par des
« ouvrages militaires, et la barrière politique d'une langue de terre
« s'étendant de la mer Rouge à la Méditerranée, concédée à une Com-
« pagnie d'étrangers et occupée par elle. Des questions de la nature la
« plus embarrassante et la plus dangereuse pourront s'élever entre les
« Gouvernements de ces étrangers et la Porte sous l'influence de circons-
« tances qu'il est facile de prévoir et qu'il n'est pas nécessaire de décrire
« avec plus de détails.

« Mais la politique de la France dans ce moment, et le Gouvernement
« de Sa Majesté espère qu'elle continuera longtemps ainsi, consiste à
« entretenir des relations amicales et une union intime avec l'Angle-
« terre, ainsi qu'à protéger et à maintenir l'intégrité de l'Empire turc.

« La politique du canal a survécu à la politique d'où il dérive, et elle
« doit céder devant la nouvelle et meilleure politique qui guide à
« présent les deux Gouvernements. Les difficultés matérielles du canal
« proposé sont trop bien connues pour demander des explications
« détaillées. La mer, aux deux extrémités de la Méditerranée et à Suez,
« est si basse, sur une étendue de trois milles de la côte, que, pour
« faire un canal, d'une profondeur suffisante pour les bâtiments et pour
« tenir ce canal libre ainsi que pour faire des ports à chaque extré-
« mité, à l'effet de recevoir des bâtiments en attendant leur entrée dans
« le canal, ces difficultés demanderaient d'énormes sacrifices.

« Creuser un canal, d'une mer à l'autre, assez large et assez profond
« pour permettre le passage des bâtiments, serait aussi un ouvrage fort
« coûteux, et comme ce canal recevrait constamment et rejetterait des
« sables, une dépense considérable serait nécessaire pour balayer le
« canal.

« Pour ces raisons, on doit douter qu'une dépense, quelque grande
« qu'elle soit, puisse faire obtenir un canal destiné à être constamment
« ouvert et accessible de chaque côté ; mais il semble presque certain
« qu'un tel canal, si l'on réussissait à le faire, ne serait jamais une
« opération commerciale productive. »

Réponse. — Si le Gouvernement de l'Empereur pouvait penser que le
projet actuel du canal, dont la conception lui a d'ailleurs été étrangère,
fût fondé sur une politique d'antagonisme, il le repousserait dès aujour-
d'hui ; mais il n'en est pas ainsi. Il se félicite avec le Gouvernement de
Sa Majesté Britannique de l'heureux changement survenu dans les relations mutuelles des deux pays ; il pratique sincèrement et sans aucune
arrière-pensée la nouvelle politique, et rien ne lui semblerait plus
propre à entretenir et à fortifier les anciens sentiments de défiance et
de jalousie qu'une opposition non justifiée à une entreprise d'un intérêt
universel.

Les sentiments de défiance ont disparu de la politique des deux Gouvernements, et la franchise de leurs explications permettra sans doute de ne pas se laisser égarer par des préoccupations appartenant à une autre époque et d'examiner avec impartialité la question qui leur est soumise aujourd'hui.

Nous croyons que l'opinion générale en Angleterre n'est pas d'accord avec cette idée que la voie la plus courte pour se rendre dans les Indes ne doit être employée que pour les voyageurs et les correspondances.

Nous citerons une opinion qui a été publiée en 1852, en Angleterre, et accueillie avec faveur par la presse britannique :

Un auteur plus récent que M. Lepère et que M. Maclarens, a traité la question du percement de l'isthme de Suez : c'est le capitaine James Wetch, du corps royal du Génie[1]. Cet officier formulait son opinion comme suit :

« L'argent et le travail de l'Angleterre devraient seuls exécuter la coupure de l'isthme, parce que cette mesure deviendra bientôt impérieusement nécessaire au maintien de notre empire des Indes. Toutes les nations trouveraient en même temps un immense avantage dans la création d'une route nouvelle ouverte à la navigation. On a même sérieusement allégué cet avantage évident offert aux États européens, plus rapprochés que nous de l'Afrique, comme un argument propre à détourner l'Angleterre d'une entreprise dont le résultat serait problématique. Nous retrouvons ici l'une des vieilles arguties de cette théorie usée, misérable tissu d'erreurs, qui prétendait enseigner qu'un peuple n'est riche et florissant qu'autant que ses voisins sont indigents et malheureux. Sans doute les contrées de l'Europe les plus voisines de l'Orient retireront de l'ouverture de l'isthme de Suez un bénéfice considérable ; mais notre égoïsme doit y trouver un motif de satisfaction, car il ne peut ignorer que le développement du commerce, quels que soient les moyens employés, finit toujours par procurer la meilleure part des profits aux capitaux les plus intelligents et les plus nombreux. Quant à nous, telle est notre croyance. L'Angleterre et plus d'une autre nation, à son exemple, nous semblent appelée à de grands travaux qui jetteront dans l'ombre les faits les plus éclatants de l'histoire. Parmi ces œuvres de l'avenir, nous apparaît au premier rang l'ouverture des isthmes de Panama et de Suez, qui, multipliant et resserrant les heureux liens par lesquels les peuples de tous les climats et de toutes les croyances sont unis à la Grande-Bretagne, rattachera pour jamais la prospérité générale des nations au bonheur de notre patrie, leur sûreté à sa puissance, leur indépendance à sa liberté. »

---

1. Voir la note de la page 7 où se trouve résumée l'opinion exprimée en 1843 par le capitaine Wetch.

M. Ferd. de Lesseps, qui se rend à Londres, pourra, s'il est nécessaire, mettre M. de Persigny en mesure de donner les renseignements les plus satisfaisants au sujet des observations contenues dans la dépêche de lord Clarendon, à la suite des trois principales objections auxquelles il vient d'être répondu.

Les renseignements permettent d'établir :

1° Que le projet du canal n'est pas la conséquence d'un système d'antagonisme et de rivalité contre l'Angleterre ;

2° Que les fortifications du littoral d'Alexandrie, dont les plans ne sont pas d'ailleurs sortis du Ministère de la Guerre, à Paris, n'ont point pour but de garantir l'Égypte d'une agression de la Turquie ;

3° Que le barrage n'a pas été construit comme moyen de défense et qu'il ne peut servir que comme moyen d'irrigation ;

4° Que la Turquie, loin de s'inquiéter du projet du canal, reconnaît, au contraire, qu'il est destiné à augmenter sa puissance et sa prospérité en rapprochant Constantinople de 4.300 lieues de l'Extrême-Orient et en facilitant les communications avec les lieux saints de l'Arabie, source de l'autorité du sultan sur les Musulmans ;

5° Que la colonisation des Européens n'est pas à craindre en Égypte où les hommes de la race nilotique peuvent seuls exister à l'état de travailleurs, et où la race turque elle-même, ne pouvant s'y reproduire, est sans cesse, depuis des siècles, obligée de se maintenir par des recrues nouvelles ;

6° Que les ensablements ne seront à redouter ni dans le canal ni aux deux extrémités ;

7° Enfin, que le principe de l'universalité de l'entreprise, admis et recommandé par les instructions écrites du vice-roi, présentera à l'Angleterre ainsi qu'aux autres nations toutes les garanties désirables.

Quant à ce qui concerne les liens de vassalité du vice-roi d'Égypte à l'égard du sultan, le Gouvernement de l'empereur est d'accord avec celui de Sa Majesté Britannique pour les maintenir tels qu'ils sont établis par les traités. Le prince qui gouverne actuellement l'Égypte ne cesse d'ailleurs de donner à son souverain des témoignages de sa fidélité. L'Égypte est la province de l'Empire qui, dans les circonstances actuelles, fournit les plus grands secours en argent et en contingents militaires. Le chiffre des soldats envoyés d'Alexandrie à Constantinople depuis le commencement de la guerre s'élève déjà à 42.000 hommes. Toute la marine égyptienne est dans la mer Noire, et l'on sait que Silistrie et Eupatoria ont été principalement défendues par des régiments égyptiens.

DÉMARCHES A LONDRES

Aussitôt après la remise faite par lui, au Ministre des Affaires étrangères, de la note ci-dessus, M. de Lesseps partit pour Londres, où il eut d'abord d'importantes conférences avec le directeur du *Times*.

Le journal avait publié, dès le 13 juin, l'article, cité plus haut, envoyé de Paris par son correspondant, M. O'Meagher.

M. de Lesseps fut ensuite reçu successivement par le premier ministre du Cabinet anglais, lord Palmerston, puis par le ministre du Foreign-Office, lord Clarendon. Dans l'entrevue avec le premier ministre, celui-ci répéta à M. de Lesseps toutes les observations contenues dans la dépêche de lord Clarendon à lord Cowley ; M. de Lesseps, de son côté, s'efforça surtout, dans cette première entrevue, qu'il ne considérait que comme une entrée en matière, de bien établir qu'il n'était venu à Londres, en qualité de chargé du pouvoir du pacha d'Égypte, que dans le seul but de se rendre compte de l'opinion publique sur la question de l'isthme de Suez et de chercher à donner de bonne foi tous les éclaircissements et les renseignements désirables, tant sur la possibilité ou les avantages de l'entreprise que sur le principe universel de satisfaction de tous les intérêts qui devaient y présider. Dans l'entrevue avec lord Clarendon, M. de Lesseps s'attacha à réfuter toutes les objections formulées dans la dépêche à lord Cowley.

M. de Lesseps ne manqua pas, d'ailleurs, de tenir l'ambassadeur de France, M. de Persigny, au courant du résultat de ses entrevues avec les deux ministres de Sa Majesté Britannique.

Il eut, en outre, des entrevues avec un grand nombre de personnages marquants de l'Angleterre.

Les résultats des démarches de M. de Lesseps à Londres sont consignés succinctement dans la correspondance suivante adressée par lui, d'abord de Londres même, puis de Paris.

Lettre du 4 juillet 1855 de M. Lesseps à l'Empereur

L'intérêt que Votre Majesté a daigné témoigner à la grande entreprise de l'ouverture de l'isthme de Suez m'a semblé autoriser le compte-rendu que j'ai l'honneur de lui adresser sur le résultat de mes premières démarches à Londres.

Les ministres de la reine se sont montrés disposés à examiner mûrement la question. Ils ont tenu à déclarer que leurs objections étaient formulées de bonne foi et sans aucun sentiment de défiance envers le Gouvernement de Votre Majesté.

Une note ci-jointe rapporte fidèlement mes entretiens à ce sujet avec lord Palmerston et lord Clarendon.

Les rédacteurs du *Times* et des autres journaux m'ont assuré de leurs bonnes dispositions.

J'ai rencontré des sympathies, des promesses d'appui et même un concours actif auprès d'un grand nombre d'hommes influents dans la politique, les sciences, l'industrie, le commerce.

Je citerai parmi eux lord Holland, cet ancien et loyal ami de la France ; le duc de Northumberland ; le fils du duc Sommerset ; sir Edward Ellice et sir Richard Gardner, membres du Parlement ; M. Rendel, le premier ingénieur hydraulique de l'Angleterre ; M. Charles Manby, secrétaire de l'Institut des Ingénieurs civils ; M. Reeve, secrétaire au Conseil privé de la Reine ; M. James Wilson, secrétaire du Trésor ; M. Morris, directeur du *Times* ; M. O'liphant, l'un des directeurs de la Compagnie des Indes ; M. James Wetch, capitaine au corps royal du Génie, secrétaire de l'Amirauté et auteur d'un mémoire sur les avantages du canal de Suez au point de vue britannique ; M. Panizzi, bibliothécaire du Muséum ; M. Thomas Hankey, gouverneur de la Banque ; M. Powler, secrétaire de la Compagnie des Docks ; MM. Anderson, Wilcox et Zulueta, directeurs et fondateurs de la Compagnie Péninsulaire et Orientale de navigation à vapeur ; sir William Gore Ouseley, ministre plénipotentiaire de Sa Majesté Britannique ; M. Thomas Wilson, auteur du projet de canal du Danube à la mer Noire ; les chefs des ambassades et légations étrangères.

Aucun des hommes éclairés que j'ai entretenus de la question n'a voulu admettre qu'un événement qui serait profitable aux intérêts du monde entier pût nuire à la puissance ou aux relations commerciales de l'Angleterre. Ils éloignent toute idée d'une opinion préconçue contre le projet ; ils affirment au contraire que, s'il est exécutable, leur pays n'aura qu'à y gagner, et ils regretteraient que l'on pût penser en France que ce qui ferait le bien des autres nations ne dût pas faire également le bien de l'Angleterre.

J'ai enfin acquis la conviction que l'entreprise du canal de Suez, loin d'apporter le moindre trouble dans les relations de l'Angleterre et de

la France, contribuera au contraire, par de franches et loyales explications, à démontrer, aux yeux du public des deux pays, la sincérité de
l'alliance.

La faveur avec laquelle la question a été accueillie par l'opinion, les
publications qui se préparent, l'influence des intérêts du commerce et
de la navigation, le désir de donner un gage de confiance à Votre
Majesté, ne peuvent manquer d'entraîner ceux des membres du Cabinet
anglais, dont l'opposition aurait pu, il y a peu de temps encore, justifier l'idée d'une résistance énergique qu'il ne semble plus permis de
redouter aujourd'hui.

*Lettre circulaire datée de Londres du 8 août 1855 de M. de Lesseps
aux membres du parlement, aux négociants, armateurs pour les
Indes, etc.*

J'ai l'honneur de vous envoyer un exemplaire de ma publication sur
le percement de l'isthme de Suez.

Après avoir pris lecture des divers documents que je mets sous vos
yeux, j'espère que vous voudrez bien me faire connaître votre avis sur
les avantages de cette importante entreprise, à la réussite de laquelle
je crois que la Grande-Bretagne a un intérêt supérieur à celui de toutes
les autres nations.

L'alliance qui existe entre nos deux pays me fait attacher un grand
prix à voir l'opinion des hommes les plus éclairés de l'Angleterre
d'accord avec celle qui existe en France à ce sujet.

Vous remarquerez que le projet des ingénieurs du vice-roi d'Égypte
doit être soumis, avant de donner suite à l'entreprise, à une Commission choisie parmi les plus célèbres ingénieurs de l'Europe. M. Rendel,
connu par les remarquables travaux exécutés dans les ports de l'Angleterre, fera partie de cette Commission.

Je vous serai obligé de me faire parvenir votre réponse, soit à mon
domicile à Paris, 9, rue Richepanse, soit chez MM. Baring frères ou
MM. de Rothschild, à Londres.

*Lettre, datée de Londres du 9 août 1855, de M. de Lesseps
au vice-roi d'Égypte*

Depuis mon départ d'Égypte, j'ai chargé M. Ruyssenäers de rendre
compte à Votre Altesse de toutes mes démarches relativement à l'entreprise du canal de Suez.

Aucune personne raisonnable ne met aujourd'hui en doute l'utilité
qui résultera pour le monde entier de la canalisation de l'isthme. La
question la plus essentielle maintenant, comme Votre Altesse l'avait

si bien compris à l'avance, est de démontrer, aux yeux de tous, la possibilité de l'exécution de l'entreprise.

Conformément aux intentions de Votre Altesse, j'ai donné à l'avant-
projet de ses ingénieurs la plus grande publicité tant en France qu'en
Angleterre. Les publications qui paraissent dans ce moment à Londres
et à Paris seront répandues dans les autres pays. De plus, je m'occupe
de la nomination de la Commission des ingénieurs européens les plus
connus dans les constructions hydrauliques. J'ai l'honneur de remettre
ci-joint à Votre Altesse la copie des propositions que j'ai faites de sa
part à M. Rendel. Mes propositions ont été acceptées. Il a été convenu
que M. Rendel se réunira à Paris à ses collègues, le 15 octobre ; il désire
conférer, avant cette époque, avec les ingénieurs de Votre Altesse, qui
devront également s'entendre avec les autres membres de la Commission. Non seulement pour ce motif, mais encore pour réunir les éléments du projet définitif, il sera nécessaire que MM. Linant-Bey et
Mougel-Bey viennent le plus promptement possible en Europe ; je prie
Votre Altesse de vouloir bien leur donner des ordres à ce sujet.

J'espère que Votre Altesse continuera à approuver ma prudence
dans la conduite de l'entreprise qu'elle a bien voulu me confier.

*Lettre datée de Paris, du 17 août 1855, de M. de Lesseps
à l'Impératrice*

Votre Majesté a bien voulu, pendant mon dernier séjour à Londres,
me faire donner le conseil de chercher à rendre la Compagnie des
Indes favorables au projet de canalisation de l'isthme de Suez, ou tout
au moins à amortir l'opposition qu'elle pourrait faire à l'entreprise.

J'ai l'honneur de transmettre à Votre Majesté, en la priant de vouloir
bien le communiquer à l'Empereur, le compte rendu de mes démarches
et leurs résultats.

Je n'ai pas manqué de suivre les utiles recommandations de Votre
Majesté. J'espère que l'Empereur verra dans les témoignages écrits de
la Compagnie des Indes, ainsi que de la Compagnie Péninsulaire et
Orientale de navigation à vapeur, la confirmation de l'opinion que
j'avais exprimée au retour de mon premier voyage à Londres.

L'adhésion du *Times* est aujourd'hui un fait acquis. L'article commercial de ce journal, qui doit être suivi d'un article politique, a produit une excellente impression sur les grands négociants et armateurs
de la Cité.

J'ai lieu de croire que le prince Albert est bien disposé, et si, pendant le séjour de la reine d'Angleterre en France, Votre Majesté dai-
gnait manifester à lord Clarendon l'intérêt qu'elle porte à la réussite
d'une œuvre déjà favorablement accueillie par l'opinion publique de la
Grande-Bretagne, elle ferait beaucoup pour le succès définitif de mes
négociations.

*Note de M. de Lesseps, datée de Paris, du 17 août 1855, remise à
l'Empereur par l'Impératrice (Compte rendu du séjour de M. de Lesseps
à Londres).*

J'ai commencé par me mettre d'accord avec M. Rendel, le premier
ingénieur de l'Angleterre pour les travaux des ports. M. Rendel, comprenant toute l'importance de la canalisation de l'isthme de Suez pour
les intérêts de son pays, consacrera ses soins à la réalisation de l'entreprise ; il a accepté de faire partie de la Commission des ingénieurs
européens qui examinent l'avant-projet des ingénieurs du vice-roi et se
rendra, dans deux mois, en Égypte, pour reconnaître sur les lieux la
possibilité de l'exécution de l'entreprise.

J'ai ensuite fait paraître à Londres une brochure en langue anglaise,
accompagnée de tous les documents de l'affaire et appuyée de l'opinion
des voyageurs et des savants anglais qui ont écrit sur la question. Cette
brochure a été envoyée aux membres des deux Chambres, aux journaux, aux revues, aux négociants et armateurs intéressés dans le commerce des Indes à Londres, à Liverpool, à Manchester, à Glascow, etc.
Une circulaire faisait connaître en même temps le projet de soumettre
à la décision de la science européenne la question d'exécution ; elle
annonçait l'adhésion de M. Rendel et indiquait comme mes correspondants à Londres les deux maisons Baring frères et Rothschild.

Le *Times* du 6 août, dans la partie commerciale de sa rédaction,
après avoir fait, à un point de vue favorable, l'analyse de la brochure,
s'exprime ainsi :

« M. de Lesseps peut être assuré que la foi nationale aux avantages
« particuliers qui découlent pour l'Angleterre de toute circonstance
« tendant à accélérer les échanges entre les divers points du globe, dis-
« posera en sa faveur tous les esprits. »

Voici les extraits des réponses qui m'ont été faites par la Compagnie
Péninsulaire et Orientale de navigation à vapeur et par la Compagnie
des Indes :

« 1º Par ordre du directeur de la Compagnie Péninsulaire et Orientale
« de Navigation à vapeur...

« L'importance des résultats que l'on peut attendre de la jonction de
« la Méditerranée à la mer Rouge par un canal navigable est si évidente
« qu'il ne peut y avoir deux opinions sur la matière, et si le projet se
« réalise, cette Compagnie profitera beaucoup des conséquences qu'il
« produira sur le commerce, non seulement de l'Angleterre, mais du
« monde entier. »

« 2º Par ordre de la Cour des directeurs de la Compagnie des
« Indes...

« Il m'est enjoint de vous informer relativement à l'importante entre-

« prise du percement de l'isthme de Suez, que la Cour prend le plus
« grand intérêt à la réussite de toute entreprise destinée à faciliter les
« moyens de communication entre ce pays et l'Inde. »

Les réponses qui me sont journellement adressées par les hommes
politiques ou par les hommes d'affaires de l'Angleterre, expriment
toutes l'opinion dont le *Times* s'est rendu l'organe. Ce journal doit
prochainement publier un article politique sur la question. D'autres
journaux et des revues préparent des articles qui ne laisseront aucun
doute sur le sentiment général du pays.

Les journaux de l'Inde anglaise, et particulièrement *la Gazette de Bombay*, ont exprimé leurs sympathies pour la canalisation de l'isthme de
Suez.

Il appartiendra à l'empereur de juger si, dans l'état actuel de l'affaire, l'ambassadeur d'Angleterre à Constantinople peut convenablement
continuer son opposition à la ratification du firman du vice-roi d'Égypte,
opposition qui, d'après mes correspondances de Constantinople, est toujours très prononcée.

COMMISSION INTERNATIONALE CHARGÉE DE L'EXAMEN DE L'AVANT-PROJET DES INGÉNIEURS DU VICE-ROI

(OCTOBRE 1855-JANVIER 1856)

Comme on l'a vu au rapport adressé par M. de Lesseps au vice-roi, le 30 avril 1855, et approuvé par Son Altesse le 19 mai suivant, il avait été décidé :

D'une part, que les ingénieurs du vice-roi, pendant la publication de leur mémoire à l'appui de leur avant-projet, compléteraient leur première étude en piquetant les tracés sur le terrain même et dressant un projet régulier et complet de tous les travaux à exécuter ;

D'autre part, que, lorsque ce projet serait achevé, et que les observations reçues de chaque pays auraient pu former un corps de doctrine, il serait procédé à la nomination d'une Commission d'ingénieurs de divers pays chargée de donner son opinion sur ledit projet et d'indiquer les modifications qu'elle croirait devoir y être apportées.

Ce ne devait être qu'après l'adoption définitive du tracé, et lorsque tous les avantages et toutes les obligations pour ceux qui prendraient part à l'entreprise, seraient bien déterminés, que les capitalistes et le public seraient appelés à souscrire des actions, et que les représentants des intéressés décideraient en dernier ressort sur toutes les questions se rattachant à l'administration, à l'exécution et à l'exploitation de l'entreprise.

En conformité de la décision qui vient d'être rappelée, les ingénieurs du vice-roi complétèrent leur avant-projet du canal, en même temps que M. de Lesseps profitait de son séjour à Paris et à Londres pour constituer la Commission internationale d'ingénieurs et de marins chargée d'examiner cet avant-projet et d'élaborer un projet définitif.

Cette Commission fut composée comme suit :

ANGLETERRE

MM. Harris, capitaine de la Marine britannique des Indes, à Londres.
Mac-Clean, ingénieur,   —
Manby,   —   —
Rendel,   —   —

AUTRICHE

de Negrelli, Inspecteur général des chemins de fer de l'Autriche, à Vienne.

ESPAGNE

Montesino, Directeur des travaux publics, à Madrid.

FRANCE

Jaurès, capitaine de vaisseau et membre du Conseil de l'Amirauté, à Paris ;
Lieussou, ingénieur hydrographe de la Marine, à Paris ;
Renaud, inspecteur général des Ponts et Chaussées, à Paris ;
Rigault de Genouilly, contre-amiral, à Paris.

ITALIE

Paléocapa, ministre des travaux publics de Sardaigne, à Turin ;

PAYS-BAS

Conrad, ingénieur en chef des Water-Staat, à La Haye ;

PRUSSE

Lentzé, ingénieur en chef des travaux de la Vistule, à Berlin.

La Commission constitua d'ailleurs son bureau de la manière suivante :

MM. Conrad, *président* ;
Lieussou et Manby, *secrétaires* ;
Larousse, sous-ingénieur hydrographe de la Marine française, *adjoint à M. Lieussou.*

La mission confiée par le vice-roi à la Commission était définie comme suit:

Son Altesse n'indiquait aucune espèce de programme. Le principal but qu'elle désignait aux travaux de la Commission, était l'examen de l'avant-projet de ses ingénieurs; mais elle n'imposait cependant aucune limite à la science. Elle engageait donc la Commission à porter ses investigations sur tous les tracés proposés depuis cinquante ans pour mettre en communication la mer Rouge et la Méditerranée, afin qu'il ne restât aucun doute sur le meilleur moyen de réunir les deux mers. En un mot, ce que Son Altesse attendait de la Commission, c'était la solution la plus facile et la plus sûre du problème, en même temps que la plus avantageuse pour l'Europe, pour l'Égypte, et pour le commerce universel.

La Commission se réunit pour la première fois, à Paris, le 30 octobre 1855. Après une première étude d'ensemble de la question, elle délégua cinq de ses membres pour se transporter en Égypte, « afin de juger, en les étudiant directement, quelles étaient les difficultés ou les facilités que présentait la nature à la réalisation du projet ».

Les membres délégués furent MM. Conrad, Lieussou, Mac-Clean, de Negrelli et Renaud (M. Larousse accompagnait la délégation).

Ils partirent pour l'Égypte, le 8 novembre; et, après une exploration de deux mois et demi, ils purent rapporter à Paris, avec leurs observations personnelles, tous les documents nécessaires pour asseoir et justifier un jugement définitif.

Mais, avant leur retour en France, les membres délégués de la Commission avaient pu déjà, à la suite d'une étude attentive, sur les lieux mêmes, de toutes les questions à résoudre, arrêter les dispositions générales du projet définitif qu'avait à dresser la Commission Internationale. Ils formulèrent leur opinion dans un rapport sommaire, qui fut remis au vice-roi, le 2 janvier 1856.

Les conclusions de ce rapport étaient les suivantes :

1° Le tracé par Alexandrie est inadmissible au point de vue technique et économique ;

2° Le tracé direct offre toute facilité pour l'exécution du canal proprement dit, avec embranchement sur le Nil, et il ne présente que des difficultés ordinaires pour la création des deux ports ;

3° Le port de Suez s'ouvrira sur une rade sûre et vaste, accessible en tout temps, et où l'on trouve 9 mètres d'eau, à 1.600 mètres du rivage.

4° Le port de Péluse, que l'avant-projet plaçait dans le fond du golfe, sera établi à 28 kilomètres environ plus à l'Ouest, dans la région où l'on trouve 8 mètres d'eau à 2.300 mètres du rivage, et où la tenue est bonne et l'appareillage facile ;

5° La dépense du canal des deux mers et des travaux qui s'y rattachent ne dépassera pas le chiffre de 200 millions porté dans l'avant-projet des ingénieurs de Son Altesse le vice-roi.

DEUXIÈME ACTE DE CONCESSION ET STATUTS
DE LA COMPAGNIE.

(5 JANVIER 1856)

En conséquence des conclusions si favorables du rapport des membres délégués de la Commission internationale, S. A. le vice-roi rendit à la date du 5 janvier 1856 un nouveau firman, confirmant et complétant la concession de 1854, et il approuva le projet de statuts de la Compagnie.

Voici ces deux documents :

DEUXIÈME ACTE DE CONCESSION ET CAHIER DES CHARGES
POUR LA CONSTRUCTION ET L'EXPLOITATION
DU CANAL MARITIME DE SUEZ ET DÉPENDANCES [1]

Nous Mohammed-Saïd-Pacha, Vice-Roi d'Égypte,

Vu notre acte de concession, en date du 30 novembre 1854, par lequel nous avons donné à notre ami M. Ferdinand de Lesseps pouvoir exclusif à l'effet de constituer et diriger une **Compagnie universelle** *pour le percement de l'isthme de Suez, l'exploitation d'un passage propre à la grande navigation, la fondation ou l'appropriation de deux entrées suffisantes, l'une sur la Méditerranée, l'autre sur la mer Rouge, et l'établissement d'un ou deux ports ;*

M. Ferdinand de Lesseps nous ayant représenté que, pour constituer la Compagnie sus-indiquée dans les formes et con-

---

1. Dans ce document figurent en caractères ordinaires toutes celles des dispositions primitives qui ont été plus tard plus ou moins modifiées ou même abrogées par suite de nouvelles conventions intervenues entre le vice-roi et la Compagnie et approuvées par l'Assemblée générale des actionnaires.

ditions généralement adoptées pour les sociétés de cette nature, il est utile de stipuler d'avance, dans un acte plus détaillé et plus complet, d'une part, les charges, obligations et redevances auxquelles cette Société sera soumise; d'autre part, les concessions, immunités et avantages auxquels elle aura droit, ainsi que les facilités qui lui seront accordées pour son administration,

Avons arrêté, comme suit, les conditions de la concession qui fait l'objet des présentes.

§ 1ᵉʳ. — CHARGES

ARTICLE PREMIER[1]. — *La Société fondée par notre ami M. Ferdinand de Lesseps, en vertu de notre concession du 30 novembre 1854, devra exécuter à ses frais, risques et périls, tous les travaux et constructions nécessaires pour l'établissement :*

1° D'un canal approprié à la grande navigation maritime, entre Suez dans la mer Rouge, et le golfe de Péluse dans la mer Méditerranée ;

2° D'un canal d'irrigation approprié à la navigation flu-

---

1. Par une convention intervenue le 18 mars 1863 (Voir plus loin) entre le vice-roi et la Compagnie et approuvée par l'Assemblée générale des actionnaires du 15 juillet de la même année, la Compagnie, en ce qui est du canal faisant l'objet du § 2° (canal d'eau douce du Caire au lac Timsah), a rétrocédé au Gouvernement Egyptien la 1ʳᵉ section, non encore construite, dudit canal, comprise entre le Caire et le canal dit du Ouady, formant la 2° section, déjà construite par la Compagnie, entre l'Ouady-Toumilat et le lac Timsah.

Par deux autres conventions passées le 30 janvier et le 22 février 1866 (Voir plus loin) et approuvées par l'Assemblée générale des actionnaires du 1ᵉʳ août suivant, la Compagnie a également rétrocédé au Gouvernement égyptien d'une part, la 2° section du canal du Caire au lac Timsah ; d'autre part, celle des deux branches de dérivation prévues par le § 3° allant dans la direction de Suez, également construite par la Compagnie. L'autre branche, celle devant aller dans la direction de Péluse (ou Pert-Saïd), est restée à la Compagnie.

Les conditions de ces rétrocessions ont été réglées par les mêmes conventions.

viale du Nil, joignant le fleuve au canal maritime susmentionné;

3° De deux branches d'irrigation et d'alimentation dérivées du précédent canal et portant leurs eaux dans les deux directions de Suez et de Péluse.

Les travaux seront conduits de manière à être terminés dans un délai de six années, sauf les empêchements et retards provenant de force majeure.

ART. 2[1]. — *La Compagnie aura la faculté d'exécuter les travaux dont elle est chargée par elle-même et en régie, ou de les faire exécuter par des entrepreneurs au moyen d'adjudications ou de marchés à forfait.* Dans tous les cas, les quatre cinquièmes au moins des ouvriers employés à ces travaux seront Égyptiens.

ART. 3. — *Le canal approprié à la grande navigation maritime sera creusé à la profondeur et à la largeur fixées par le programme de la Commission scientifique internationale.*

Conformément à ce programme, il prendra son origine au port même de Suez; il empruntera le bassin dit des lacs Amers et le lac Timsah; il viendra déboucher dans la Méditerranée en un point du golfe de Péluse qui sera déterminé dans les projets définitifs à dresser par les ingénieurs de la Compagnie.

ART. 4. — *Le canal d'irrigation approprié à la navigation fluviale dans les conditions dudit programme, prendra naissance à proximité de la ville du Caire, suivra la vallée (Ouadée) Toumilat (ancienne terre de Gessen) et débouchera dans le grand canal maritime au lac Timsah.*

---

1. La partie de cet article relative à l'emploi des ouvriers égyptiens (fellahs) a été déclarée nulle et caduque par l'article 1ᵉʳ de la Convention déjà mentionnée du 22 février 1866, ledit article abrogeant dans son entier, moyennant indemnité à la Compagnie, un règlement du 20 juillet 1856 sur l'emploi de fellahs aux travaux du canal de Suez (Voir plus loin ce règlement).

Art. 5. — *Les dérivations du canal précédent s'en détache-*
ront en amont du débouché dans le lac Timsah ; de ce point
elles seront dirigées, d'un côté sur Suez, de l'autre côté sur
Péluse, parallèlement au grand canal maritime.

Art. 6. — *Le lac Timsah sera converti en un port inté-*
rieur propre à recevoir des bâtiments du plus fort tonnage.

La Compagnie sera tenue, en outre, si cela est nécessaire :
1° de construire un port d'abri à l'entrée du canal dans le
golfe de Péluse ; 2° d'améliorer le port et la rade de Suez, de
manière à ce que les navires y soient également abrités.

Art. 7[1]. — *Le canal maritime, les ports en dépendant,*
ainsi que le canal de jonction du Nil et le canal de dérivation, *seront constamment entretenus en bon état par la Com-*
pagnie et à ses frais.

Art. 8[2]. — Les propriétaires riverains qui voudront faire
arroser leurs terres au moyen de prises d'eau tirées des
canaux construits par la Compagnie, pourront en obtenir
d'elle la concession moyennant le payement d'une indemnité ou d'une redevance dont le chiffre sera fixé dans les
conditions de l'article 17 ci-après.

Art. 9. — *Nous nous réservons de déléguer, au siège admi-*
nistratif de la Compagnie, un commissaire spécial dont le
traitement sera payé par elle, et qui représentera, près de
son administration, les droits et les intérêts du Gouverne-
ment égyptien pour l'exécution des dispositions du présent.

Si le siège administratif de la Société est établi ailleurs
qu'en Égypte, la Compagnie sera tenue de se faire représen-

---

1. La partie de cet article relative à l'entretien par la Compagnie du
canal de jonction et du canal de dérivation a été annulée par les conventions
de rétrocession déjà mentionnées, sauf en ce qui concerne la branche Pélusiaque du canal de dérivation, qui a été laissée entre les mains de la Compagnie.

2. Les droits d'indemnité ou de redevance stipulés par cet article en
faveur de la Compagnie pour les prises d'eau qu'elle concéderait sur les
canaux d'eau douce ont été abolis par les conventions de rétrocession, en ce
qui concerne les canaux rétrocédés.

ter à Alexandrie par un agent supérieur nanti de tous les pouvoirs nécessaires pour assurer la marche du service et les rapports de la Compagnie avec notre Gouvernement.

§ 2. — CONCESSION

ART. 10[1]. — *Pour la construction des canaux et dépendances mentionnés dans les articles qui précèdent, le Gouvernement égyptien abandonne à la Compagnie, sans aucun impôt ni redevance, la jouissance de tous les terrains n'appartenant pas à des particuliers, qui pourront être nécessaires.*

Il lui abandonne également la jouissance de tous les terrains aujourd'hui incultes n'appartenant pas à des particuliers, qui seront arrosés et mis en culture par ses soins et à ses frais, avec cette différence : 1° que les terrains compris dans cette dernière catégorie seront exempts de tout impôt pendant dix ans seulement, à dater de leur mise en rapport; 2° que, passé ce terme, ils seront soumis, pendant le reste de la concession, aux obligations et aux impôts auxquels seront assujetties, dans les mêmes circonstances, les terres des autres provinces de l'Égypte; 3° que la Compagnie pourra ensuite, par elle-même ou par ses ayants droit, conserver la jouissance de ces terrains et des prises d'eau nécessaires à leur fertilisation, à charge de payer au Gouvernement égyptien les impôts établis sur les terres dans les mêmes conditions.

ART. 11[2]. — Pour déterminer l'étendue et les limites des terrains concédés à la Compagnie, dans les conditions du

---

1. Par la Convention déjà mentionnée du 22 février 1866, la Compagnie, moyennant des compensations pécuniaires, a renoncé au bénéfice des dispositions stipulées en sa faveur par les articles 10, 11 et 12, sous réserve, toutefois, du maintien à la Compagnie, sur tout le parcours du canal maritime, de la jouissance, pendant toute la durée de la concession, des terrains qui ont été, d'un commun accord, reconnus nécessaires à l'établissement, à l'exploitation et à la conservation du canal, lesdits terrains tels qu'ils se trouvent délimités sur des plans annexés à la Convention.

2. Voir la note relative à l'article 10.

§ 1er et du § 2 de l'article 10 qui précède, il est référé aux plans ci-annexés; étant expliqué qu'auxdits plans les terrains concédés pour la construction des canaux et dépendances, sans impôt ni redevance, conformément au § 1er, sont teintés en noir, et que les terrains concédés pour être mis en culture en payant certains droits, conformément au § 2, sont teintés en bleu.

Sera considéré comme nul tout acte fait postérieurement à notre acte du 30 novembre 1854, qui aurait pour conséquence de créer à des particuliers, contre la Compagnie, ou des droits à indemnité qui n'existaient pas alors sur les terrains, ou des droits à indemnité plus considérables que ceux auxquels ils auraient pu prétendre à cette époque.

ART. 12[1]. — Le Gouvernement égyptien livrera, s'il y a lieu, à la Compagnie, les terrains de propriété particulière dont la possession sera nécessaire à l'exécution des travaux et à l'exploitation de la concession, à charge par elle de payer aux ayants droit de justes indemnités.

Les indemnités d'occupation temporaire ou d'expropriation définitive seront, autant que possible, réglées amiablement; en cas de désaccord, elles seront fixées par un tribunal arbitral procédant sommairement et composé : 1° d'un arbitre choisi par la Compagnie; 2° d'un arbitre choisi par les intéressés; 3° d'un tiers arbitre désigné par nous.

Les décisions du tribunal arbitral seront exécutoires immédiatement et sans appel.

ART. 13[2]. — *Le Gouvernement égyptien accorde à la Compagnie concessionnaire, pour toute la durée de la concession, la faculté d'extraire des mines et carrières appartenant au*

---

1. Voir la note relative à l'article 10.

2. Par une convention passée entre le khédive et la Compagnie, le 23 avril 1869 (voir plus loin) et approuvée par l'Assemblée générale des actionnaires le 2 août suivant, la Compagnie, moyennant certaines compensations pécuniaires, a renoncé aux franchises douanières stipulées en sa faveur par le deuxième alinéa de l'article 13.

domaine public, sans payer aucun droit, impôt ni indemnité, tous les matériaux nécessaires aux travaux de construction et d'entretien des ouvrages et établissements dépendant de l'entreprise.

Il exonère, en outre, la Compagnie, de tous droits de douane, d'entrée et autres, pour l'introduction en Égypte de toutes machines et matières quelconques qu'elle fera venir de l'étranger pour les besoins de ses divers services en cours de construction ou d'exploitation.

Art. 14 [1]. — *Nous déclarons solennellement, pour nous et nos successeurs, sous la réserve de la ratification de S. M. I. le Sultan, le grand canal maritime de Suez à Péluse et les ports en dépendant, ouverts à toujours, comme passages neutres, à tout navire de commerce traversant d'une mer à l'autre, sans aucune distinction, exclusion ni préférence de personnes ou de nationalités, moyennant le payement des droits et l'exécution des règlements établis par la Compagnie universelle concessionnaire pour l'usage dudit canal et dépendances.*

Art. 15. — *En conséquence du principe posé dans l'article précédent, la Compagnie universelle concessionnaire ne pourra, dans aucun cas, accorder à aucun navire, compagnie ou particulier, aucuns avantages ou faveurs qui ne soient accordés à tous autres navires, compagnies ou particuliers, dans les mêmes conditions.*

Art. 16. — *La durée de la Société est fixée à quatre-vingt-dix-neuf années, à compter de l'achèvement des travaux et de l'ouverture du canal maritime à la grande navigation.*

A l'expiration de cette période, le Gouvernement égyptien rentrera en possession du canal maritime construit par la

---

1. La convention du 22 février 1866 a expliqué par son article 13 « qu'aucune atteinte ne devra être portée aux franchises douanières dont doit jouir le transit général s'effectuant à travers le canal maritime par les bâtiments de toutes les nations, sans aucune distinction, exclusion ou préférence de personne ou de nationalité ».

Compagnie, à charge par lui, dans ce cas, de reprendre tout le matériel et les approvisionnements affectés au service maritime de l'entreprise et d'en payer à la Compagnie la valeur telle qu'elle sera fixée, soit amiablement, soit à dire d'experts.

Néanmoins, si la Compagnie conservait la concession par périodes successives de quatre-vingt-dix-neuf années, le prélèvement stipulé au profit du Gouvernement Égyptien par l'article 18 ci-après serait porté, pour la seconde période à 20 0/0, pour la troisième période à 25 0/0, et ainsi de suite, à raison de 5 0/0 d'augmentation pour chaque période, sans que toutefois ce prélèvement puisse jamais dépasser 35 0/0 des produits nets de l'entreprise.

Art. 17[1]. — *Pour indemniser la Compagnie des dépenses de construction, d'entretien et d'exploitation qui sont mises à sa charge par les présentes, nous l'autorisons, dès à présent, et pendant toute la durée de sa jouissance, telle qu'elle est déterminée par les paragraphes 1er et 3 de l'article précédent, à établir et percevoir, pour le passage dans les canaux et les ports en dépendant, des droits de navigation, de pilotage, de remorquage, de halage ou de stationnement, suivant des tarifs qu'elle pourra modifier à toute époque, sous la condition expresse :*

1° De percevoir ces droits, sans aucune exception ni faveur, sur tous les navires, dans des conditions identiques ;

2° De publier les tarifs, trois mois avant la mise en vigueur, dans les capitales et les principaux ports de commerce des pays intéressés ;

3° De ne pas excéder, pour le droit spécial de navigation, le chiffre maximum de 10 francs par tonneau de capacité des navires et par tête de passager.

---

1. Aux termes de la Convention du 22 février 1866 et en conséquence de la rétrocession du canal d'eau douce, la Compagnie a cessé d'avoir droit, sur ce canal, aux taxes de navigation, de pilotage, de remorquage, de halage ou de stationnement, ainsi qu'aux taxes pour prises d'eau.

La Compagnie pourra également, pour toutes les prises d'eau accordées à la demande de particuliers, en vertu de l'article 8 ci-dessus, percevoir, d'après les tarifs qu'elle fixera, un droit proportionnel à la quantité d'eau absorbée et à l'étendue des terrains réservés.

ART. 18 [1]. — *Toutefois, en raison des concessions de terrains et autres avantages accordés à la Compagnie par les articles qui précèdent, nous réservons, au profit du Gouvernement égyptien, un prélèvement de 15 0/0 sur les bénéfices nets de chaque année, arrêtés et répartis par l'Assemblée générale des actionnaires.*

ART. 19. — *La liste des membres fondateurs qui ont concouru par leurs travaux, leurs études et leurs capitaux, à la réalisation de l'entreprise avant la fondation de la Société, sera arrêté par nous.*

Après le prélèvement stipulé au profit du Gouvernement Égyptien par l'article 18 ci-dessus, il sera attribué, dans les produits nets annuels de l'entreprise, une part de 10 0/0 aux membres fondateurs ou à leurs héritiers ou ayants cause.

ART. 20. — *Indépendamment du temps nécessaire à l'exécution des travaux, notre ami et mandataire, M. Ferdinand de Lesseps, présidera et dirigera la Société, comme premier fondateur, pendant dix ans, à partir du jour où s'ouvrira la*

---

1. Le droit aux 15 0/0 sur les bénéfices nets annuels de la Compagnie a été cédé par le Gouvernement Égyptien à la Société du Crédit Foncier de France suivant contrat du 21 mars 1880, qui a été signifié à la Compagnie les 27 et 30 du même mois.

Le Crédit Foncier, à son tour, a transféré ce droit à une Société dite Société civile pour le recouvrement des produits nets de la Compagnie du canal de Suez attribués au Gouvernement égyptien, ayant son siège social au Comptoir d'escompte à Paris.

Le fonds social de la Société civile, évalué à 22.040.000 francs, a été divisé en 84.507 parts d'intérêt en représentation desquelles il a été créé un nombre égal de titres donnant droit à $\frac{1}{84.507^\circ}$ des produits nets de la Compagnie de Suez jusqu'à la fin de la concession.

Le Comptoir d'escompte a été constitué mandataire et représentant unique de la Société civile et investi de tous les pouvoirs les plus étendus pour l'administration de la Société.

période de jouissance de la concession de quatre-vingt-dix-neuf années, aux termes de l'article 16 ci-dessus.

Art. 21. — *Sont approuvés les statuts ci-annexés de la Société créée sous la dénomination de* **Compagnie universelle du Canal maritime de Suez,** *la présente approbation valant autorisation de constitution, dans la forme des sociétés anonymes, à dater du jour où le capital social sera entièrement souscrit.*

Art. 22. — *Comme témoignage de l'intérêt que nous attachons au succès de l'entreprise, nous promettons à la Compagnie le loyal concours du Gouvernement égyptien, et nous invitons expressément, par les présentes, les fonctionnaires et agents de tous les services de nos administrations à lui donner en toutes circonstances aide et protection.*

Nos ingénieurs, Linant-Bey et Mougel-Bey, que nous mettons à la disposition de la Compagnie pour la direction et la conduite des travaux ordonnés par elle, auront la surveillance supérieure des ouvriers et seront chargés de l'exécution des règlements qui concerneront la mise en œuvre des travaux.

Art. 23. — *Sont rapportées toutes dispositions de notre ordonnance du 30 novembre 1854, et autres qui se trouveraient en opposition avec les clauses et conditions du présent cahier des charges, lequel fera seul loi pour la concession à laquelle il s'applique.*

Fait à Alexandrie, le 5 janvier 1856.

A mon dévoué ami de haute naissance et de rang élevé,
Monsieur Ferdinand de Lesseps

La concession accordée à la Compagnie universelle du Canal maritime de Suez devant être ratifiée par S. M. I. le Sultan, je vous remets cette copie authentique, afin que vous puissiez constituer ladite Compagnie financière.

Quant aux travaux relatifs au percement de l'isthme, elle pourra les exécuter elle-même dès que l'autorisation de la Sublime Porte m'aura été accordée[1].

Alexandrie, le 26 rebi-ul-akher 1272 (5 janvier 1856).

O. cachet de S. A. le vice-roi,

Pour traduction conforme à l'original en langue turque déposé aux archives du cabinet,

Le Secrétaire des commandements de S. A. le vice-roi,

Signé : KOENIG-BEY.

---

1. L'autorisation et la ratification du sultan ont été données par un firman en date du 19 mars 1866, annexé à la Convention du 22 février de la même année (Voir plus loin).

STATUTS DE LA COMPAGNIE UNIVERSELLE
DU CANAL MARITIME DE SUEZ[1]

TITRE PREMIER

FORMATION ET OBJET DE LA SOCIÉTÉ. — DÉNOMINATION. — SIÈGE. — DURÉE

ARTICLE PREMIER. — *Il est formé, entre les souscripteurs et propriétaires des actions créées ci-après, une Société anonyme sous la dénomination de* **Compagnie universelle du Canal maritime de Suez.**

ART. 2[2]. — *Cette Société a pour objet :*

1° La construction d'un canal maritime de grande navigation entre la mer Rouge et la Méditerranée, de Suez au golfe de Péluse ;

2° La construction d'un canal de navigation fluviale et d'irrigation joignant le Nil au canal maritime, du Caire au lac Timsah ;

3° La construction de deux canaux de dérivation, se détachant du précédent en amont de son débouché dans le lac Timsah, et amenant ses eaux dans les deux directions de Suez et de Péluse ;

4° L'exploitation desdits canaux et des entreprises diverses qui s'y rattachent ;

---

1. Dans ce document figurent en caractères ordinaires toutes celles des dispositions primitives qui ont été plus tard modifiées.

2. Les quatre paragraphes 2°, 3°, 4° et 5° ont été modifiés par les conventions suivantes, intervenues entre le vice-roi et la Compagnie et déjà mentionnées dans les notes relatives au deuxième acte de concession, savoir:
Convention du 18 mars 1863 approuvée par l'Assemblée générale des actionnaires du 15 juillet de la même année ;
Conventions des 30 janvier et 22 février 1866, approuvées par l'Assemblée générale des actionnaires du 1er août.

5° Et l'exploitation des terrains concédés.

Le tout aux clauses et conditions de la concession telle qu'elle résulte des ordonnances de S. A. le vice-roi d'Égypte, en date du 30 novembre 1854 et du 5 janvier 1856 : la première donnant pouvoir spécial et exclusif à M. de Lesseps de constituer et diriger, comme premier fondateur-président, une Société en vue de ces entreprises; la seconde portant concession desdits canaux et de leurs dépendances à cette Société, avec toutes les charges et obligations, tous les droits et avantages qui y sont attachés par le Gouvernement égyptien.

ART. 3. — *La Société a son siège à Alexandrie et son domicile administratif à Paris.*

ART. 4. — *La Société commence à dater du jour de la signature de l'acte social, portant souscription de la totalité des actions. Sa durée est égale à la durée de la concession.*

ART. 5. — *Les comptes des dépenses faites antérieurement à la constitution de la Société, soit par S. A. le vice-roi d'Égypte, soit par M. Ferdinand de Lesseps agissant en vertu des pouvoirs dont il était investi pour arriver à la réalisation de l'entreprise, seront réglés par le Conseil d'administration, qui en autorisera le remboursement à qui de droit.*

TITRE II

FONDS SOCIAL. — ACTIONS. — VERSEMENTS

ART. 6. — *Le fonds social est fixé à* **deux cent millions de francs,** *représenté par* **quatre cent mille actions,** *à raison de cinq cents francs chacune.*

ART. 7. — *Les titres d'actions et obligations, dont le Conseil d'administration détermine la forme et le modèle, sont libellés en langue turque, allemande, anglaise, française et italienne.*

ART. 8. — *Le montant de chaque action est payable en espèces, dans la caisse sociale ou chez les représentants de la Compagnie, à Alexandrie, Amsterdam, Constantinople, Londres, New-York, Paris, Saint-Pétersbourg, Vienne, Gênes, Barcelone, et autres villes qui seraient désignées par le Conseil d'administration, au cours du change, soit sur Paris, soit sur Alexandrie, au choix de la Compagnie.*

ART. 9. — *Les versements s'opèrent conformément aux appels faits par le Conseil au moyen d'annonces publiées deux mois à l'avance par l'insertion dans deux journaux, et, à défaut de journaux, par l'affichage à la Bourse, dans les villes désignées à l'article ci-dessus.*

ART. 10. — *Si le Conseil juge qu'il n'y a pas lieu d'appeler, au moment de la souscription, le versement immédiat de la partie du capital nécessaire, aux termes de l'article 12 ci-après, pour l'émission des titres au porteur, le premier versement peut être constaté par la délivrance de certificats nominatifs provisoires.*

Ces certificats portent un numéro d'ordre ; ils sont détachés d'un registre à souche et timbrés du timbre sec de la Compagnie. Ils sont signés par deux administrateurs ou par un administrateur et un délégué du Conseil d'administration.

ART. 11. — *Les certificats nominatifs peuvent être négociés, au moyen d'un transfert signé par le cédant et le cessionnaire et inscrit sur les registres établis dans les bureaux de la Compagnie ou de ceux de ses représentants désignés à cet effet par le Conseil, partout où besoin sera.*

Mention est faite du transfert au dos des titres par un administrateur ou par un agent à ce commis.

La Compagnie peut exiger que la signature des parties soit dûment certifiée.

ART. 12. — *Les souscripteurs primitifs et leurs cessionnaires restent solidairement engagés jusqu'au paiement intégral de 30 0/0 sur le montant de chaque action.*

Après le versement de 30 0/0 sur le montant de chaque action, les certificats nominatifs peuvent être échangés contre des titres au porteur provisoires.

Art. 13. — *Chaque versement effectué est inscrit sur les titres auxquels il s'applique.*

Après libération intégrale opérée, il est délivré aux porteurs des actions définitives.

Art. 14. — *A défaut de versement aux époques déterminées, l'intérêt est dû pour chaque jour de retard, à raison de 5 0/0 par an.*

La Société peut, en outre, faire vendre les actions dont les versements sont en retard.

A cet effet, les numéros de ces actions sont publiés, conformément aux prescriptions de l'article 9 ci-dessus pour les appels de fonds, avec indication des conséquences du retard apporté dans les versements.

Deux mois après cette publication, la Société, sans mise en demeure et sans autre formalité ultérieure, a le droit de faire procéder à la vente desdites actions pour le compte et aux risques et périls des retardataires.

Cette vente est faite sur duplicata, en une ou plusieurs fois, à la Bourse de Paris ou à celle de Londres, par le ministère d'un agent de change.

Les titres antérieurs des actions ainsi vendues deviennent nuls de plein droit, par le fait même de la vente; il est délivré aux acquéreurs des titres nouveaux qui portent les mêmes numéros et qui sont seuls valables.

En conséquence, tout titre qui ne porte pas la mention régulière des versements exigibles cesse d'être négociable.

Les mesures qui font l'objet du présent article n'excluent pas l'exercice simultané par la Société, si elle le juge utile, des moyens ordinaires de droit contre les actionnaires en retard.

Art. 15. — *Les sommes provenant des ventes effectuées en vertu de l'article précédent, déduction faite des frais et des intérêts, sont imputées, dans les termes de droit, sur ce qui est dû par l'actionnaire exproprié ou par ses cédants, qui restent responsables de la différence, s'il y a déficit, et qui bénéficient de l'excédent, si excédent il y a.*

ART. 16. — *Les actions définitives sont au porteur; la cession s'en opère par la simple tradition du titre.*

Les actions définitives sont extraites d'un registre à souche, numérotées et revêtues de la signature de deux administrateurs, ou d'un administrateur et d'un délégué du Conseil d'administration. Elles portent le timbre sec de la Compagnie.

ART. 17. — *Le Conseil d'administration peut autoriser le dépôt et la conservation des titres au porteur dans la caisse sociale. — Il détermine, dans ce cas, la forme des certificats nominatifs de dépôt, les conditions de leur délivrance et les garanties dont l'exécution de cette mesure doit être entourée dans l'intérêt de la Société et des actionnaires.*

ART. 18. — *Chaque action donne droit à une part proportionnelle dans la propriété de l'actif social.*

ART. 19. — *Toute action est indivisible. La Société ne reconnaît qu'un propriétaire pour chaque action.*

ART. 20. — *Les droits et les obligations attachées à l'action suivent le titre dans les mains où il se trouve.*

La possession d'une action emporte de plein droit adhésion aux statuts de la Société et aux résolutions de l'Assemblée générale des actionnaires.

ART. 21. — *Les héritiers ou créanciers d'un actionnaire ne peuvent, sous quelque prétexte que ce soit, provoquer l'apposition des scellés sur les biens, valeurs ou revenus de la Société, en demander le partage ou la licitation, ni s'immiscer en aucune manière dans son administration. Ils doivent, pour l'exercice de leurs droits, s'en rapporter aux inventaires sociaux et aux comptes annuels approuvés par l'Assemblée générale des actionnaires.*

ART. 22. — *Les actionnaires ne sont engagés que jusqu'à concurrence du capital de leurs actions, au delà duquel tout appel de fonds est interdit.*

ART. 23. — *Le Conseil peut autoriser la libération anticipée des actions, mais seulement par mesure générale applicable à tous les actionnaires.*

TITRE III

CONSEIL D'ADMINISTRATION

ART. 24[1]. — *La Société est administrée par un Conseil composé de* **trente-deux** *membres représentant les principales nationalités intéressées à l'entreprise.*

Un comité, choisi dans son sein, est spécialement chargé de la direction et de la gestion des affaires de la Société.

ART. 25. — *Les administrateurs ne contractent, en raison de leurs fonctions, aucune obligation personnelle ou solidaire. Ils ne répondent que de l'exécution de leur mandat.*

ART. 26. — *Les administrateurs sont nommés par l'Assemblée générale des actionnaires pour* **huit** *années.*

Le Conseil se renouvelle, en conséquence, chaque année, par **huitième.** *Jusqu'à ce que l'entier renouvellement du Conseil ait établi l'ordre de roulement, les membres sortants sont désignés annuellement par le sort.*

Les administrateurs sortants peuvent toujours être réélus.

ART. 27. — *En cas de vacances provenant de démissions ou de décès, il est pourvu provisoirement au remplacement*

---

1. Le nombre des membres du Conseil d'administration, fixé à 32 par le 1er paragraphe de l'article 24, avait été réduit plus tard à 21 par une résolution de l'Assemblée générale des actionnaires du 24 août 1871.

Ce nombre a été ensuite porté à 24 par une nouvelle résolution de l'Assemblée générale des actionnaires, en date du 24 juin 1876, qui a stipulé en même temps l'obligation de réserver ces places, tant que le Gouvernement de Sa Majesté Britannique resterait possesseur des actions acquises par lui du Gouvernement égyptien, à des candidats présentés par le susdit Gouvernement, présentés par le Conseil d'administration et nommés par l'Assemblée suivant les formes usitées.

Enfin, le nombre des membres du Conseil d'administration a été rétabli à 32 par résolution de l'Assemblée générale des actionnaires, dans sa réunion du 29 mai 1884. Cette résolution sous-entendait d'ailleurs, en conformité des déclarations contenues dans le rapport du Président à l'Assemblée, que sept des nouveaux administrateurs seraient pris parmi les armateurs et négociants anglais.

(Voir, II° volume, l'exposé des circonstances et motifs qui ont provoqué ces résolutions successives.)

par le Conseil d'administration jusqu'à la prochaine Assemblée générale des actionnaires.

Les administrateurs ainsi nommés ne demeurent en fonctions que pendant le temps restant à courir pour l'exercice de leurs prédécesseurs.

ART. 28. — *Chaque administrateur doit être propriétaire de* **cent actions,** *qui sont inaliénables et restent déposées dans la caisse sociale pendant toute la durée de ses fonctions.*

ART. 29 [1]. — *Une part de 3 0/0 dans les bénéfices nets annuels est attribuée aux administrateurs en raison de leurs peines et soins.*

Pendant la durée des travaux, et au besoin pendant les premières années qui suivront l'ouverture du canal maritime à la grande navigation, il est attribué au Conseil, pour tenir lieu de la part de 3 0/0 stipulée ci-dessus, une allocation annuelle qui sera comprise dans les frais d'administration, et dont le montant sera fixé par la première assemblée générale des actionnaires.

Le Conseil d'administration détermine l'attribution particulière qui doit être faite sur cette somme ou sur les 3 0/0 dans les bénéfices aux membres du Comité de direction.

ART. 30. — *Le Conseil d'administration nomme chaque année, parmi ses membres, un Président et trois Vice-Présidents.*

Le Président et les trois Vice-Présidents peuvent toujours être réélus.

En cas d'absence du Président et des Vice-Présidents, le Conseil désigne, à chaque séance, celui de ses membres qui doit en remplir les fonctions.

---

1. Dans sa réunion du 24 août 1871, l'Assemblée générale des actionnaires, sur la proposition du Conseil, a décidé, qu'en conséquence de la réduction du nombre des administrateurs (de 32 à 21), la part qui leur était attribuée dans les bénéfices nets, en raison de leurs peines et soins, serait réduite à 2 0/0.

Bien que le nombre des administrateurs ait été plus tard rétabli à 32, la part qui leur est attribuée dans les bénéfices nets est restée fixée à 2 0/0.

(Voir ci-dessus la note sur l'article 24.)

ART. 31. — *Le Conseil d'administration se réunit au moins une fois par mois. Il se réunit, en outre, sur la convocation du Président, aussi souvent que l'exigent les intérêts de la Société.*

Les décisions sont prises à la majorité des voix des membres présents.

En cas de partage, la voix du Président est prépondérante.

Sept administrateurs au moins doivent être présents pour valider les délibérations du Conseil.

Lorsque sept administrateurs seulement sont présents, les décisions, pour être valables, doivent être prises à la majorité de cinq voix.

ART. 32. — *Le Secrétaire général de la Compagnie assiste aux séances du Conseil d'administration avec voix consultative.*

ART. 33. — *Les délibérations du Conseil d'administration sont constatées par des procès-verbaux signés par le Président et l'un des membres présents à la séance.*

Les copies ou extraits de ces procès-verbaux doivent, pour être produits valablement en justice ou ailleurs, être certifiés par le Secrétaire général de la Compagnie.

Un extrait des décisions rendues à chaque séance, dûment certifié, est envoyé, dans les huit jours qui suivent la réunion, à chaque administrateur absent.

ART. 34. — *Le Conseil d'administration est investi des pouvoirs les plus étendus pour l'administration des affaires de la Société.*

Il arrête les propositions à soumettre à l'Assemblée générale des Actionnaires en vertu de l'article 56 ci-après.

Il statue sur les propositions du Comité de direction concernant les objets suivants, savoir :

1° Nomination et révocation des fonctionnaires et agents supérieurs de la Compagnie ; fixation de leurs attributions et de leur traitement ;

2° Placements temporaires des fonds disponibles ;

3° *Études et projets, plans et devis pour l'exécution des travaux;*

4° *Marchés à forfait;*

5° *Acquisitions, ventes et échanges d'immeubles, achats de navires ou de machines nécessaires pour l'exécution des travaux et l'exploitation de l'entreprise;*

6° *Budgets annuels;*

7° *Fixation et modification des droits de toute nature à percevoir en vertu de la concession; conditions et mode de perception des tarifs;*

8° *Disposition du fonds de réserve;*

9° *Disposition du fonds de retraite, de secours et d'encouragement pour les employés;*

10° *Réglementation de la caisse des dépôts pour les actions et obligations de la Société.*

ART. 35. — *Le Conseil nomme ceux de ses membres qui doivent faire partie du Comité de direction.*

Il peut déléguer à un ou à plusieurs administrateurs, aux fonctionnaires, employés de la Compagnie ou autres, tout ou partie de ses pouvoirs par un mandat spécial et pour une ou plusieurs affaires ou objets déterminés.

ART. 36. — *Nul ne peut voter dans le Conseil par procuration.*

Lorsque le Conseil doit délibérer sur des modifications à apporter dans les tarifs ou dans les statuts, sur des emprunts ou augmentations de capital social, sur des demandes de concessions nouvelles, des traités de fusion avec d'autres entreprises, sur la dissolution et la liquidation de la Société, les administrateurs absents doivent, un mois à l'avance, être informés de l'objet de la délibération et invités à venir prendre part au vote, ou à adresser leur opinion par écrit au Président, qui en donne lecture en séance; après quoi les décisions sont prises à la majorité des voix des membres présents.

TITRE IV

COMITÉ DE DIRECTION

ART. 37. — *Le Comité de direction, constitué en vertu des dispositions de l'article 24 ci-dessus, est composé du Président du Conseil d'administration et de quatre administrateurs spécialement délégués.*

ART. 38. — *Le Comité de direction se réunit, à la convocation du Président, autant de fois que cela est nécessaire pour la bonne marche du service et au moins une fois par semaine.*

ART. 39. — *Il est tenu procès-verbal des séances du Comité de direction. Ces procès-verbaux sont signés par un des administrateurs présents à la séance.*

Les extraits de ces procès-verbaux, pour être valablement produits en justice ou ailleurs, doivent être visés par le Président et certifiés par le Secrétaire général de la Compagnie.

ART. 40. — *Le Comité de direction est investi de tous pouvoirs pour la gestion des affaires de la Société.*

Il pourvoit à l'exécution tant des obligations imposées par le cahier des charges et les statuts que des résolutions adoptées par l'Assemblée générale et des décisions du Conseil d'administration.

Il soumet au Conseil d'administration les propositions relatives aux objets définis à l'article 34 ci-dessus.

Il représente la Société et agit en son nom, par un ou plusieurs de ses membres, dans tous les cas où une disposition expresse n'exige pas l'intervention de l'Assemblée générale des Actionnaires ou du Conseil d'administration, notamment en ce qui concerne les objets ci-après :

1° Nomination et révocation des employés; fixation de leurs fonctions et de leur solde;

2° *Travail des bureaux ;*

3° *Règlements et ordres de service ;*

4° *Ordonnancement et règlement des dépenses ;*

5° *Transferts de rentes, d'effets publics et de commerce ;*

6° *Perceptions de droits, recouvrements de créances, quittances et mainlevées avec ou sans payement, instances judiciaires et administratives, mesures conservatoires ;*

7° *Défenses en justice, compromis, transactions, désistements ;*

8° *Traités, marchés, adjudications, achats de mobilier, baux et locations.*

Les actions judiciaires en demandant ou en défendant sont dirigées par ou contre le Président et les membres composant le Comité de direction.

En conséquence, les notifications ou significations sont faites et reçues par le Comité de direction au nom de la Société.

Les décisions du Comité, les actes et engagements approuvés par lui sont signés par le Président ou par deux membres du Comité délégués à cet effet.

Art. 41. — *Le Comité de direction et le Président du Conseil peuvent déléguer, par procuration authentique, à un ou plusieurs administrateurs, fonctionnaires de la Compagnie, employés ou autres, le pouvoir de signer tous les actes et engagements mentionnés ci-dessus.*

Art. 42[1]. — Un administrateur délégué comme agent supérieur et chef de service réside à Alexandrie.

---

1. Dans sa réunion du 1er août 1867, l'Assemblée générale des actionnaires a décidé, en modification de l'article 42 des statuts :
« Que l'agence supérieure d'Alexandrie serait transférée à Ismaïlia et réunie à la direction générale des travaux.
« Et que des agents accrédités, agissant sous les ordres de l'agent supérieur directeur général des travaux, résideraient à Alexandrie et au Caire. »
Une nouvelle résolution de l'Assemblée générale des actionnaires du 2 juin 1874 a rétabli le texte primitif de l'article, sauf pour le premier alinéa, qui a été ainsi modifié :
Un agent supérieur, chef des services, réside en Egypte.

*Il est investi de tous les pouvoirs nécessaires pour l'exécu-
tion des travaux et la marche de l'exploitation.*

*Il représente la Compagnie dans tous ses rapports avec le
Gouvernement égyptien et les tiers.*

TITRE V

ASSEMBLÉE GÉNÉRALE DES ACTIONNAIRES

Art. 43. — *L'Assemblée générale régulièrement constituée
représente l'universalité des actionnaires.*

Art. 44. — *L'Assemblée générale se compose de tous les
actionnaires propriétaires d'au moins vingt-cinq actions.*

*Elle est régulièrement constituée lorsque les actionnaires
qui la composent sont au nombre de quarante et représentent
le vingtième du fonds social.*

Art. 45. — *Lorsque, sur une première convocation, les
actionnaires présents ne remplissent pas les conditions spécifiées ci-dessus pour constituer la validité des délibérations de
l'Assemblée générale, la réunion est ajournée de plein droit,
et l'ajournement ne peut être moindre de deux mois.*

*Une seconde convocation est faite dans la forme prescrite
par l'article 47 ci-après.*

*Les délibérations de l'Assemblée générale dans cette seconde
réunion ne peuvent porter que sur les objets à l'ordre du jour
de la première. Ces délibérations sont valables, quel que soit
le nombre des actionnaires présents et des actions représentées.*

Art. 46[1]. — *L'Assemblée générale se réunit, chaque
année,* dans la première quinzaine du mois de mai.

*Elle se réunit, en outre, extraordinairement toutes les fois
que le Conseil d'administration en reconnaît l'utilité.*

---

1. Dans sa réunion du 6 août 1864, l'Assemblée générale des actionnaires
a décidé, en modification de l'article 46 des statuts, que la réunion ordinaire
de l'Assemblée générale pourrait avoir lieu sur la convocation du Conseil :
Du 1ᵉʳ mai au 15 août de chaque année.

ART. 47[1]. — *Les convocations ordinaires et extraordinaires sont faites par un avis publié* deux mois avant l'époque de la réunion dans les formes prescrites pour les appels de fonds, par l'article 9 ci-dessus.

ART. 48. — *Les actionnaires, pour avoir le droit d'assister ou de se faire représenter à l'Assemblée générale, doivent justifier, au domicile de la Société, au moins cinq jours avant la réunion, du dépôt fait de leurs titres dans la caisse sociale ou chez un représentant de la Compagnie désigné à cet effet par le Conseil d'Administration, dans les villes dénommées à l'article 8 ci-dessus.*

Les dépôts faits dans ces conditions donnent droit à la remise de cartes d'admission nominatives.

Les actionnaires porteurs de certificats de dépôt ont également la faculté de se faire représenter aux assemblées générales par des mandataires munis de pouvoirs réguliers, dont la forme est déterminée par le Conseil d'administration.

Les fondés de pouvoirs doivent déposer leurs procurations au domicile de la Société cinq jours au moins avant la réunion.

Nul ne peut représenter un actionnaire à l'Assemblée, s'il n'est lui-même membre de cette Assemblée.

ART. 49. — *L'Assemblée générale est présidée par le Président ou par l'un des vice-présidents du Conseil d'administration, et, à leur défaut, par un administrateur nommé par le Conseil.*

Les deux plus forts actionnaires présents au moment de l'ouverture de la séance, et qui acceptent, sont nommés scrutateurs.

Le Président désigne le Secrétaire.

ART. 50. — *Les délibérations de l'Assemblée générale sont*

---

1. Dans sa réunion du 2 août 1869, l'Assemblée générale des actionnaires a modifié cet article de la manière suivante :

Les convocations ordinaires et extraordinaires sont faites par un avis publié un mois avant l'époque de la réunion.

*prises à la majorité des voix des membres présents ou régu-
lièrement représentés, conformément à l'article 48 ci-dessus.*

En cas de partage, la voix du Président est prépondérante.

ART. 51. — *Vingt-cinq actions donnent droit à une voix ;
le même actionnaire ne peut réunir plus de* **dix voix,** *soit
comme actionnaire, soit comme mandataire.*

ART. 52. — *Le scrutin secret peut être réclamé par* **dix**
membres.

ART. 53. — *Les délibérations de l'Assemblée générale sont
constatées par des procès-verbaux signés par le Président, par
les scrutateurs et par le Secrétaire.*

*Les copies ou extraits de ces procès-verbaux, pour être
valablement produits en justice ou ailleurs, doivent être certifiés par le Secrétaire général de la Compagnie.*

ART. 54. — *Une feuille de présence, destinée à constater
le nombre des membres assistant à l'Assemblée et celui des
actions représentées par chacun d'eux, reste annexée à la
minute du procès-verbal, ainsi que les pouvoirs conférés par
les actionnaires absents.*

*Cette feuille doit être signée par chaque actionnaire à son
entrée à la séance.*

ART. 55. — *L'ordre du jour de l'Assemblée générale est
arrêté par le Conseil d'adminsitration.*

*Aucune autre question que celles portées à l'ordre du jour
ne peut être mise en délibération.*

ART. 56[1]. — *L'Assemblée générale entend les rapports du*

---

1. Les statuts ne contiennent aucune disposition au sujet de la vérification
des comptes annuels soumis par le Conseil d'administration à l'approbation des Assemblées générales des actionnaires.

Dès sa première réunion, à la date du 15 mai 1860, l'Assemblée générale
des actionnaires, sur la proposition du Conseil d'administration, a décidé :

*Qu'une Commission, composée de « trois » actionnaires nommés annuel-
lement par l'Assemblée, serait chargée de vérifier les comptes de l'exercice
écoulé présentés par le Conseil et de faire un rapport spécial à l'Assemblée
générale suivante sur le résultat de cette vérification.*

Le nombre des membres de la Commission de vérification a d'ailleurs été
porté à *cinq* par l'Assemblée générale des actionnaires du 24 août 1871.

Conseil d'administration, sur la situation et les intérêts de la Société. Elle délibère sur ses propositions, en se renfermant dans les limites des statuts et du cahier des charges, concernant tous les intérêts de la Compagnie. Elle nomme les administrateurs en remplacement des membres du Conseil sortants ou à remplacer. Elle confère, lorsqu'il y a lieu, au Conseil les pouvoirs nécessaires pour la suite à donner à ses résolutions.

L'approbation de l'Assemblée générale est nécessaire pour toute décision statuant sur les objets ci-après, savoir :

1° Concessions nouvelles ;

2° Fusion avec d'autres entreprises ;

3° Modifications aux statuts de la Société ;

4° Dissolution de la Société ;

5° Augmentation du capital social ;

6° Emprunts ;

7° Règlement des comptes de premier établissement en fin de l'exécution des travaux ;

8° Règlement des comptes annuels,

9° Fixation de la retenue pour le fonds de réserve ;

10° Fixation du dividende à distribuer annuellement aux actions.

ART. 57. — *Les délibérations relatives aux objets mentionnés à l'article 56, paragraphes 1°, 2°, 3°, 4°, 5° et 6°, doivent, pour être valables, être prises par une Assemblée réunissant au moins le dixième du fonds social et à la majorité des deux tiers des voix des membres présents, au nombre de cinquante au moins.*

Lorsque, sur une première convocation, les actionnaires présents ne remplissent pas ces conditions, il est procédé à une deuxième convocation, conformément aux prescriptions de l'article 47 ci-dessus.

Les délibérations de l'Assemblée générale réunie en vertu de cette deuxième convocation sont valables, quel que soit le nombre des actionnaires présents et des actions représentées.

Art. 58. — *Les délibérations de l'Assemblée générale prises conformément aux statuts obligent tous les actionnaires, même ceux qui sont absents ou dissidents.*

TITRE VI

COMPTES ANNUELS. — AMORTISSEMENT. — INTÉRÊTS. — FONDS DE RÉSERVE
DIVIDENDES

Art. 59. — *Pendant l'exécution des travaux, il est payé annuellement aux actionnaires un intérêt de 5 0/0 sur les sommes par eux versées, en exécution de l'article 9 ci-dessus.*

Il est pourvu au payement de ces intérêts par le produit des placements temporaires de fonds et autres produits accessoires, et, au besoin, sur le capital social.

Art. 60. — *Après l'achèvement des travaux, le compte des recettes et dépenses de la Compagnie pendant la durée de ces travaux est arrêté et soumis à l'Assemblée générale des actionnaires par le Conseil d'administration.*

Art. 61. — *A dater de l'ouverture du canal maritime à la grande navigation, un inventaire général de l'actif et du passif de la Société au 31 décembre précédent est dressé dans le premier trimestre de chaque année. Cet inventaire est soumis à l'Assemblée générale des actionnaires, réunie dans le courant du mois de mai suivant.*

Art. 62[1]. — *Les produits annuels de l'entreprise servent d'abord à acquitter dans l'ordre ci-après :*

1° Les dépenses d'entretien et d'exploitation, les frais d'administration, et généralement toutes les charges sociales ;

---

1. Par dérogation au paragraphe 2°, l'Assemblée générale des Actionnaires, dans sa réunion du 4 juin 1885, en donnant tous pouvoirs au Conseil d'administration pour contracter un emprunt de 100 millions destiné à l'amélioration du canal maritime, et à l'alimentation d'eau douce de Port-Saïd, a décidé :

« Que, pendant la période d'exécution des travaux, si tout ou partie des charges annuelles de cet emprunt venait affecter la distribution d'un revenu de 90 francs par action, le tout ou la partie de ces charges susceptible

2° *L'intérêt et l'amortissement des emprunts qui peuvent avoir été contractés;*

3° **Cinq pour cent** *du capital social pour servir aux actions amorties et non amorties un intérêt annuel de* **vingt-cinq francs** *par action, les intérêts afférents aux actions amorties devant rentrer au fonds d'amortissement, constitué conformément à l'article 66 ci-après;*

4° **Quatre centièmes 0/0** *du capital social également applicables à ce fonds d'amortissement;*

5° *La retenue destinée à constituer ou à compléter un fonds de réserve pour les dépenses imprévues, conformément aux dispositions de l'article 69 ci-après.*

L'excédent des produits annuels, après ces divers prélèvements, constitue les produits nets ou bénéfices de l'entreprise.

ART. 63 [1]. — *Les produits nets ou bénéfices de l'entreprise sont répartis de la manière suivante :*

1° *15 0/0   au Gouvernement Égyptien;*
2° *10 0/0   aux fondateurs;*
3° *3 0/0   aux administrateurs;*
4° *2 0/0   pour la constitution d'un fonds destiné à pourvoir aux retraites, aux secours, aux indemnités ou gratifications accordés, suivant qu'il y a lieu, par le Conseil, aux employés;*
5° *70 0/0   comme dividende à répartir entre toutes les actions amorties et non amorties indistinctement.*

---

d'affecter ce revenu serait porté au compte de premier établissement avec le total des dépenses d'exécution des travaux d'amélioration du canal maritime. » '

Le paragraphe 5° a été complété, suivant résolution de l'Assemblée générale des Actionnaires du 29 mai 1884, par un second alinéa ainsi libellé :

Lorsque le fonds de réserve dépasse le chiffre de 5 millions de francs, l'Assemblée générale des Actionnaires peut, sur la proposition du Conseil, disposer de tout ou partie de l'excédent pour augmenter la masse distribuable des bénéfices à répartir en conformité de l'article 63.

1. L'Assemblée générale des Actionnaires, dans sa réunion du 24 août 1871, a décidé la modification des paragraphes 3° et 5° de l'article 63 de la manière suivante :

3° 2 0/0 aux administrateurs;

Art. 64. — *Le payement des intérêts et dividendes est fait à la caisse sociale, ou chez les représentants désignés par le Conseil d'administration dans les villes dénommées à l'article 8 ci-dessus.*

Le payement des intérêts est fait en deux termes, le 1er juillet et le 1er janvier de chaque année.

Le dividende est payé le 1er juillet.

Toutefois le Conseil peut, lorsqu'il juge qu'il y a lieu, autoriser le payement d'un acompte de dividende le 1er janvier.

Chaque payement est annoncé au moyen de publications faites conformément aux prescriptions de l'article 9 ci-dessus pour les appels de fonds.

Art. 65. — *Les intérêts et dividendes qui ne sont pas réclamés à l'expiration de cinq années après l'époque annoncée pour le payement sont acquis à la Société.*

Art. 66. — *L'amortissement des actions est effectué en quatre-vingt-dix-neuf ans, suivant le tableau d'amortissement dressé en exécution des présents statuts.*

Il est pourvu à cet amortissement, ainsi qu'il a été dit à l'article 62 ci-dessus, au moyen d'une annuité de 0 fr. 04 0/0 du capital social et de l'intérêt à 5 0/0 des actions successivement remboursées.

S'il arrivait que, dans le cours d'une ou de plusieurs années, les produits nets de l'entreprise fussent insuffisants pour assurer le remboursement du nombre d'actions à amortir, la somme nécessaire pour compléter le fonds d'amortissement serait prélevée sur la réserve, et, à défaut, sur les premiers produits nets disponibles des années suivantes, par préférence et antériorité à toute attribution de dividende.

5° 71 0/0 comme dividende à répartir entre toutes les actions amorties et non amorties indistinctement.

(Voir ci-dessus la note sur l'article 29.)

(Voir également, au sujet du paragraphe 1° relatif aux 15 0/0 attribués au Gouvernement égyptien, la note sur l'article 18 du cahier des charges fixant les conditions de la deuxième concession du 5 janvier 1856.)

La désignation des actions à rembourser a lieu au moyen d'un tirage au sort fait publiquement chaque année au domicile de la Société, aux époques et suivant la forme déterminées par le Conseil.

ART. 67. — *Les numéros des actions désignées par le sort pour être remboursées sont annoncés au moyen de publications faites conformément aux prescriptions de l'article 9 ci-dessus.*

ART. 68. — *Le remboursement des actions désignées par le tirage au sort pour être amorties est fait aux lieux indiqués pour le payement des intérêts et dividendes par l'article 64 ci-dessus.*

Les porteurs d'actions amorties conservent les mêmes droits que les porteurs d'actions non amorties, à l'exception de l'intérêt à 5 0/0 du capital qui leur a été remboursé.

ART. 69 [1]. — *La retenue opérée pour la constitution ou le complément du fonds de réserve, conformément au paragraphe 5° de l'article 62 ci-dessus, est de 5 0/0 des produits annuels, après déduction des charges définies aux paragraphes 1°, 2°, 3° et 4° du même article.*

Lorsque le fonds de réserve atteint le chiffre de **cinq millions** *de francs, l'Assemblée générale des Actionnaires peut, sur la proposition du Conseil, réduire ou suspendre la retenue annuelle à ce affectée ainsi qu'il vient d'être expliqué.*

Cette retenue reprend cours et effet dès que le fonds de réserve descend au-dessous de **cinq millions de francs.**

ART. 70. — *La part attribuée aux fondateurs dans les bénéfices annuels de l'entreprise par le cahier des charges est représentée par des titres spéciaux dont le Conseil détermine le nombre, la nature et la forme.*

Dans tous les cas, les prescriptions des articles 17, 18, 19

---

1. Par application du deuxième alinéa de cet article, l'Assemblée générale des Actionnaires, dans sa réunion du 29 mai 1884, a décidé :
Que la retenue pour le fonds de réserve serait provisoirement réduite à 3 0/0.

et 21 ci-dessus, concernant les actions, sont également applicables aux titres des fondateurs, dont les droits suivent ceux des actionnaires sur la jouissance des terrains faisant partie de la concession.

TITRE VII

MODIFICATIONS AUX STATUTS. — LIQUIDATION

ART. 71. — *Si l'expérience fait reconnaître l'utilité d'apporter des modifications ou additions aux présents statuts, l'Assemblée générale y pourvoit dans la forme déterminée à l'article 57.*

Les résolutions de l'Assemblée à cet égard ne sont toutefois exécutoires qu'après l'approbation du Gouvernement égyptien.

Tous pouvoirs sont donnés d'avance au Conseil d'administration, délibérant à la majorité des deux tiers des voix des membres présents dans une réunion spéciale à cet effet, pour consentir les changements que le Gouvernement égyptien jugerait nécessaire d'apporter aux modifications votées par l'Assemblée générale.

ART. 72. — *Dans le cas de dissolution de la Société, l'Assemblée générale, sur la proposition du Conseil d'administration, détermine le mode à adopter, soit pour la liquidation, soit pour la reconstitution d'une Société nouvelle.*

TITRE VIII

ATTRIBUTION DE JURIDICTION. — CONTESTATIONS

ART. 73 [1]. — *La Société étant constituée, avec approbation du Gouvernement égyptien, sous la forme anonyme,*

---

1. La Convention du 22 février 1866, déjà mentionnée dans la note sur l'article 2, a, par son article 16, modifié le deuxième alinéa de l'article 73 en ce qui concerne l'attribution de juridiction et les significations. Aux termes de cette convention :

Les différends en Egypte devaient désormais être jugés par les tribunaux

par analogie aux Sociétés anonymes autorisées par le Gouvernement français, elle est régie par les principes de ces dernières Sociétés.

Quoique ayant son siège social à Alexandrie, la Société fait élection de domicile légal et attributif de juridiction à *son domicile administratif à Paris*, où doivent lui être faites toutes significations.

ART. 74. — *Toutes les contestations qui peuvent s'élever entre les associés sur l'exécution des présents statuts et à raison des affaires sociales, sont jugées par arbitres nommés par les parties, sans qu'il puisse être nommé plus d'un arbitre pour toutes les parties représentant un même intérêt.*

Les appels de ces sentences sont portés devant la Cour d'appel de Paris.

ART. 75. — *Les contestations touchant l'intérêt général et collectif de la Société ne peuvent être dirigées soit contre le Conseil d'administration, soit contre l'un de ses membres, qu'au nom de la généralité des actionnaires et en vertu d'une délibération de l'Assemblée générale.*

Tout actionnaire qui veut provoquer une contestation de cette nature doit en faire la communication au Conseil d'administration quinze jours au moins avant la réunion de l'Assemblée générale, en la faisant appuyer par la signature d'au moins dix actionnaires en mesure d'assister à cette Assemblée. Le Conseil est alors tenu de mettre la question à l'ordre du jour de la séance.

Si la proposition est repoussée par l'Assemblée, aucun actionnaire ne peut la reproduire en justice dans son intérêt

---

du pays, et les significations relatives à ces différends être valablement faites au siège de la Compagnie à Alexandrie.

Postérieurement à la Convention de 1866, le Gouvernement égyptien, dans le courant de 1875, a promulgué, avec l'adhésion des Puissances européennes, un *Règlement d'organisation judiciaire pour les procès mixtes en Egypte* qui est venu modifier plusieurs des dispositions de ladite Convention.

particulier. Si elle est accueillie, l'Assemblée désigne un ou plusieurs commissaires pour suivre la contestation.

Les significations auxquelles donne lieu la procédure ne peuvent être adressées qu'auxdits commissaires. Dans aucun cas, elles ne doivent l'être aux actionnaires personnellement.

TITRE IX

COMMISSAIRE SPÉCIAL DU GOUVERNEMENT ÉGYPTIEN PRÈS LA COMPAGNIE

ART. 76. — *Conformément au cahier des charges, un commissaire spécial est délégué près la Compagnie, à son domicile administratif, par le Gouvernement égyptien.*

Le commissaire du Gouvernement égyptien peut prendre connaissance des opérations de la Société, et faire toutes communications ou notifications nécessaires à l'accomplissement de son mandat, pour l'exécution du cahier des charges de la concession.

TITRE X

DISPOSITIONS TRANSITOIRES. — PREMIER CONSEIL D'ADMINISTRATION

ART. 77 [1]. — *Par dérogation aux articles 24, 26, 27, 30, 56 ci-dessus, et sauf l'exception déterminée par l'article 20 de l'acte de concession, le Conseil d'administration est constitué comme suit, pour toute la durée des travaux et pendant*

---

1. En fait, conformément à une résolution du Conseil d'administration alors en fonctions, portée à la connaissance de l'Assemblée générale des Actionnaires dans sa réunion du 24 août 1871, les nominations des membres du Conseil en remplacement des membres sortants ou à remplacer ont, à partir de cette date, été soumises, suivant les dispositions de l'article 56, à la ratification des Assemblées générales des Actionnaires.

Dans cette même réunion du 24 août 1871, le Président fit connaître à l'Assemblée la composition d'alors du Conseil d'administration, au nombre de 21 membres, laquelle devait servir de point de départ au nouveau régime.

les cinq premières années *qui suivront l'ouverture du canal maritime à la grande navigation.*

M.M.   .   .   .   .

.   .   .   .

Indépendamment des attributions déterminées par les articles 34 et 35 des présents statuts, le Conseil d'administration, constitué comme il est dit ci-dessus, est investi de tous pouvoirs pour assurer l'exécution de l'entreprise. — A cet effet, il peut choisir le mode qui lui paraît le plus favorable tant pour l'acquisition et la revente des terrains que pour l'achat des matières, l'exécution des travaux et la fourniture du matériel de toute nature. Il peut autoriser la mise en adjudication de tout ou partie des travaux, l'acquisition de tous biens meubles et immeubles nécessaires à l'établissement et à l'exploitation des canaux et dépendances faisant partie de la concession. Il peut également, et dans le même but, autoriser les travaux en régie et les marchés à forfait pour tout ou partie de l'entreprise.

Le premier Conseil d'administration est autorisé, pendant la durée du mandat spécial qui fait l'objet du présent article, à se compléter, en cas de vacances, de quelque manière que ces vacances se produisent.

TITRE XI

PUBLICATIONS

ART. 78. — *Tous pouvoirs sont donnés au porteur d'une expédition des présentes pour les faire publier à Alexandrie et partout où besoin sera.*

NOUS MOHAMED-SAÏD-PACHA, VICE-ROI D'ÉGYPTE,

Après avoir pris connaissance du projet des statuts de la Compagnie universelle du canal maritime de Suez et dépen-

dances, lequel nous a été présenté par M. Ferdinand de Lesseps, et dont l'original, contenant 78 articles, reste déposé dans nos archives,

Déclarons donner auxdits statuts notre approbation, pour qu'ils soient annexés à notre acte de concession et cahier des charges, en date de ce jour.

Alexandrie, le 26 rebi-ul-akher 1272 (5 janvier 1856).

O. *Cachet de S. A. le vice-roi.*

Pour traduction conforme à l'original en langue turque, déposé aux archives du cabinet,

Le *Secrétaire des commandements*
de Son Altesse le vice-roi,

Signé : Kœnig-Bey.

Il ne sera pas sans intérêt de donner ici, au sujet de certains articles modifiés des statuts quelques explications sur les circonstances et motifs qui ont provoqué les modifications.

Art. 24. — Le texte des statuts est le suivant :

La Société est administrée par un Conseil composé de 32 membres représentant les principales nationalités intéressées à l'entreprise.

I. — Dans la réunion de l'Assemblée générale des actionnaires du 24 août 1871, le Conseil d'administration, qui se trouvait alors réduit à 21 membres, proposa de fixer désormais à ce chiffre réduit la composition du Conseil.

Le Président de la Compagnie, dans son rapport à l'Assemblée, justifiait comme suit cette proposition :

Lors de l'élaboration des statuts, le vice-roi, désirant qu'une Compagnie universelle comme celle qu'il s'agissait de créer ne fût pas exclusivement française, avait demandé que les 400.000 actions destinées à former le capital spécial fussent réparties entre les divers pays [1]; et c'est dans cet ordre d'idées que fut fixé le nombre de 32 administrateurs, parce que l'on supposait qu'un nombre important d'étrangers représentant les actionnaires de leurs pays feraient partie du Conseil et ne pourraient, par le fait de leur éloignement, assister tous avec régularité aux séances.

Le Conseil d'administration a donc été dès l'origine (et il est resté pendant toute la durée des travaux) composé de 32 membres. Par suite de décès et de démissions, il se trouvait actuellement réduit à 21 membres, et l'expérience avait démontré que ce nombre était suffisant. La diminution du nombre des administrateurs se justifiait encore par la réduction, depuis l'émission des délégations (13 août 1869), des actions pouvant être représentées à l'assemblée des actionnaires. Enfin, elle aurait comme conséquence l'abandon par le Conseil, en faveur des actionnaires, de 1 0/0 sur les 3 0/0 qui, d'après les statuts, lui sont réservés dans les produits nets de l'entreprise.

Le Président annonçait, d'ailleurs, que le vice-roi était d'accord avec le Conseil sur la modification proposée.

Après une longue discussion, l'Assemblée approuva le projet de résolution portant réduction du nombre des administrateurs à 21 membres.

II. — A l'Assemblée générale des actionnaires du 27 juin 1876, le Président, dans son rapport, après avoir rappelé le fait, déjà connu de tous, de l'acquisition par le Gouvernement anglais, à la fin de l'année 1875, des 176.602 actions appartenant au Gouvernement égyptien, et cité les déclarations rassurantes faites à ce sujet par les ministres anglais à la séance de la Chambre des communes du 8 février 1876, annonça que, le 21 du même mois de février, un arrangement *ad referendum*, destiné, — comme le disait le protocole signé à Ismaïlia, le 3 janvier précédent, — à mettre fin aux différends existant entre les Puissances maritimes et la Compagnie, avait été conclu, dans des idées très conciliantes

---

1. On verra plus loin, au chapitre concernant la souscription publique pour la réalisation du capital social de 200 millions, que la France souscrivit sa part, mais que les autres Nations n'ayant pas pris les actions qui leur avaient été réservées, le vice-roi compensa lui-même l'insuffisance.

de part et d'autre, entre lui, dûment autorisé par le Conseil, et un mandataire du Gouvernement anglais.

Cet arrangement, — ainsi que le fit remarquer le Président, — ne pouvait être soumis à la sanction de l'Assemblée qu'après qu'il aurait reçu les adhésions des Puissances maritimes que le Gouvernement anglais s'était chargé d'obtenir. Mais, en attendant, le Président porta à la connaissance de l'Assemblée que, prenant en considération l'article 24 des statuts en vertu duquel la Société du canal devait être administrée par un nombre de membres représentant les principales nationalités intéressées dans l'entreprise, il s'était spontanément engagé vis-à-vis du mandataire du Gouvernement anglais [1], à défaut de vacances dans le Conseil, et en dehors de l'arrangement intervenu, à demander au Khédive d'Égypte d'approuver à l'avance une modification des statuts pour élever le nombre des administrateurs de 21 à 24, afin que la nationalité anglaise, intéressée dans l'entreprise, y fût représentée.

Le Président proposa finalement, au nom du Conseil, la résolution suivante, qui reçut l'approbation de l'Assemblée :

I. — MODIFICATION DE L'ARTICLE 24 DES STATUTS

L'Assemblée,

Vu l'article 24 des statuts,

Considérant qu'il y a lieu d'assurer la représentation des intérêts anglais au sein du Conseil, en raison de la part importante que la Grande-Bretagne a acquise dans le capital social ;

---

1. Voici quelle était la conclusion des protocoles où avaient été discutées, pendant plusieurs séances, les questions relatives à l'arrangement proposé :

« M. le colonel Stokes (le mandataire du Gouvernement anglais) exprime sa satisfaction de ce que ses négociations avec M. de Lesseps sont terminées par une solution si complète des difficultés qui ont existé pendant les dernières années, et il exprime ses vifs souhaits pour la prospérité de la grande œuvre du canal de Suez.

« M. de Lesseps exprime de son côté au colonel Stokes sa satisfaction de voir que toute difficulté a cessé dès aujourd'hui entre le Gouvernement de Sa Majesté la Reine et la Compagnie, et il est certain que l'adjonction des administrateurs anglais, qui viendront examiner de près les affaires du canal, donnera des soutiens et des amis aux autres membres du Conseil. »

Attendu qu'en vue d'assurer cette représentation, un accord est intervenu entre le Gouvernement de Sa Majesté Britannique et le Conseil d'administration, proposant la création de trois nouvelles places d'administrateurs et l'obligation de réserver ces places, tant que le Gouvernement de Sa Majesté restera possesseur des actions acquises par lui, à des candidats désignés par ledit Gouvernement, présentés par le Conseil et nommés par l'Assemblée, suivant les formes usitées :

Adopte la résolution suivante :

Le nombre des administrateurs, que l'article 24 des statuts, modifié par une résolution de l'Assemblée générale du 24 août 1871, a fixé à 21, est porté à 24.

Les trois places ainsi créées seront, dès à présent, et au fur et à mesure des vacances qui se produiraient, remplies dans les conditions ci-dessus spécifiées.

A la même séance du 27 juin 1876, l'Assemblée générale des actionnaires, par sa résolution E., a nommé les trois nouveaux administrateurs.

III. — L'arrangement du 21 février 1876 sur la question du tonnage avait résolu l'accord définitif entre les Puissances maritimes et la Compagnie; mais la Compagnie se trouva bientôt alors en présence de vives et incessantes réclamations de la part de ses principaux clients, les armateurs anglais, demandant à la fois des améliorations du canal, c'est-à-dire des augmentations de dépenses, et des détaxes, c'est-à-dire des diminutions de recettes. Pendant que le Conseil d'administration, avec le concours dévoué de ses trois membres anglais, animés d'un grand esprit de conciliation et d'équité, recherchait les moyens d'arriver à une entente avec ses clients, une vive agitation se produisit en Angleterre, qui vint retarder la conclusion d'un arrangement sur le point d'aboutir.

Cette agitation prenait chaque jour des proportions plus grandes; on allait jusqu'à conseiller publiquement au Gouvernement anglais d'abuser de son influence en Égypte pour déposséder purement et simplement les actionnaires du canal maritime ou pour faire octroyer par le khédive à une Société anglaise un canal concurrent au mépris du droit des créateurs et propriétaires du canal existant. On niait ouvertement le « privilège exclusif » de la Compagnie pour l'ouverture du canal entre les deux mers. On la menaçait du creusement par une Compagnie nouvelle de ce que l'on appelait le « nouveau canal ».

Le Conseil d'administration ne se laissa ni intimider ni arrêter par cette agitation et reprit son œuvre d'entente, plutôt troublée, d'ailleurs, qu'interrompue.

Finalement, dans une réunion tenue à Londres, le 30 novembre 1883, entre les membres de l'« Association des armateurs de navires à vapeur engagés dans le commerce de l'Orient », et M. Charles de Lesseps, vice-président du Conseil d'administration de la Compagnie, est intervenu un accord en douze articles, sanctionné par le Gouvernement anglais, et formulant un « programme des conditions désirables pour l'administration future du canal de Suez ».

L'article 2 de cet accord est ainsi libellé :

ART. 2. — En addition aux trois administrateurs désignés par le Gouvernement anglais, sept nouveaux administrateurs, choisis parmi les armateurs et négociants anglais, seront immédiatement admis comme membres du Conseil. Pour donner à ces sept administrateurs le pouvoir de voter qui s'attache aux administrateurs actuels, l'Administration proposera aux actionnaires de modifier les statuts et de revenir au chiffre primitivement fixé pour le nombre des administrateurs, c'est-à-dire à 32.

En attendant, et jusqu'à ce que les formalités nécessaires soient accomplies, l'Administration invitera ces sept administrateurs, aussitôt qu'ils auront été choisis, à assister aux séances du Conseil.

Dans sa séance du 29 mai 1884, l'Assemblée générale des actionnaires, sur la proposition du Conseil d'administration, a décidé que le nombre des administrateurs composant le Conseil était rétabli à 32.

Les sept nouveaux administrateurs anglais ont été nommés dans la réunion de l'Assemblée générale des actionnaires du 4 juin 1885. Le huitième administrateur nommé a été un ancien Président du Tribunal de commerce d'Anvers.

Art. 62, § 5°, et Art. 69. — Le texte des statuts est le suivant :

Art. 62. — Les produits annuels de l'entreprise servent d'abord à acquitter dans l'ordre ci-après :

5° La retenue destinée à constituer ou à compléter un fonds de réserve pour les dépenses imprévues, conformément aux dispositions de l'article 69 ci-après.

Art. 69. — La retenue opérée pour la constitution ou le complément du fonds de réserve, conformément au paragraphe 5° de l'article 62 ci-dessus, est de 5 0/0 des produits annuels, après déductions des charges définies aux § 1°, 2°, 3° et 4° du même article.

Lorsque le fonds de réserve atteint le chiffre de 5 millions de francs, l'Assemblée générale des actionnaires peut, sur la proposition du Conseil, réduire ou suspendre la retenue annuelle à ce affectée, ainsi qu'il vient d'être expliqué.

Cette retenue reprend cours en effet dès que le fonds de réserve descend au-dessous de 5 millions de francs.

D'un autre côté, l'arrangement de Londres du 30 novembre 1883 (déjà mentionné ci-dessus) entre M. Charles de Lesseps et les armateurs anglais, stipulait par son article 11, ce qui suit :

Art. 11. — En ce qui concerne la réserve statutaire, le Conseil d'administration de la Compagnie proposera que, quand cette réserve aura atteint 5 millions de francs, les déductions qui seront faites dans la suite sur les bénéfices nets, au profit de cette réserve, et qui sont actuellement sur le taux de 5 0/0, n'excéderont, en aucun cas, un maximum de 3 0/0 de ces bénéfices nets.

Dans son rapport à l'Assemblée générale des actionnaires du 28 mai 1884, le Président a présenté, au sujet des dispositions sus-rappelées des statuts, les considérations suivantes :

Touchant la fixation du taux de la retenue pour le fonds de réserve :

Le fonds de réserve formé par la retenue de 5 0/0 dépassant la somme de 5 millions fixée comme minimum, le Conseil estimait qu'il y avait lieu, par application du deuxième paragraphe de l'article 69 de ces statuts, de proposer à l'Assemblée générale des actionnaires de réduire cette retenue à 3 0/0. Les 2 0/0 rendus ainsi disponibles viendraient, en conséquence, à partir de l'exercice 1884, et jusqu'à nouvel ordre, accroître la masse des bénéfices nets distribuables aux divers intéressés, suivant la nomenclature statutaire de l'article 63.

Touchant l'affectation du fonds de réserve :

Les articles 62 et 66 des statuts limitent l'emploi du fonds de réserve, indépendamment du paiement éventuel des charges sociales, aux « dépenses imprévues » (art. 62) et au « complément du fonds d'amortissement des actions » (art. 66).

L'idée a été soumise par des actionnaires à l'Administration de faire servir ce fonds de réserve, dans le cas où sévirait une crise commerciale ou maritime, où un événement quelconque viendrait atténuer accidentellement le trafic par le canal, à augmenter la masse des bénéfices nets distribuables.

La mesure a paru au Conseil devoir permettre, en effet, de parer efficacement aux conséquences possibles d'une crise commerciale et aux effets d'une détaxe coïncidant avec la crise, de fournir ainsi un moyen pratique d'assurer, dans la mesure du possible, malgré les crises et les accidents, le maintien du dernier revenu.

Le Conseil judiciaire de la Compagnie, appelé à examiner cette double question, avait pris, à la date du 29 mars 1884, la délibération suivante :

RÉDUCTION A 3 0/0 DE LA RETENUE POUR LA RÉSERVE

Considérant qu'aux termes de l'article 69 des statuts, la retenue de 5 0/0 n'est obligatoire que pour constituer ou compléter un fonds minimum de 5 millions de francs ; qu'une fois que la réserve a atteint ce chiffre au début d'un exercice, et tant qu'elle n'est pas descendue au-dessous, il appartient au Conseil de proposer et à l'Assemblée générale de voter soit la suspension, soit la réduction de la réserve ;

Considérant que, d'après les résultats acquis de l'exercice 1883, la réserve, au début de 1884, dépassait 5 millions de francs ;

Que, dès lors, par application pure et simple des statuts, la retenue annuelle peut être réduite à 3 0/0 au moyen d'un vote de l'Assemblée générale, rendu sur la proposition du Conseil d'administration ;

Mais que cette réduction ne peut être que provisoire, car, d'une part, la retenue de 5 0/0 reprend de son plein droit cours et effet, dès que le fonds de réserve descend au-dessous du minimum statutaire de 5 millions de francs, et, d'autre part, ce minimum une fois atteint, la réduction ou la suspension de la retenue de 5 0/0 ne peut être effec-

tuée sans une nouvelle proposition du Conseil et un nouveau vote de
l'Assemblée, à moins de modification aux statuts.

AFFECTATION DE TOUTE SOMME DU FONDS DE RÉSERVE EN EXCÈS SUR LE MINIMUM STATUTAIRE, POUR AUGMENTER AU BESOIN LA MASSE DES BÉNÉFICES ANNUELS

Considérant que, si l'article 56 des statuts attribue à l'Assemblée
générale « la fixation de la retenue pour le fonds de réserve »; et
l'article 34, au Conseil d'administration, « la disposition du fonds de
réserve » les seuls emplois de ce fonds prévu et autorisé par les statuts, aussi bien pour les sommes en excès sur les 5 premiers millions
que pour ce minimum statutaire, sont de subvenir « aux dépenses
imprévues » (art. 62) et de « compléter le fonds d'amortissement »
(art. 56);

Qu'une modification aux statuts est donc nécessaire pour permettre
tout autre emploi du fonds de réserve;

Mais qu'une simple modification aux statuts est suffisante, sans qu'il
soit besoin du consentement unanime des ayants droit, pour permettre la nouvelle affectation, c'est-à-dire l'augmentation éventuelle
des bénéfices annuels au moyen de tout ou partie des sommes excédant le minimum statutaire;

Considérant, en effet, que, d'après les prévisions du pacte social, les
5 0/0 destinés à la réserve peuvent, quand la réserve atteint 5 millions
de francs, être employés indifféremment en tout ou en partie, soit à
augmenter la réserve qui, à la fin de la concession, appartient aux
seuls actionnaires, soit, au contraire, sans entrer dans la réserve, à
augmenter immédiatement les bénéfices qui, chaque année, sont répartis entre les divers ayants droit désignés, et dans la proportion déterminée par l'article 63 des statuts;

Considérant que la nouvelle affectation consiste à retirer éventuelle-
ment de la réserve pour les distribuer, en conformité de l'article 63,
des sommes qui auraient pu n'y entrer jamais et être immédiatement
distribuées;

Que cette distribution éventuelle ne peut être critiquée, ni par ceux
qui auraient intérêt à une distribution immédiate, puisque les statuts
permettent de ne faire aucune distribution, ni par ceux qui auraient
intérêt à ce qu'il ne fût fait aucune distribution, puisque les statuts
permettent une distribution immédiate;

Considérant, au point de vue des pouvoirs respectifs du Conseil et
de l'Assemblée, que cette affectation nouvelle touchant à la fois, à la disposition du fonds de réserve, que l'article 34 confère au Conseil, et à la
fixation du dividende, que l'article 56 confère à l'Assemblée, les pouvoirs du Conseil et de l'Assemblée doivent être conciliés en ce sens
que l'Assemblée votera l'emploi, mais seulement sur la proposition du

I.

Conseil, ainsi d'ailleurs que le prescrit l'article 69, pour la réduction
ou la suspension de la retenue.

Par ces motifs :

Est d'avis qu'il y a lieu de soumettre à l'Assemblée générale les deux
résolutions suivantes : la première par application de l'article 69 des
statuts; la seconde par modification de l'article 62 :

1° La retenue pour le fonds de réserve sera provisoirement réduite
à 3 0/0 ;

2° Lorsque le fonds de réserve dépasse le chiffre de 5 millions de
francs, l'Assemblée générale des actionnaires peut, sur la proposition
du Conseil, disposer de tout ou partie de l'excédent pour augmenter la
masse des bénéfices à répartir en conformité de l'article 63.

Sur la proposition conforme du Conseil d'administration,
les deux résolutions ont été adoptées par l'Assemblée générale des actionnaires.

RÈGLEMENT SUR L'EMPLOI DES OUVRIERS INDIGÈNES

(20 JUILLET 1856)

Les actes de concession du canal maritime contenaient l'assurance implicite que la Compagnie universelle aurait à sa disposition tous les ouvriers nécessaires à l'exécution de l'entreprise. L'article 2 du firman de 1856 stipulait notamment que, dans tous les cas, les quatre cinquièmes au moins des ouvriers employés aux travaux seraient égyptiens.

Il était du plus haut intérêt, pour la Compagnie, d'être fixée, à la fois, sur la manière dont cette clause serait appliquée, et sur la détermination des conditions attachées à son exécution. Il s'agissait, en effet, pour elle, d'une part, d'être assurée de ne pas manquer, dans le cours des travaux, d'un nombre suffisant de bons ouvriers acclimatés, et de connaître à l'avance les conditions de salaires et autres qui devaient servir de bases à une évaluation générale exacte des dépenses ; d'autre part, pour la complète sécurité du travail, d'obtenir une grande concentration de travailleurs dans des conditions d'ordre, de discipline et de bien-être qui répondissent à toutes les appréhensions et fussent de nature à présenter des avantages réciproques tout à la fois au travail et au capital.

Dans le double but qui vient d'être indiqué, S. A. le vice-roi rendit, à la date du 20 juillet 1856, un décret portant règlement sur l'emploi des ouvriers indigènes dans les travaux du canal. Grâce à ce décret, dont le texte est donné ci-dessous, la Compagnie était désormais certaine d'avoir à sa disposition tous les ouvriers que réclameraient les travaux sans avoir à provoquer ces grands déplacements d'ouvriers européens dans lesquels on signalait tout ensemble une difficulté matérielle et un inconvénient politique, et la

Commission internationale se trouvait en mesure d'établir sur des bases certaines le devis estimatif des dépenses de l'entreprise.

RÈGLEMENT SUR L'EMPLOI DES OUVRIERS INDIGÈNES [1]

Nous, Mohammed-Saïd-Pacha, vice-roi d'Égypte, voulant assurer l'exécution des travaux du canal maritime de Suez, pourvoir au bon traitement des ouvriers égyptiens qui y seront employés, et veiller en même temps aux intérêts des cultivateurs, propriétaires et entrepreneurs du pays, avons établi, de concert avec M. Ferdinand de Lesseps, comme président-fondateur de la Compagnie universelle dudit canal, les dispositions suivantes :

ARTICLE PREMIER. — Les ouvriers qui seront employés aux travaux de la Compagnie, seront fournis par le Gouvernement égyptien, d'après les demandes des ingénieurs en chef et suivant les besoins.

ART. 2. — La paye allouée aux ouvriers sera fixée suivant les prix payés, en moyenne, pour les travaux des particuliers, à la somme de 2 piastres et demie à 3 piastres par jour, non compris les rations qui seront délivrées en nature par la Compagnie pour la valeur de 1 piastre [2].

Les ouvriers au-dessous de douze ans ne recevront que 1 piastre, mais ration entière.

---

1. Ce règlement a été abrogé dans son entier, moyennant indemnité à la Compagnie, par l'article 1er de la convention passée le 22 février 1866 entre le vice-roi et la Compagnie et approuvée par l'Assemblée générale des Actionnaires du 1er août suivant.

2. Les piastres mentionnées ici sont des piastres au tarif.
(La valeur des piastres courantes, moins élevée, est variable avec les diverses localités.)
La pièce de 20 francs valait $77^{\text{P.T}} \frac{5}{40}$; 1 franc valait donc $3^{\text{P.T}}, 85$.

Et la valeur de la piastre tarif était de 0 fr. 259,
En nombre rond, 0 fr. 26.
— Le prix de la journée de l'ouvrier fellah devait donc être d'environ 1 franc.

Les rations en nature seront distribuées par jour ou tous les deux ou trois jours à l'avance ; et dans le cas où l'on serait assuré que les ouvriers qui en feront la demande seront en état de pourvoir à leur nourriture, la ration leur sera donnée en argent.

La paye en argent aura lieu toutes les semaines. Cependant la Compagnie ne comptera, pendant le premier mois, que la moitié de la paye, jusqu'à ce qu'elle ait accumulé une réserve de quinze jours de solde ; après quoi, la paye entière sera délivrée aux ouvriers.

Le soin de fournir de l'eau potable en abondance pour tous les besoins des ouvriers est à la charge de la Compagnie.

ART. 3. — *La tâche imposée aux ouvriers ne dépassera pas celle qui est fixée dans l'Administration des Ponts et Chaussées en Égypte, et qui a été adoptée dans les grands travaux de canalisation exécutés pendant ces dernières années* [1].

Le nombre des ouvriers employés sera fixé en prenant en considération les époques des travaux de l'agriculture.

ART. 4. — *La police des chantiers sera faite par les officiers et agents du Gouvernement, sous les ordres et suivant les instructions des ingénieurs en chef, conformément à un règlement spécial qui recevra notre approbation.*

ART. 5. — *Les ouvriers qui n'auront pas rempli leur tâche seront soumis à une diminution de salaire qui ne sera pas moindre du tiers, et qui sera proportionnée au déficit de*

---

1. Aucune tâche n'était fixée, à proprement parler, aux ouvriers de corvées employés dans les grands travaux de terrassements dirigés par l'Administration des Ponts et Chaussées. On savait pourtant, d'après de nombreuses observations faites sur de grands travaux d'excavation de canaux de 60 à 100 mètres de largeur et d'une profondeur de 4 mètres au-dessous du sol, où se trouvaient réunis des contingents de 20 à 60.000 hommes, qu'un ouvrier faisait en moyenne 2/3 de mètre cube par jour, en élevant les terres à 9 mètres et les portant à 50 mètres de distance.
Dans l'avant-projet sommaire des ingénieurs du vice-roi (mars 1855) aussi bien que dans le projet de la Commission internationale (décembre 1856), on a admis que chaque ouvrier ferait 1^m,50 par jour dans les terrassements du canal maritime et 2 mètres cubes dans ceux du canal d'eau douce.

l'ouvrage commandé. Ceux qui déserteront perdront, par ce seul fait, les quinze jours de solde en réserve ; le montant en sera versé à la caisse de l'hôpital, dont il sera parlé à l'article suivant. Ceux qui apporteraient du trouble dans les chantiers seront privés également des quinze jours de solde en réserve. Ils seront, en outre, passibles d'une amende qui sera versée à la caisse de l'hôpital.

ART. 6. — *La Compagnie sera tenue d'abriter les ouvriers soit sous des tentes, soit dans des hangars ou maisons convenables. Elle entretiendra un hôpital et des ambulances, avec tout le personnel et tout le matériel nécessaires pour traiter les malades à ses frais.*

ART. 7. —*Les frais de voyage des ouvriers engagés et de leurs familles, depuis le lieu de leur départ jusqu'à leur arrivée sur les chantiers, seront à la charge de la Compagnie.*

Chaque ouvrier malade recevra à l'hôpital ou dans les ambulances, outre les soins que réclamera son état, une paye de 1 piastre et demie pendant tout le temps qu'il ne pourra pas travailler.

ART. 8. — *Les ouvriers d'art, tels que maçons, charpentiers, tailleurs de pierre, forgerons, etc., etc., recevront la paye que le Gouvernement a l'usage de leur allouer pour ses travaux, outre la ration de vivres ou la valeur de cette ration.*

ART. 9. — *Lorsque des militaires appartenant au service actif seront employés aux travaux, la Compagnie déboursera pour chacun d'eux, à titre de haute paye, de solde ordinaire ou d'entretien, une somme égale à la paye des ouvriers civils.*

ART. 10. — *Toutes les couffes nécessaires pour le transport des terres et des matériaux, ainsi que la poudre pour l'exploitation des carrières, seront fournies par le Gouvernement à la Compagnie, au prix de revient, pourvu que la demande en ait été faite au moins trois mois à l'avance.*

ART. 11. —*Nos ingénieurs Linant-Bey et Mougel-Bey, que nous mettons à la disposition de la Compagnie pour la*

·direction et la conduite des travaux, auront la surveillance
·supérieure des ouvriers, et s'entendront avec l'administrateur-
délégué de la Compagnie pour aplanir les difficultés qui
pourraient survenir dans l'exécution du présent décret.

Fait à Alexandrie, le 20 juillet 1856.

(*L. S.*)

(*Cachet de S. A. le vice-roi.*)

(*Traduction du turc.*)

PROJET DE LA COMMISSION INTERNATIONALE

(DÉCEMBRE 1856)

Il a été dit précédemment, dans quelles circonstances avait été instituée et comment avait été composée la Commission internationale chargée de l'examen de l'avant-projet des ingénieurs du vice-roi. Après plus de huit mois d'études, cette Commission se trouva en mesure de formuler le projet définitif qui lui avait été demandé, ce qu'elle fit dans un mémoire en date de décembre 1856, avec procès-verbaux à l'appui et dessins annexés.

Tous les documents composant le travail de la Commission internationale furent aussitôt publiés par M. de Lesseps (2ᵉ série et 3ᵉ série des *Documents*, 1856 [1]). On trouvera une analyse très détaillée du mémoire dans le volume du présent ouvrage contenant la description des divers projets. Il ne sera donné ici qu'un simple résumé des conclusions de ce mémoire.

Dans l'étude qu'elle avait eu à faire des conditions d'établissement du grand canal maritime destiné à unir la Méditerranée et la mer Rouge, la Commission s'était imposée, — dit-elle, — la double condition de donner la plus large satisfaction possible aux intérêts généraux du commerce, mais de sauvegarder en même temps les intérêts particuliers de la Compagnie qui serait chargée de l'exécution des travaux. Le projet complet dont elle avait arrêté toutes les dispositions lui paraissait remplir, dans une juste mesure, cette double condition. En effet, d'une part, un canal de 30 lieues de long et de 80 à 100 mètres de large avec 8 mètres de profondeur, sans écluses à ses entrées, sans courant dangereux, avec des ports vastes et sûrs à ses extrémités, d'une conservation certaine et d'un entretien facile, s'ouvrant enfin par deux mouillages d'une étendue indéfinie, serait certainement suffisant pour

---

1. Ces documents présentent, comme on pourra s'en convaincre à la lecture, le plus grand intérêt pour les ingénieurs.

satisfaire à tous les besoins actuels de la navigation ; et les dispositions arrêtées se prêtaient d'ailleurs à tous développements qui pourraient devenir plus tard nécessaires ; d'autre part, les travaux projetés n'avaient rien qui sortît des données habituelles de l'art et de la science ; ils ne comportaient aucune éventualité redoutable, et ils pourraient être achevés en quelques années ; enfin le montant des dépenses n'atteindrait certainement pas le chiffre de 200 millions de francs qu'une sage prévoyance assignait au capital social.

La Commission estimait donc que le percement de l'isthme de Suez était une œuvre beaucoup plus grande par son objet que par la dépense qu'elle exigerait.

Le but de ses études avait été d'éclairer de son mieux les Gouvernements et les peuples sur la question. Elle leur soumettait avec confiance les résultats définitifs de son examen, formulant le vœu que son travail pût hâter le moment où toutes les difficultés autres que celles résultant de la nature même des choses se trouveraient aplanies, et où le bosphore artificiel de Suez pourrait être ouvert à la marine de toutes les nations.

ENQUÊTE UNIVERSELLE

(1856 a 1858)

Les publications de M. de Lesseps, formant trois volumes de documents sur le projet de percement de l'isthme de Suez[1], eurent pour but, en portant ce projet à la connaissance de tous, de le soumettre à une véritable enquête universelle.

Voici, sommairement, quels ont été les résultats de cette enquête.

ADHÉSIONS

Presse périodique

La Presse de tous les pays, en Europe, en Amérique, dans les Indes Orientales, à part un très petit nombre d'exceptions dont il sera parlé plus loin, donna, dès le début de l'affaire, c'est-à-dire au moment même de la concession, une adhésion unanime à l'œuvre projetée. Puis, par la suite, jusqu'au jour de la souscription publique et de la constitution définitive de la Compagnie (fin 1858), elle ne cessa plus de faire la propagande la plus active et la plus chaleureuse en faveur du projet, de combattre sans relâche l'opposition du Gouvernement anglais, de soutenir le promoteur de l'œuvre de ses plus sympathiques encouragements.

Parmi les observations qui se produisirent dans cette grande discussion publique par la voie de la Presse, celles relatives aux préférences entre les divers tracés furent présentées plus spécialement en France, où l'on se montrait d'ailleurs unanime quant aux immenses bienfaits de l'œuvre elle-même. Quelques hésitations sur la possibilité de l'entreprise et sur son avenir financier furent particulièrement exprimées en Angleterre, mais sans y rien atténuer pourtant de la sympathie générale pour l'œuvre et de la confiance dans les avantages que procurerait l'ouverture de l'isthme à la première Puissance maritime et industrielle du globe.

---

1. Première série de *Documents*, 1855 ; 2ᵉ série, 1856 ; 3ᵉ série, avec atlas, 1856.

Gouvernements

Plusieurs Gouvernements donnèrent des témoignages publics de l'intérêt qu'ils attachaient à la réalisation du projet et de leur entière confiance dans l'avenir de la nouvelle voie maritime. La composition même de la Commission internationale avait attesté déjà l'intérêt des Gouvernements, puisque, sauf pour l'Angleterre, les membres de ladite Commission étaient des fonctionnaires publics d'un ordre élevé qui n'avaient pu accepter leur mandat qu'avec une autorisation officielle. Mais l'adhésion de plusieurs Gouvernements trouva l'occasion de se manifester d'une manière plus explicite encore dans les diverses circonstances suivantes :

Le 5 mai 1856, le Ministre des Travaux publics du Piémont présente un projet de loi pour l'agrandissement du port de Gênes en motivant en partie ce projet d'agrandissement sur la prochaine ouverture de l'isthme de Suez, qui donnerait au port une activité toute nouvelle;

Le 10 juillet 1856, le roi de Hollande rend une ordonnance nommant une Commission chargée de donner son avis sur les conséquences probables qu'aurait, pour le commerce et la navigation en général, et pour les Pays-Bas en particulier, le percement de l'isthme de Suez [1];

Le 15 juillet 1856, le Ministre du Commerce du Gouvernement autrichien prépare, pour le communiquer à tous les Gouvernements fédéraux, un mémoire où la question du canal de Suez doit être traitée sous toutes ses faces, et, particulièrement, dans ses rapports avec le commerce et la navigation de l'Allemagne tout entière;

En février 1857, le Pape ordonne la formation d'une Commission d'enquête présidée par le Ministre du Commerce et des Travaux publics pour faire des études et un rapport sur les conséquences qui pourront résulter du percement de l'isthme de Suez pour le commerce, et sur les dispositions à adopter pour que l'État pontifical puisse tirer parti de ce changement dans les conditions géographiques des peuples;

En mars 1857, le journal officiel du royaume de Naples exprime toutes les sympathies du Gouvernement pour l'entreprise projetée et assure que ce royaume ne sera pas le dernier à concourir de tous ses efforts à l'exécution du canal maritime; il annonce d'ailleurs la construction de docks dans le port de Naples;

En avril 1857, le Gouvernement espagnol envoie à son ambassadeur à Constantinople l'ordre d'exprimer au sultan l'intérêt que porte la

---

1. Le rapport de cette Commission n'a pu être remis au roi que le 19 février 1859. Il fit l'objet de la 5ᵉ série des *Documents* publiés par M. de Lesseps (1860).

reine à l'entreprise du canal de Suez, et la satisfaction qu'elle éprou-
verait de la ratification de l'acte de concession [1];

Enfin, le 27 juillet 1857, aux fêtes d'inauguration du chemin de fer
de Trieste, le baron de Bruck, ministre des Finances d'Autriche, exprime
les sympathies les plus chaleureuses pour le canal de Suez, et fait les
vœux les plus ardents pour le succès de cette entreprise.

Enquête commerciale

MEETINGS ANGLAIS

Pendant les mois d'avril, mai et juin 1857, M. de Lesseps visita les
principales villes commerciales et maritimes de l'Angleterre pour exposer dans des meetings publics et y soumettre à la discussion la question
du percement de l'isthme de Suez. Ces meetings, au nombre de dix-
huit, organisés pour le plus grand nombre par les soins des Chambres
de commerce ou par des négociants et armateurs, eurent lieu successivement dans les villes suivantes : Liverpool, Manchester, Dublin, Cork,
Belfast, Glascow, Aberdeen, Edimbourg, Newcastle, Hull, Birmingham,
Bristol et Londres.

L'opinion unanime exprimée dans tous ces meetings fut que de grands
avantages devaient résulter pour le commerce et la civilisation de la
réalisation du projet; que la nouvelle voie maritime serait certainement
d'une grande utilité pour les intérêts commerciaux du Royaume-Uni;
que le projet méritait éminemment l'appui du monde commercial.

CONSEILS GÉNÉRAUX ET CHAMBRES DE COMMERCE DE FRANCE

Par une lettre circulaire du 12 août 1857, adressée aux Présidents et
membres des Conseils généraux et des Chambres de commerce de
France, M. de Lesseps avait appelé leur attention sur la question du
percement de l'isthme de Suez, et leur avait demandé de vouloir bien
exprimer, auprès du Gouvernement, un vœu qui ne pourrait manquer
d'être fort utile au succès d'une œuvre si importante pour les intérêts
généraux de la civilisation ainsi que pour le développement de l'industrie et du commerce français.

Tous les Conseils généraux et toutes les Chambres de commerce
répondirent chaleureusement à l'appel de M. de Lesseps en lui faisant
connaître leur plus complète et plus sympathique adhésion, et en for-

---

1. En octobre suivant, le Gouvernement espagnol fit publier un ouvrage
considérable sur le canal de Suez de M. Montesino, membre de l'Académie des
Sciences de Madrid et membre de la Commission internationale.

mulant les vœux les plus instants pour que le Gouvernement prêtât tout son appui à la réussite de l'entreprise [1].

CHAMBRES DE COMMERCE DES AUTRES PUISSANCES CONTINENTALES

Un certain nombre de Chambres de commerce de villes des autres Puissances continentales formulèrent successivement, de mars 1857 à septembre 1858, leurs vœux sympathiques pour la réalisation de l'œuvre du canal de Suez. Ce sont les Chambres de commerce des villes suivantes : Barcelone, Patras, Calamès, Syra, Malte, Gênes, Nice, Bologne, Venise, Turin, Trieste.

Sociétés savantes

Enfin, le projet de percement de l'isthme de Suez, tel qu'il avait été définitivement arrêté par la Commission internationale, reçut l'approbation d'un certain nombre de Sociétés savantes, savoir :

---

1. La Chambre de commerce du Havre, tout en exprimant son vif désir de succès de l'entreprise projetée par M. de Lesseps, formula pourtant quelques doutes sur les avantages de la nouvelle voie au point de vue commercial. Il ne sera pas sans intérêt, comme renseignement historique, de relater ici avec quelques détails les considérations qui empêchèrent ladite Chambre de commerce, si compétente en toutes les matières intéressant le commerce maritime, de donner une adhésion sans réserve à l'œuvre projetée. On peut apprécier aujourd'hui que, jusqu'à présent du moins, ses prévisions se sont réalisées quant à la navigation à voiles. Mais, ce que la Chambre n'avait pas prévu, et ce qu'elle ne pouvait peut-être pas prévoir à cette époque, c'est le développement considérable qu'a pris la navigation à vapeur depuis l'ouverture du canal à la grande navigation.

Les vues et appréciations de la Chambre de commerce du Havre furent exposées dans une lettre adressée en octobre 1858 au Ministre du Commerce, qui fut envoyée en copie à M. de Lesseps, et qui peut être résumée comme suit :

Lettre d'octobre 1858, adressée par la Chambre de commerce du Havre au Ministre du Commerce.

« La Chambre n'avait pas trouvé, disait-elle, dans les documents qui lui avaient été communiqués, des éléments suffisants pour lui permettre de se former une conviction bien arrêtée, et ses propres recherches l'avaient laissée dans la plus grande incertitude.

« Ses doutes résultaient des considérations suivantes :

« Les marchandises s'exportant des mers de l'Inde, de la Chine, d'Australie, etc., pour l'Europe, et réciproquement, se composaient, d'une part, de métaux précieux et de marchandises d'une grande valeur qui pouvaient employer la navigation à vapeur ; d'autre part, de marchandises de faible et de moyenne valeur, qui ne pouvaient être transportées que par navires à voiles. Or, dans l'une et l'autre direction, ces dernières marchandises dominaient dans une immense proportion ; de telle sorte que, s'il était prouvé

En juin 1856, mars 1857 et mai 1858 : Académie des Sciences de France ;

En septembre 1856, 1857 et 1858 : Congrès scientifique de France ;

En décembre 1856 et octobre 1857 : Société économique de Barcelone ;

En mai 1857 : Académie d'Agriculture de Turin ;

Idem : Société de Géographie d'Autriche ;

En juin et septembre 1857 : Institut des Ingénieurs de Hollande :

En juin 1857 : Société des Sciences de Harlem ;

En juillet 1857 : Société de Géographie de Paris ;

En août 1857 : Académie des Sciences morales et politiques de France ;

En septembre 1857 : Congrès agricole de Voghera (Piémont) ;

En octobre 1857 : Académie des Sciences de Naples ;

En novembre 1857 : Académie des Sciences d'Amsterdam ;

---

qu'il ne dût pas y avoir avantage pour la navigation à voiles à emprunter le canal maritime, ce canal n'aurait pas de raison d'être.

« M. de Lesseps faisait bien ressortir la différence considérable de distance par l'une et par l'autre route ; mais la distance à parcourir n'était pas le seul élément à consulter pour juger de la meilleure direction à suivre dans un voyage de mer ; et, s'il y avait plus loin par le Cap, on pouvait dire que le danger que présentait la navigation de la mer Rouge, l'impossibilité à peu près certaine de cette navigation pour les grands bâtiments lors des moussons, compensaient et au delà la différence de distance et devaient rendre les traversées plus longues et plus dangereuses pour les navires à voiles.

« La Chambre de commerce ne connaissait jusqu'alors que des navires chargés de charbon qui fussent allés d'Europe à Suez. Or les assurances pour ce port, depuis les mers d'Europe, étaient cotées à Londres de 10 à 15 et 18 0/0, tandis que, pour toutes les mers de l'Inde jusqu'en Chine et en Australie, par le cap de Bonne-Espérance, les assurances variaient de 1/4 à 3 0/0. La comparaison de ces chiffres indiquait suffisamment à quel point les assurances redoutaient la navigation de la mer Rouge.

« Pour les traversées, on n'avait pas de renseignements aussi positifs, et l'on ne pouvait raisonner que par analogie. De Sidney à Suez, par exemple, la durée moyenne des voyages par bateaux à vapeur était de 47 jours ; on pouvait supputer, en jugeant par comparaison avec ce qui se passait sur d'autres lignes fréquentées par les deux espèces de navigation, que les voyages par bâtiments à voiles, lorsque les moussons n'opposeraient pas un obstacle insurmontable, dureraient au moins 90 jours, ce qui était la moyenne des traversées de Sidney à Londres par le Cap pour les bâtiments à voiles.

« On devait donc reconnaître qu'il serait chimérique de penser aux provenances d'Australie, de la Chine, Java, Manille, Maurice, etc., pour vivifier la navigation par bâtiments à voiles dans le canal projeté.

« Pour les ports de l'Inde proprement dits, Calcutta. Madras, Bombay, le désavantage serait moins évident ; mais, en prenant en considération que la moyenne des traversées de Calcutta à Suez par bateaux à vapeur avait été, en 1857, de 26 jours, on devait admettre que les traversées par bâtiments à

En janvier 1858 : Académie des Sciences de Vienne ;
En mars 1858 : Société d'Économie politique de Madrid ;
En mai 1858 : Société de Géographie de Russie.

OPPOSITIONS

Presse périodique

Dans la Presse, il n'y eut, pendant la durée de la grande enquête universelle, qu'un très petit nombre de journaux hostiles à l'entreprise, savoir :

Au début : deux journaux anglais, l'*Athenæum*, dont l'opposition se basait sur des motifs politiques, et la *Revue d'Édimbourg*, qui basait la sienne sur des considérations commerciales ; et un journal allemand, l'*Ausland*, de Stuttgard, écrit dans le même esprit que la *Revue d'Édimbourg* ;

---

voiles seraient au moins de cinquante à soixante jours ; et si, à ce chiffre, on ajoutait celui de cinquante à soixante jours qui représentait la moyenne des traversées d'Alexandrie à Londres, on trouvait en définitive que, dans les circonstances les plus favorables, le voyage de Calcutta à Londres, par bâtiments à voiles, serait de cent vingt jours environ par le canal, tandis que la moyenne des traversées par le Cap n'était que de quatre-vingt-dix à quatre-vingt-quinze jours.

« D'après toutes ces considérations, il paraissait difficile de penser que la voie de l'isthme de Suez pour la navigation à voiles pût soutenir la concurrence avec la voie du Cap de Bonne-Espérance.

« A la vérité, M. de Lesseps comptait sur l'emploi des bâtiments mixtes ; mais, là encore, on avait à redouter de graves mécomptes. Ne savait-on pas, en effet, que la marche d'un bâtiment mixte devait dépasser 6 nœuds par la vapeur seule pour marcher contre vent contraire, et que cette force ne suffisait même pas pour lutter contre un vent grand frais. Or, 6 à 7 nœuds supposaient une machine d'une grande force avec un emplacement considérable pour le charbon ; il faudrait d'ailleurs des chauffeurs, des mécaniciens. Une navigation dans ces conditions serait chère et causerait la ruine de ceux qui voudraient l'appliquer au transport de marchandises qui ne seraient pas de grande valeur. Les essais faits jusqu'alors dans ce sens avaient tous été malheureux.

« En résumé, la Chambre de commerce avait de graves appréhensions en envisageant le percement de l'isthme de Suez au point de vue de la navigation à voiles, la seule possible pour le transport des marchandises de faible et de moyenne valeur, qui formaient la plus grande partie du trafic entre l'Europe et l'Extrême-Orient. Sans doute, pour le transport des marchandises riches, des métaux précieux, des voyageurs, on continuerait à employer la navigation à vapeur ; mais le chemin de fer alors en cours d'achèvement d'Alexandrie à Suez suffirait certainement pour assurer le service de cette partie du trafic.

« Bref, la Chambre concluait en demandant au Ministre du Commerce de faire procéder à une enquête commerciale, cet élément de la question manquant complétement à l'instruction de la grande entreprise projetée. »

Plus tard, lors de l'opposition déclarée du Gouvernement anglais :
le *Times*, qui avait été d'abord sympathique, et le *Morning Post* ; l'*Ost-
Deutsche Post* ; le *Journal de Constantinople* et l'*Impartial de Smyrne*.

Gouvernement anglais

La seule opposition qu'ait rencontrée le projet de percement de
l'isthme de Suez parmi les Gouvernements a été de la part du Gouvernement anglais. Cette opposition a exercé une telle influence sur les
opérations de la Compagnie pendant les premières années de son existence qu'il ne sera pas sans intérêt, au point de vue de l'histoire du
canal, d'en décrire les circonstances et les motifs avec quelque détail.

Dès le début de l'affaire, en 1855, l'ambassadeur d'Angleterre à
Constantinople s'était opposé à la ratification par le sultan de l'acte
de concession.

Dans une séance du Parlement anglais du 7 juillet 1857 (à la suite
des nombreux meetings si favorables dont il a été parlé plus haut),
lord Palmerston, chef du cabinet, sur une interpellation de M. Berke-
ley, fit la déclaration suivante : « Le Gouvernement, dit-il, ne pouvait
« pas entreprendre d'employer son influence sur le sultan pour
« l'induire à permettre la construction du canal, attendu que, dans les
« quinze dernières années, il avait usé de toute cette influence à
« Constantinople et en Égypte pour empêcher l'exécution d'un projet
« qu'il considérait comme contraire aux intérêts de l'Angleterre,
« opposé à sa politique constante relativement aux rapports de l'Égypte
« avec la Turquie. » En dehors des considérations politiques qu'il
déclarait être son seul motif d'opposition, lord Palmerston exprimait
d'ailleurs l'opinion « que le canal était physiquement impraticable,
« sinon par une dépense qui serait beaucoup trop grande pour garantir
« aucune espèce de rémunération ». Il ajoutait, enfin, que M. de Lesseps avait tort d'espérer de réussir à obtenir de l'argent anglais pour
un projet qui était de tout point opposé aux intérêts britanniques.

Dans une nouvelle séance du Parlement, du 17 du même mois,
M. Griffith appela de nouveau l'attention de la Chambre sur la question de savoir « s'il était vraiment avantageux à l'honneur ou aux inté-
« rêts de l'Angleterre qu'elle se montrât et se reconnût animée d'une
« hostilité jalouse à l'égard du projet d'un canal de navigation à tra-
« vers l'isthme de Suez ; ou si, au contraire, il ne serait pas plus digne
« du caractère de haute impartialité que la Chambre voulait mainte-
« nir, d'abandonner ce sujet, sans parti pris, aux difficultés naturelles
« physiques et d'art, dont l'exécution d'une pareille entreprise pouvait
« être entourée ». Lord Palmerston répondit à cette interpellation à peu
près dans les mêmes termes qu'il l'avait fait dans la séance précédente.
Pour justifier son opinion sur les impossibilités techniques de l'entre-

prise, il invoqua l'autorité de M. R. Stephenson[1], ingénieur, membre
du Parlement, lequel formula, à la tribune, sa propre opinion à peu
près dans les termes suivants : En 1847, en commun avec un ingénieur
français (M. Talabot) et avec un ingénieur autrichien (M. de Negrelli), il
avait examiné la question du canal des deux mers, sentant bien qu'il
serait de la plus haute importance de pouvoir établir une communication directe entre la mer Rouge et la Méditerranée. Les nivellements
opérés en 1800 par les ingénieurs de l'expédition française avaient
signalé une différence d'à peu près 32 pieds entre les niveaux des deux
mers ; on proposa en conséquence de rouvrir le canal des Ptolémées et
d'établir ainsi entre les deux mers un courant qui n'aurait pas empêché la navigation à vapeur et qui aurait en même temps opéré le
curage du canal; mais de nouveaux nivellements ayant fait reconnaître, plus tard, que la différence de niveau entre les deux mers était
nulle, le projet fut, avec raison, abandonné. Depuis lors, M. Stephenson
avait exploré le terrain et examiné la possibilité d'établir un canal en
admettant l'égalité de niveau des deux mers, et en plaçant la prise
d'eau dans la partie supérieure du Nil. Et il était arrivé à cette conclusion que la chose était, il dirait absurde, si d'autres ingénieurs dont il
respectait l'opinion, n'avaient également exploré le terrain et déclaré
l'entreprise possible. Il était d'accord avec le premier lord de la Trésorerie. Il reconnaissait que l'argent pouvait, à la vérité, vaincre toutes les
difficultés; mais, commercialement parlant, il déclarait franchement
ne pas croire le projet exécutable.

Le 11 août suivant, une nouvelle discussion sur le canal de Suez eut
lieu dans le Parlement, à l'occasion d'une garantie d'intérêt et d'une
subvention demandées au Gouvernement pour les chemins de fer de
l'Euphrate. Dans cette séance, M. Gladstone combattit éloquemment la
politique d'opposition au canal projeté. Il nia au Gouvernement anglais
le droit d'introduire la politique avec ses passions exclusives dans une
question purement commerciale; il insista sur cette considération,
que les meilleurs et les seuls juges compétents d'une spéculation
étaient ceux-là mêmes qui étaient appelés à y mettre leur argent; enfin,
il fit ressortir combien il serait regrettable que l'Angleterre passât pour
être hostile à une entreprise qui devait être avantageuse aux intérêts
de toute l'Europe. En réponse, lord Palmerston reproduisit les mêmes
arguments que dans les séances précédentes pour justifier l'opposition
du Gouvernement anglais au projet de canal. Sur la question de principe soulevée par M. Gladstone, il exprima cette opinion, que, quand

---

1. M. R. Stephenson, ingénieur en chef de plusieurs chemins de fer et qui
a exécuté des travaux gigantesques, notamment le pont Britannia sur le
détroit de Menay, était le fils du célèbre Georges Stephenson, l'inventeur des
locomotives.

le Gouvernement anglais était d'avis qu'un projet était contraire aux intérêts anglais, il était de son devoir de s'y opposer, bien que cette opposition pût contrarier les vues politiques et commerciales des autres nations.

Il faisait remarquer, néanmoins, que le motif principal de son opposition, le seul qu'il eût fait valoir auprès du Gouvernement turc pour ne pas accepter le projet proposé, ce n'était pas le dommage causé à l'Angleterre, mais le dommage de la Turquie, le danger de porter atteinte à l'intégrité de l'Empire Ottoman.

La discussion, ajournée par une prorogation du Parlement, fut de nouveau portée à la tribune, le 26 mars 1858, par le persévérant M. Griffith[1]. Depuis la dernière session, M. Disraëli avait succédé à lord Palmerston comme leader de la Chambre des Communes pour le cabinet Derby. M. Griffith demanda au Chancelier de l'Échiquier « si, « malgré les facilités que le canal de Suez offrirait aux communica-« tions de l'Angleterre avec ses possessions orientales, et malgré le « désir manifesté par les nations du continent pour la prompte exé-« cution de ce projet, le Gouvernement anglais croyait opportun de « s'opposer à l'ouverture de l'isthme de Suez ». Il protestait d'ailleurs énergiquement contre toute intrusion de la politique dans une pareille question. La réponse de M. Disraëli fût évasive. « Il regrettait, dit-il, « que la Chambre ne fût pas plus nombreuse pour discuter une « question si importante. Techniquement, il s'en rapportait à ce qu'avait « dit, dans une autre occasion, M. R. Stephenson ; politiquement, l'af-« faire était trop délicate pour qu'on pût se prononcer immédiatement. « Le Gouvernement ferait connaître plus tard son opinion, quand la « possibilité de l'exécution et l'utilité commerciale du projet seraient « démontrées. »

Le Parlement anglais ne pouvait se contenter d'une pareille réponse. Un nouveau débat était donc inévitable. Il fut provoqué dans la séance du 1er juin 1858 par M. Rœbuck, demandant à la Chambre de déclarer « que le pouvoir et l'influence de la Grande-Bretagne ne devaient pas « être employés pour empêcher le sultan de donner sa ratification à « la concession du vice-roi d'Égypte ». La séance fut solennelle et ne dura pas moins de cinq heures. Parmi les principaux orateurs qui prirent part à la discussion, on peut citer, comme ayant appuyé énergiquement la motion : MM. Rœbuck, Milner Gibson, Griffith, Gladstone, lord John Russell ; comme l'ayant, au contraire, vivement combattue : MM. R. Stephenson, Fitz Gerald, sous-secrétaire d'État des Affaires

----

1. Dans l'intervalle, à la date du 29 décembre 1857, M. de Lesseps avait adressé un memorandum à la Porte Ottomane pour lui demander officielle-ment la ratification de la concession faite par le vice-roi d'Egypte. — Voir plus loin le texte de ce mémorandum.

étrangères, lord Palmerston, Disraëli. En réponse aux discours favorables de MM. Rœbuck, Milner-Gibson et Gladstone, le Gouvernement, par l'organe de M. Disraëli, « nia que l'influence de l'Angleterre, aussi « bien sous le précédent ministère que sous le ministère actuel, eût été « employée pour empêcher le sultan d'accorder son assentiment au « projet de faire un canal à travers l'isthme de Suez ». Il ajoutait « que l'on devait abandonner des plans d'une si grande importance à « la loyale influence de l'opinion publique ». Finalement, lord John Russell, avec toute l'autorité qui s'attachait à sa grande situation politique, vint clore le débat en prenant acte des déclarations du nouveau ministère, en établissant que l'ancien Gouvernement avait fait, pendant plusieurs années, une opposition au canal qu'il était difficile de contester, et en démontrant que ce canal ne serait d'aucun danger ni pour les Indes, ni pour l'Angleterre.

Bref, sous l'impression, sans nul doute, de l'observation faite par le Chancelier de l'Échiquier dans son discours, que la Chambre, en approuvant la motion de M. Rœbuck, se lierait les mains pour l'avenir, cette motion fut repoussée par 290 voix contre 62.

Pendant toute la durée des luttes contre le canal dans le sein du Parlement, toute la presse européenne, y compris la presse anglaise, sauf les rares journaux mentionnés plus haut, fut unanime pour combattre énergiquement l'opposition du Gouvernement anglais. En même temps, les membres de la Commission internationale réfutèrent publiquement les appréciations techniques présentées par M. R. Stephenson, dans la séance du 17 juillet 1857, par une lettre de M. Paléocapa, datée de Turin, le 4 août suivant, et à laquelle adhérèrent MM. Conrad, Lentze, Licussou, Montesimo, de Negrelli et Renaud. Plus tard, à la suite de la séance du 1er juin 1858, dans laquelle M. R. Stephenson, après avoir reproduit ses arguments précédents, avait émis l'opinion « que le canal projeté, faute de courant, devien« drait un fossé vaseux et stagnant », M. de Negrelli, par lettre du 18 juin, réfuta à son tour, personnellement, les appréciations de l'ingénieur anglais. M. R. Stephenson répondit à cette lettre dans le mois de juillet suivant. Voici quelles étaient les conclusions de sa réponse : « Je ne suis nullement hostile à l'établissement d'un canal maritime « à travers l'isthme de Suez. Si je pouvais considérer un tel canal « comme avantageux au point de vue commercial, je serais le premier, « comme je l'ai déjà prouvé, à le soutenir par mon temps, ma for« tune et mon expérience. Ce n'est qu'après de minutieuses recherches « que je suis arrivé à la ferme conviction que le projet du canal ne « méritait pas une attention sérieuse; et c'est alors que j'ai refusé de « lui prêter encore mon appui. Je serais enchanté de voir un canal, « comme les Dardanelles ou le Bosphore, pénétrer l'isthme de Suez, qui « sépare la mer Rouge de la Méditerranée; mais je sais qu'un tel canal,

« est impossible, et que, malgré tous les sacrifices d'argent, d'hommes
« et de temps, on n'arrivera jamais à autre chose qu'à former un fossé
« marécageux entre deux mers dépourvues de marées, fossé dont les
« grands navires ne pourront jamais approcher, et qui ne pourra
« servir qu'à de petits bâtiments, et, encore, sous la condition que les
« vents permettront l'entrée et la sortie. » Enfin, en août 1858,
M. Paléocapa, dans un mémoire sur *la Question de l'alimentation du
canal de Suez par l'eau du Nil*, et M. Conrad, président de la Commission internationale, dans une brochure sur *l'État de la question
technique du canal de Suez*, prirent de nouveau la défense du projet
de la Commission contre les attaques de M. R. Stephenson. Notamment au sujet de l'allégation relative au fossé bourbeux qui serait
créé entre les deux mers, M. Conrad cita l'exemple si concluant de
tous les canaux de la Hollande.

L'événement devait heureusement prouver, au grand profit des
intérêts généraux du commerce et de la civilisation, que l'opinion des
ingénieurs de la Commission internationale avait pleinement raison,
contre les appréciations techniques de M. l'ingénieur R. Stephenson,
et que l'énergique persévérance du promoteur du canal, appuyée sur
l'opinion unanime de l'Europe, finirait par triompher de tous les
obstacles que lui créait l'opposition du Gouvernement anglais.

MEMORANDUM ADRESSÉ A LA PORTE OTTOMANE
PAR M. DE LESSEPS

(29 DÉCEMBRE 1857)

L'enquête scientifique, commerciale et politique, ayant constaté l'opinion unanime de l'Europe (à l'exception de quelques hommes d'État anglais), en faveur du canal de Suez, M. de Lesseps, à la date du 29 décembre 1857, adressa de Constantinople à la Porte Ottomane un mémorandum pour lui demander officiellement la ratification de la concession qu'avait faite S. A. le vice-roi par les deux actes du 30 novembre 1854 et du 5 janvier 1856.

Voici le texte de ce document :

MÉMORANDUM A SON ALTESSE RÉCHID-PACHA, GRAND-VIZIR

J'ai l'honneur de prier Votre Altesse de demander à S. M. I. le Sultan un iradé à l'effet d'autoriser la Compagnie commerciale anonyme siégeant à Alexandrie, dont je suis le représentant, à exécuter les travaux de la jonction de la Méditerranée et de la mer Rouge au moyen d'un canal destiné à compléter, par une voie maritime, la communication abrégée que le chemin de fer d'Alexandrie à Suez a déjà établie entre les diverses parties du monde.

A la suite d'un premier séjour que je fis, il y a trois ans, à Constantinople, et pendant lequel Votre Altesse fut régulièrement saisie de tous les documents préliminaires, elle voulut bien remettre entre mes mains, le 12 djemazul akhir 1271 (1er mars 1855), une lettre où elle considérait l'entreprise comme étant « des plus utiles » et où elle ajoutait : « Conformément à l'ordre impérial émané au sujet de « l'entreprise si intéressante du canal, la question se trouve actuelle- « ment à l'étude du Conseil des ministres. »

Depuis lors, afin de faciliter l'examen et la décision de la Sublime Porte, j'ai cherché à dégager la question des objections provenant de la croyance d'une impossibilité d'exécution, ou de la crainte de nuire aux intérêts légitimes des Puissances étrangères.

La première objection a été levée par le rapport d'une Commission scientifique internationale, dont la compétence et le jugement ont été sanctionnés par les corps savants de l'Europe.

La seconde objection a été également détruite par l'expression unanime de l'opinion publique dans tous les pays. Les adhésions des Gouvernements du continent n'ont pas été moins explicites et, en ce qui concerne l'Angleterre, je crois devoir mentionner les dernières déclarations officielles faites dans la Chambre des communes, le 14 août 1857, postérieurement aux résolutions adoptées par les Associations et Chambres de commerce et par les nombreux meetings qui ont été tenus dans les principales villes de la Grande-Bretagne.

M. Gladstone s'est exprimé en ces termes :

« La Chambre doit traiter ce projet du canal de Suez aussi bien que
« le chemin de fer de l'Euphrate et les projets de télégraphe, comme
« une question purement commerciale, et elle peut se reposer sur ce
« principe : c'est que les meilleurs juges des mérites d'une spéculation
« commerciale sont les personnes qui sont engagées à mettre leur
« capital dans l'entreprise. Si ce projet vient à être converti par le
« Gouvernement en une question politique, il y aurait le plus grand
« danger de rompre ce concert et cet accord européen, qui sont d'une
« importance supérieure en ce qui concerne notre politique en Orient.
« Personne cependant ne pourra regarder la carte du monde et nier
« qu'un canal à travers l'isthme de Suez, s'il était possible, ne fût d'un
« grand avantage pour l'intérêt de l'humanité. Ce projet a été approuvé
« et trouvé excellent par tous les Gouvernements de l'Europe et spécia-
« lement par la France, notre grande alliée. Qu'y aurait-il alors de plus
« malheureux que de voir naître des querelles à Constantinople, à ce
« sujet, entre les ambassadeurs de France et d'Angleterre? En égard à
« nos possessions dans l'Inde, ne laissons pas naître dans l'Europe
« entière l'opinion que la possession de l'Inde par la Grande-Bretagne
« a besoin, pour se maintenir, que l'Angleterre s'oppose à des mesures
« qui sont avantageuses aux intérêts généraux de l'Europe. Ne laissons
« pas naître cette fâcheuse contradiction, parce que ce serait affaiblir
« notre pouvoir dans l'Hindoustan plus que ne le feraient dix révoltes,
« comme celles qui viennent d'avoir lieu dernièrement. »

Lord Palmerston a répondu :

« Le motif principal et le seul que nous ayons fait valoir auprès
« du Gouvernement Turc, pour ne pas accepter le plan proposé, ce
« n'est pas le dommage causé à l'Angleterre, mais le dommage de la
« Turquie, le danger de porter atteinte à l'intégrité de l'Empire
« Ottoman. »

Toute la question est donc actuellement renfermée dans l'appréciation de l'intérêt de l'Empire Ottoman. Il est évident que cette appréciation ne peut être raisonnablement faite que par le Gouvernement du Sultan. C'est à lui que je m'adresse, avec la conviction que l'examen réfléchi auquel il s'est déjà livré lui a démontré les nombreux avantages réservés à la Turquie par l'exécution du canal de Suez. Pour se rendre compte de ces avantages, il suffit de se rappeler que la route de Constantinople à la mer des Indes se trouvera abrégée de 4.800 lieues ; que les possessions ottomanes de l'Arabie et de la côte orientale d'Afrique seront mises à la portée des armements maritimes de la métropole, et que le facile accès de la mer Rouge sera un bienfait inappréciable pour l'accomplissement du saint pèlerinage des musulmans.

Lorsque le Gouvernement impérial aura formulé son opinion comme il le jugera convenable à ses intérêts, ce sera encore à lui qu'il appartiendra de déclarer que le canal maritime de Suez sera ouvert à toujours et en tout temps, comme passage neutre, à tous navires de commerce traversant d'une mer à l'autre, sans aucune distinction, exclusion ni préférence de nationalité. L'accession des Puissances étrangères, que la Sublime Porte jugera sans doute à propos d'inviter à adhérer à ses déclarations ne devra être que la conséquence d'un fait déjà décidé par elle dans la mesure de sa compétence et de ses droits. Telle est l'opinion exprimée à ce sujet par M. le prince de Metternich, opinion que j'ai récemment communiquée aux différents cabinets de l'Europe et de l'Amérique, dont les représentants à Constantinople ont été chargés d'appuyer mes démarches. « De cette manière, disait le prince « de Metternich, la question intérieure de l'exécution se trouve séparée, « comme elle devait l'être, de la question extérieure de neutralité ; les « prérogatives de la souveraineté territoriale resteront intactes, et l'Em-« pire Ottoman prenant, à cette occasion, l'initiative qui lui convient dans « une négociation de droit public européen, donnera satisfaction aux « intérêts de toutes les Puissances en même temps qu'il obtiendra, par « leur accession, une nouvelle garantie de son intégrité et de son « indépendance. »

Les considérations que je viens d'indiquer formeront les éléments de nos négociations. Je me mets à la disposition de Votre Altesse et de la Sublime Porte, pour fournir les renseignements et les explications qui seront jugés nécessaires, et j'ai la confiance que, dans un moment où les hommes les plus éclairés de l'Empire Ottoman sont heureusement réunis pour accomplir les libérales et généreuses intentions de leur auguste souverain, le projet du percement de l'isthme de Suez, après avoir obtenu la consécration de la science et de l'opinion publique, recevra, de la part des conseillers du Sultan, une dernière et favorable solution. »

La ratification demandée par M. de Lesseps ne fut donnée que beaucoup plus tard — en 1866 — à la suite de conventions nouvelles avec le vice-roi, qui modifièrent profondément certaines dispositions des premiers actes de concession. On rappellera seulement ici que, peu de temps après le dépôt du mémorandum à Constantinople, eurent lieu, dans le sein du Parlement anglais, les séances des 26 mars et 1ᵉʳ juin 1858, dans lesquelles, comme on l'a vu plus haut, le Gouvernement anglais déclara de nouveau très nettement qu'il ne pouvait que persister dans sa politique d'opposition au canal de Suez.

SOUSCRIPTION PUBLIQUE POUR LA RÉALISATION
DU CAPITAL SOCIAL DE 200 MILLIONS DIVISÉ EN
400.000 ACTIONS DE 500 FRANCS CHACUNE.

(DU 5 AU 30 NOVEMBRE 1858)

Les instructions données au concessionnaire du canal, dès le 19 mai 1855, par S. A. le vice-roi d'Égypte, contenaient ce qui suit :

Ce sera seulement après l'adoption du tracé de communication entre les deux mers, et lorsque tous les avantages et toutes les obligations de ceux qui prendront part à l'entreprise seront bien déterminés, que les capitalistes et le public seront appelés à souscrire des actions, et que les représentants des intéressés décideront en dernier ressort sur toutes les questions se rattachant à l'exécution et à l'exploitation de l'entreprise.

Après quatre années d'études, de recherches et d'enquêtes de tout genre, poursuivies avec une activité infatigable et une indomptable persévérance, M. de Lesseps pensa que le moment était enfin venu de faire appel aux capitaux et de procéder le plus tôt possible à l'exécution d'une œuvre qu'appelait de tous ses vœux le monde entier. Sa résolution à ce sujet reçut l'approbation unanime de la presse de tous les pays.

La souscription fut donc ouverte, simultanément, à Paris, dans les départements et à l'étranger, le 5 novembre 1858, pour être close le 30 du même mois.

L'avis au public annonçant l'ouverture et faisant connaître les conditions de la souscription était libellé ainsi qu'il suit :

COMPAGNIE UNIVERSELLE DU CANAL MARITIME DE SUEZ
FONDÉE PAR DÉCRET DE S. A. LE VICE-ROI D'ÉGYPTE

SOUSCRIPTION PUBLIQUE

Conditions de la Concession

La Concession du canal maritime est faite pour quatre-vingt-dix-neuf années, à dater de l'achèvement des travaux. Les terrains sont concédés à perpétuité.

La Société est constituée, avec autorisation du Gouvernement égyptien, dans la forme anonyme, par analogie aux Sociétés anonymes françaises autorisées par le Gouvernement français. Elle est régie par les principes de ces dernières sociétés.

Les statuts de la Compagnie sont approuvés par le vice-roi d'Égypte.

Le siège social est à Alexandrie. Le domicile légal et attributif de juridiction et le domicile administratif sont à Paris.

Conditions de la souscription [1]

Le capital de la Compagnie est fixé à 200 millions de francs, divisé en 400.000 actions de 500 francs chacune.

Le versement à effectuer en souscrivant est de 50 francs par action.

Le second versement, de 150 francs par action, devra être effectué après la publication de l'avis de répartition.

Pendant la durée des travaux et à partir de la remise des titres provisoires, les sommes versées jouiront d'un intérêt de 5 0/0 l'an.

Aucun autre appel de fonds n'aura lieu avant deux ans [2].

La souscription générale sera centralisée à Paris. Les sommes en provenant seront versées à la Banque de France ou dans ses succursales, Un comité opérera la répartition au prorata des souscriptions totalisées, sans distinction de nationalité.

---

1. Ces conditions se trouvaient d'ailleurs spécifiées d'une manière plus détaillée aux titres II et VI des statuts de la Compagnie.

2. Les appels de fonds, jusqu'à concurrence du montant intégral des actions, ont été faits par la Compagnie aux époques suivantes, savoir :

Premier versement de 100 francs : 50 francs..	en souscrivant;	
50 francs..	en janvier 1859, après la répartition :	
Deuxième —	....	en juillet 1861 ;
Troisième —	....	en juillet 1862 ;
Quatrième —	....	en juillet 1864 ;
Cinquième et dernier versement...........	en juillet 1866.	

Les actions de la Compagnie ont été admises à la cote de la Bourse de Paris le 19 mai 1862.

La souscription, ouverte le 3 novembre, sera close le 30 du même mois.

Les souscriptions sont reçues :

A Paris, dans les bureaux de la Compagnie, place Vendôme, 16 ;

Dans les départements et à l'étranger, chez les banquiers et les correspondants de la Compagnie.

Le capital à souscrire, ainsi que l'annonçait l'avis au public, était de 200 millions de francs divisé en 400.000 actions de 500 francs chacune. — Dans la pensée que les différents peuples de l'Europe voudraient contribuer de leurs deniers à la réalisation d'une œuvre reconnue par tous d'un intérêt universel et promettant une juste rémunération des capitaux engagés, on avait admis tout d'abord que ce capital de 200 millions serait réparti entre les diverses nations dans la proportion supposée de l'intérêt qu'elles pouvaient respectivement avoir à l'exécution de l'entreprise, et l'on avait, en conséquence, adopté en principe une répartition que l'on trouvera au tableau ci-après.

Mais, ainsi qu'il va être expliqué, les résultats de la souscription publique se trouvèrent bien loin de réaliser ces prévisions de répartition.

Pour se conformer aux recommandations expresses qu'avait faites S. A. le vice-roi, — dès avant même la formation de la Compagnie, — de conserver le caractère d'universalité à la souscription publique, M. de Lesseps dut accepter, à l'égard des divers États, les souscriptions de certains banquiers qui s'étaient engagés à être les intermédiaires entre le public de leurs pays respectifs et la Compagnie ; et, lors des vérifications nécessaires pour la constitution définitive de la Compagnie (15 décembre 1858, voir plus loin), il se porta fort pour la réalisation de ces souscriptions, étant assuré d'avance que, le cas échéant, elles auraient le vice-roi pour preneur.

Une décision du Conseil d'administration de la Compagnie, en date du 24 décembre 1858, informa les actionnaires que le capital social avait été intégralement souscrit, et qu'il était attribué à chaque actionnaire la totalité de sa souscription.

« Les événements qui éclatèrent dès les premiers jours de l'année 1859 et la guerre qui en fut la suite devinrent, des circonstances de force majeure qui interrompirent le cours régulier des affaires avec plusieurs des banquiers souscripteurs et firent suspendre leurs versements. Le Président de la Compagnie s'entendit alors avec le vice-roi pour que Son Altesse prît définitivement à son compte les actions réservées aux banquiers étrangers qui se trouvaient empêchés par les circonstances de remplir leurs engagements. De son côté, le vice-roi, tenant à conserver à l'entreprise son caractère universel, et reconnaissant que M. de Lesseps avait fidèlement rempli ses vues, se réserva de distribuer lui-même, s'il le jugeait convenable, les souscriptions en question entre les diverses nations maritimes qui, s'étant d'abord abstenues, seraient désireuses plus tard de participer aux avantages de l'entreprise. En conséquence, et par suite d'une mutation parfaitement régulière, la première liste des souscriptions n'éprouva aucune atteinte. Le montant des actions en retard fut inscrit sur les livres de la Compagnie au compte du vice-roi, qui avait déjà fait depuis quatre ans, et avant qu'aucun actionnaire eût opéré un versement quelconque, des avances de plusieurs millions imputables sur les paiements de ses souscriptions personnelles[1]. »

Plus tard, enfin, l'imputation au compte du vice-roi de toutes les actions dont Son Altesse avait consenti à se charger définitivement, fut régularisée officiellement par une première convention financière du 6 août 1860 entre le Gouvernement égyptien et la Compagnie, puis confirmée par une seconde convention en date du 20 mars 1863 (Voir ci-après, à sa date, le texte de cette convention).

---

1. Rapport de M. de Lesseps à la première Assemblée générale des actionnaires du 15 mai 1860.

Bref, les 400.000 actions, formant la totalité de la souscription, se sont trouvées réparties définitivement de la manière indiquée dans le tableau ci-dessous donnant également, comme il est annoncé plus haut, les premières prévisions de répartition.

TABLEAU RÉCAPITULATIF DES RÉSULTATS DE LA SOUSCRIPTION PUBLIQUE

DÉSIGNATION des DIVERSES NATIONS	PRÉVISIONS DE RÉPARTITION	RÉPARTITION DÉFINITIVE		
	Montant présumé des souscriptions	NOMBRES D'ACTIONS		Montant réel des souscriptions
		par nation	par groupe	
	Francs	Actions	Actions	Francs
Gouvernement égyptien...	32.000.000	177.642	177.642	88.821.000
Turquie		750		
Egypte	21.000.000	998	3.462	1.731.000
Tunis		1.714		
France	40.000.000	207.160	207.888	103.944.000
Algérie		728		
Angleterre	40.000.000	»	85	42.500
Malte		85		
Autriche	20.000.000	163	163	81.500
Russie	12.000.000	110	174	87.000
Valachie		64		
Allemagne		5		
Prusse		15		
Suède et Norvège		1		
Danemark	15.000.000	7	3.676	1.838.000
Suisse		460		
Pays-Bas		2.615		
Belgique		573		
Espagne		4.161		
Portugal	10.000.000	5	6.910	3.455.000
Italie		2.719		
Grèce		25		
Etats-Unis d'Amérique....	10.000.000	»	»	»
	200.000.000		400.000	200.000.000

On voit par ce tableau que le capital social de la Compagnie a été constitué presque exclusivement par des capitaux français et par le montant de la souscription du Gouvernement égyptien.

Afin de mieux faire ressortir encore, par comparaison, la large participation de la France à la souscription du capital qui était alors jugé nécessaire pour l'exécution d'une œuvre intéressant le monde entier, les résultats consignés au tableau peuvent être résumés à leur tour et présentés sous la forme suivante :

		Pour 100 du capital social.
Souscription du Gouvernement égyptien............		44 0/0
—	de la France........................	52 0/0
—	de toutes les autres nations de l'Europe.	3 0/0
—	de États-Unis d'Amérique.............	»

Enfin, il ne sera certainement pas sans intérêt de compléter les renseignements ci-dessus, en faisant connaître, d'une part, la répartition des souscriptions françaises entre les divers départements, d'autre part, les moyennes desdites souscriptions; ces renseignements complémentaires sont donnés par les deux tableaux suivants :

TABLEAU DE LA SOUSCRIPTION DE LA FRANCE PAR DÉPARTEMENTS

DÉPARTEMENTS	Nombres d'actions souscrites	Nombres de souscripteurs	DÉPARTEMENTS	Nombres d'actions souscrites	Nombres de souscripteurs
Seine	90.121	7.374	Vienne	666	54
Bouch.-du-Rhône	15.178	1.677	Aveyron	656	79
Rhône	14.326	1.065	Sarthe	571	94
Gironde	8.069	471	Charente	557	93
Somme	4.328	513	Oise	547	54
Seine-Inférieure	3.372	400	Allier	537	58
Loiret	3.233	571	Bas-Rhin	534	105
Isère	3.157	241	Nièvre	513	71
Nord	3.016	361	Manche	448	144
Var	2.931	564	Pyrénées-Orient.	419	69
Dordogne	2.868	97	Tarn-et-Garonne	413	40
Hérault	2.682	303	Indre	408	90
Vosges	2.613	438	Basses-Pyrénées	384	38
Loire	2.304	90	Hautes-Alpes	363	174
Meurthe	2.162	330	Haute-Vienne	344	71
Marne	2.097	253	Côtes-du-Nord	308	34
Puy-de-Dôme	1.715	165	Basses-Alpes	308	93
Moselle	1.674	229	Hautes-Pyrénées	306	35
Vaucluse	1.640	256	Tarn	306	44
Drôme	1.560	333	Maine-et-Loire	298	42
Côte-d'Or	1.504	238	Gers	283	61
Haute-Marne	1.450	72	Haut-Rhin	280	67
Doubs	1.400	145	Haute-Saône	278	27
Cher	1.366	195	Deux-Sèvres	226	40
Indre-et-Loire	1.302	275	Landes	172	20
Aisne	1.282	166	Orne	166	30
Haute-Garonne	1.258	126	Ain	139	36
Gard	1.228	147	Ardèche	136	52
Pas-de-Calais	1.204	128	Lot-et-Garonne	133	27
Meuse	1.122	129	Lozère	108	34
Loir-et-Cher	1.103	108	Finistère	104	36
Yonne	1.099	266	Lot	99	13
Ardennes	1.030	82	Ariège	65	13
Calvados	1.024	149	Mayenne	56	14
Seine-et-Oise	937	131	Morbihan	44	15
Jura	906	94	Creuse	33	15
Aude	853	61	Haute-Loire	23	4
Loire-Inférieure	837	125	Corrèze	20	3
Saône-et-Loire	832	108	Vendée	5	2
Eure	800	81	Cantal	»	»
Ille-et-Vilaine	785	127	Corse	»	»
Algérie	728	113			
Aube	715	112	Totaux	207.111	21.226
Charente-Infér.	694	96			
Seine-et-Marne	678	116	Balance [1]	777	»
Eure-et-Loir	672	114	Nombre total d'actions	267.888	»

1. Ce chiffre de balance résulte de ce que le classement définitif des souscriptions n'a été arrêté que postérieurement à la confection du relevé par département.

TABLEAU DES NOMBRES MOYENS D'ACTIONS DES SOUSCRIPTEURS FRANÇAIS

| | SOUSCRIPTIONS | | | | | | SOUSCRIPTION TOTALE | |
| | SUPÉRIEURES à 100 actions | | DE 100 actions | | INFÉRIEURES à 100 actions | | | |
	Nombres de souscripteurs	Nombres d'actions	Nombres de souscripteurs	Nombres d'actions	Nombres de souscripteurs	Nombres d'actions	Nombres de souscripteurs	Nombres d'actions
Paris......	78	18.188	110	11.000	7.186	60.933	7.374	90.121
Province et Algérie..(	61	15.548	102	10.200	13.689	91.242	13.852	116.990
Totaux..	139	33.736	212	21.200	20.875	152.175	21.226	207.111
Nombres moyens d'actions par souscripteur	240		100		7		10	

Les deux tableaux qui précèdent font ressortir quelques particularités intéressantes de la souscription française que nous allons indiquer :

Il y a eu en France, en totalité, 21.226 souscripteurs ayant souscrit chacun, en moyenne, un peu moins de 10 actions.

Paris a fourni à lui seul plus des deux cinquièmes du montant total de la souscription française.

Les souscriptions de 100 actions et au-dessus ont formé le quart environ de ladite souscription, avec 351 souscriptions seulement.

Enfin, les trois quarts de la souscription ont été fournis par des souscriptions de moins de 100 actions au nombre de 20.875 ; la moyenne de ces souscriptions a donc été de 7 actions par souscripteur. Il résulte d'ailleurs de relevés que, parmi ces 20.875 souscripteurs, plus du tiers ne comportaient qu'une ou deux actions.

On a déjà fait remarquer, à l'occasion des résultats de la souscription générale, que la France avait fourni, avec l'importante participation du Gouvernement égyptien, la presque totalité de la souscription du capital social de la Compagnie. Les divers chiffres des deux derniers tableaux montrent, en outre, que toutes les régions de son territoire ont fourni leur quote-part dans le montant total de sa souscription, et que les souscriptions individuelles se sont trouvées réparties entre un très grand nombre de souscripteurs. L'importance du nombre total et la grande diffusion des souscriptions sont une preuve évidente de tout l'intérêt que la population entière de la France, pour ainsi dire, attachait à la réalisation de l'œuvre d'intérêt universel projetée.

On terminera l'exposé des résultats et particularités de la souscription française par un dernier renseignement :

La masse des 21.226 souscripteurs français était composée ainsi qu'il suit :

Banquiers, agents de change	369
Ecclésiastiques	480
Militaires	973
Artisans	1.010
Magistrats, avoués, notaires, avocats	1.086
Ingénieurs, médecins, professeurs	1.116
Fonctionnaires publics, administrateurs	1.309
Employés	2.195
Commerçants, industriels	4.763
Propriétaires, rentiers	5.782
Divers	2.134
NOMBRE TOTAL des souscripteurs	21.226

Ce simple résumé relève une nouvelle particularité intéressante de la souscription française : c'est que toutes les classes de la population ont pris une part importante à cette souscription.

———

INSTITUTION D'UN CONSEIL SUPÉRIEUR DES TRAVAUX

(FIN NOVEMBRE 1858)

Dans les derniers mois de l'année 1858, le but en vue duquel avait été formée la Commission internationale se trouvait complètement atteint, et la mission de cette Commission devait être considérée comme accomplie. Mais, en même temps que s'organisait la Compagnie qui devait assurer l'exécution du projet dont les bases avaient été fixées par la Commission internationale, M. de Lesseps reconnut la nécessité de former, sous sa présidence, un Conseil supérieur des travaux qui se réunirait à Paris pour examiner tous les projets de détail, les questions d'art et les marchés se rattachant à l'exécution des travaux.

Ce Conseil supérieur des travaux, institué le 22 novembre 1858[1], fut composé ainsi qu'il suit :

---

1. Le Conseil supérieur des travaux, dont la dernière réunion a eu lieu le 16 mai 1860, a été reconstitué plus tard, le 29 août 1861, sous le titre de Commission consultative des travaux, et cette Commission a subsisté et régulièrement fonctionné pendant toute la durée des travaux de construction du canal.

Elle était composée ainsi qu'il suit, savoir :

Au moment de sa création, en 1861 :

MM. Renaud, inspecteur général des Ponts et Chaussées, *président ;*
    Tostain, inspecteur général des Ponts et Chaussées ;
    de Fourcy, ingénieur en chef des Ponts et Chaussées, *secrétaire ;*
    Pascal, ingénieur en chef des Ponts et Chaussées ;
    Conrad, inspecteur du Waterstaat des Pays-Bas.

A la date de l'inauguration du canal, en 1869 :

MM. Rumeau, inspecteur général des Ponts et Chaussées, *président ;*
    Le Basteur, inspecteur général des Ponts et Chaussées ;
    Chevallier, inspecteur général des Ponts et Chaussées ;
    de Fourcy, ingénieur en chef des Ponts et Chaussées ;
    Pascal, ingénieur en chef des Ponts et Chaussées ;
    Sollier, ingénieur des constructions navales ;
    Combarieux, capitaine de frégate ;
    Hanet-Clery, ingénieur des mines, *secrétaire.*

La Commission consultative, qui avait tenu sa première séance le 15 octobre 1861, a cessé de fonctionner le 1ᵉʳ septembre 1870.

Comme on le verra à la deuxième partie de l'*Historique administratif*

MM. Renaud, inspecteur général des Ponts et Chaussées de
    France, *vice-président* ;

de Fourcy, ingénieur en chef des Ponts et Chaussées,
    secrétaire ;

Conrad, inspecteur du Waterstaat du royaume des
    Pays-Bas ;

Paléocapa, ancien ministre des Travaux publics de
    Sardaigne ;

Pascal, ingénieur en chef des ports de Marseille ;

Larousse, ingénieur hydrographe de la Marine impé-
    riale, *membre adjoint* ;

Bourdon, chef de la section des travaux à la Compa-
    gnie, *secrétaire adjoint* ;

Dès sa constitution, en novembre 1858, le Conseil supérieur des travaux, sur l'invitation du Président de la
Compagnie, arrêta un programme d'exécution des travaux
du projet de la Commission internationale. D'après ce programme, l'exécution de l'ensemble des travaux était divisée
en cinq phases et devait durer en tout six années.

Dans la première phase, notamment, comprenant les deux
premières années, on devait exécuter les travaux suivants :
ouverture du canal d'eau douce, à 10 mètres de largeur au
plafond, du Caire au lac Timsah, et du canal maritime, à
12 mètres de largeur au plafond et $2^m,50$ de tirant d'eau ;
construction d'un débarcadère, d'un port provisoire et d'un
phare à Port-Saïd ; construction de magasins, hôpitaux,
ateliers, maisons d'habitation ; achats de matériel de
service.

Dans le mois d'août de l'année suivante, le Conseil, con-

(*Période de l'Exploitation*), une nouvelle Commission consultative des travaux
d'un caractère international, qui se réunit une fois chaque année, a été instituée, en novembre 1887, à l'occasion de l'exécution de la première phase de
travaux d'amélioration et d'agrandissement du canal entrepris par la Compagnie en conformité d'un projet d'ensemble arrêté en 1884-1885 par une Commission consultative internationale.

sulté par le Président sur la question de savoir s'il ne serait pas possible, dans l'intérêt bien entendu des actionnaires, et sans nuire en rien aux intérêts du commerce, de réduire à de moindres proportions le projet de la Commission internationale, arrêta, en effet, un nouveau projet à proportions notablement réduites quant à l'importance des ouvrages et à la largeur du canal, et dont la dépense totale n'était plus estimée qu'au chiffre de 124 millions de francs au lieu de 200 millions. C'est ce projet qui a servi de base aux principaux marchés qui ont été successivement passés par la Compagnie pour l'exécution des travaux; mais, ainsi qu'il sera expliqué dans un autre chapitre, ledit projet a été très notablement modifié dans presque toutes ses parties en cours d'exécution.

On trouvera une analyse détaillée du programme d'exécution de 1858 et du projet réduit de 1859 au chapitre de la description des divers projets.

CONSTITUTION DÉFINITIVE DE LA COMPAGNIE

(15 DÉCEMBRE 1858)

Par acte passé, le 15 décembre 1858, devant Mᵉ Mocquart, notaire à Paris, il fut reconnu que le capital de la Compagnie, fixé à 200 millions de francs, représenté par 400.000 actions de 500 francs (art. 6 des statuts), était entièrement souscrit. A l'appui de cet acte se trouvait annexé un état conforme aux déclarations individuelles des souscripteurs et constatant pour chacun d'eux les noms, demeure et nombres d'actions souscrites. Il fut déclaré, en conséquence, que les opérations de la Société commençaient à partir dudit jour 15 décembre, conformément à l'article 4 des statuts.

Les actes constitutifs de la Société étaient les suivants :

1° Décret de concession au profit de M. Ferd. de Lesseps par S. A. le vice-roi d'Égypte, en date du Caire, du 30 novembre 1854 ;

2° Décret confirmatif de concession avec cahier des charges en date du 5 janvier 1856 ;

3° Statuts dressés à Alexandrie le 5 janvier 1856, et approuvés par S. A. le vice-roi d'Égypte ;

4° Décret sur les ouvriers égyptiens à employer à l'exécution des travaux du canal :

Ces actes, en langue turque, dûment légalisés, ainsi que les traductions authentiques en langue française ;

5° Une liste certifiée, contenant les noms et domiciles des 23.000 souscripteurs, lesquels, ayant adhéré aux statuts et souscrit le capital social, formaient la Société existant dès lors entre eux et M. Ferd. de Lesseps, mandataire et concessionnaire de S. A. le vice-roi d'Égypte ;

6° La liste des membres du Conseil d'administration (Voir ci-après).

Tous ces actes et documents, déposés le 15 décembre 1858,

chez Mᵉ Mocquart, notaire de la Compagnie, par M. Ferd. de Lesseps.

Dans sa première séance, qui eut lieu le 20 du même mois de décembre, le Conseil d'administration déclara la Compagnie définitivement constituée[1].

Par lettre du 26 décembre 1858, M. de Lesseps informa le Ministre du Commerce et des Travaux publics de France que la Compagnie universelle du Canal maritime de Suez, ayant son siège à Alexandrie et établie sous la forme des Sociétés anonymes, était constituée; et, conformément aux

---

1. A la première Assemblée générale des actionnaires, du 15 mai 1860, le président de la Compagnie, dans son rapport, après avoir fait connaître les diverses circonstances et les résultats définitifs de la souscription publique, termina l'historique de la constitution de la Compagnie, en faisant aux actionnaires, au sujet de la régularité de cette constitution, l'importante communication suivante :

« Une Compagnie, — dit-il, — telle que celle du canal maritime de Suez devant être établie sur des bases indiscutables et inébranlables, le Conseil d'administration avait cru devoir soumettre l'examen de la constitution de la Compagnie et des questions s'y rattachant à la science et à la critique des jurisconsultes les plus éminents et les plus compétents en ces matières.

« En conséquence, le Conseil d'administration avait d'abord réuni le Conseil judiciaire de la Compagnie (Voir, ci-après, la composition de ce Conseil), et lui avait posé ces trois questions :

« 1° La Société a-t-elle été régulièrement et valablement constituée à son origine ?

« 2° La condition de la souscription a-t-elle été remplie ?

« 3° La Société est-elle, en fait comme en droit, irrévocablement constituée, tant à l'égard de S. A. le vice-roi qu'à l'égard de chacun des actionnaires ?

« Le Conseil judiciaire, après enquête minutieuse et examen de tous les documents dont il avait demandé communication, avait rédigé une savante consultation qui se terminait par le résumé suivant :

« Nous estimons donc à l'unanimité que les trois questions posées en tête « de ce travail doivent être résolues affirmativement, et que, comme consé- « quence de cette triple solution, il est aujourd'hui hors de toute contestation « possible que la Société universelle du Canal maritime de Suez est réguliè- « rement constituée, et que, par l'effet du mandat donné à M. de Lesseps, et « qu'il a loyalement exécuté, S. A. le vice-roi et les actionnaires de la Com- « pagnie universelle sont définitivement et irrévocablement liés dans les « termes des décrets des 30 novembre 1854 et 5 janvier 1856 et du pacte « social; qu'enfin rien ne peut faire obstacle à ce que ladite Société fonc- « tionne dans les termes de l'acte de concession et dans les conditions des « statuts. »

« La déclaration unanime des membres du Conseil judiciaire, appuyée de la communication de toutes les pièces qui l'avaient motivée, avait reçu ensuite l'adhésion de Mᵉ Plocque, bâtonnier de l'ordre des avocats à la Cour impériale de Paris, et de MM. de Vatimesnil, Marie et Crémieux. »

conclusions adoptées par son Conseil judiciaire, sollicita, en faveur de la Compagnie, le bénéfice de l'article 2 de la loi du 30 mai 1857, afin que la Société du Canal, à l'égal d'autres Sociétés étrangères, fût en mesure d'exercer régulièrement ses droits en France[1].

Par une autre lettre en date du 31 du même mois de décembre 1858, M. de Lesseps informa également le vice-roi d'Égypte que la Compagnie financière du Canal maritime de Suez se trouvait régulièrement constituée.

Puis il ajoutait :

Il me reste à faire connaître à Votre Altesse comment a déjà fonctionné la Compagnie Universelle et ce qu'elle est en droit d'attendre de Votre Altesse, qui est son véritable et grand promoteur, en même temps qu'elle en est l'associé le plus intéressé.

(Suit la liste des actes constitutifs de la Compagnie.)

Il résulte du précédent exposé que la Compagnie Universelle du Canal maritime de Suez sera en mesure de procéder au percement de l'isthme, pour lequel elle va continuer avec activité, sur les lieux, les études et les travaux préparatoires. Il appartiendra à Votre Altesse de constater qu'elle s'est mise directement d'accord à ce sujet avec le Gouvernement ottoman, car il n'est du ressort d'aucune politique étrangère d'apporter le moindre obstacle à une entreprise formée librement.

---

1. Satisfaction a été donnée à cette demande par le décret suivant en date du 7 mai 1859 :

Napoléon,

. . . .

Sur le rapport de notre Ministre Secrétaire d'État au département de l'Agriculture, du Commerce et des Travaux publics;

Vu la loi du 30 mai 1857, relative aux Sociétés anonymes et autres associations commerciales, industrielles ou financières, légalement autorisées en Belgique, et portant qu'un décret impérial, rendu en Conseil d'État, peut en appliquer le bénéfice à tous autres pays ;

Vu les lettres de notre Ministre Secrétaire d'État au département des Affaires étrangères, en date des 15 et 31 janvier dernier.

Notre Conseil d'État entendu,

Avons décrété et décrétons ce qui suit :

ARTICLE PREMIER. — Les Sociétés anonymes et les autres Associations commerciales, industrielles, ou financières, qui sont soumises, en Turquie et en Égypte, à l'autorisation du Gouvernement et qui l'ont obtenue, peuvent exercer tous leurs droits et ester en justice en France, en se conformant aux lois de l'Empire.

ART. 2. — Notre Ministre Secrétaire d'État au département de l'Agriculture, du Commerce et des Travaux publics est chargé de l'exécution du présent décret, qui sera publié au Bulletin des Lois et inséré au Moniteur.

ORGANISATION ADMINISTRATIVE DE LA COMPAGNIE
A L'ÉPOQUE DE SA CONSTITUTION

PROTECTEUR

S. A. I. le prince JÉRÔME-NAPOLÉON.

PRÉSIDENTS HONORAIRES

MM. JOMARD-BEY, président de la Société de Géographie,
membre de l'Institut ;

Ch. DUPIN (baron), sénateur, membre de l'Institut ;

NARVAEZ (maréchal), duc de Valence.

CONSEIL D'ADMINISTRATION [1]
Président

M. Ferd. DE LESSEPS, ministre plénipotentiaire.

Vice-Présidents

MM. D'ALBUFÉRA (duc), député au Corps législatif ;

FORBES (Paul), de la maison R.-B. Forbes, banquiers à
Boston ;

REVOLTELLA (chevalier), banquier, délégué en Autriche.

Membres

MM. ARMAN, membre de la Chambre de commerce de Bor-
deaux, député ;

ALLÉON (Jacques), banquier, délégué à Constantinople ;

D'ANDRADA (Alvarès), ancien diplomate portugais ;

BRUSI (Antonio), président de la Société catalane de
crédit, délégué en Espagne ;

DE CHANCEL, ancien officier de marine, inspecteur général du chemin de fer d'Orléans ;

CLARY (baron Nicolas), propriétaire ;

---

1. Le Conseil a été formé des principaux fondateurs et actionnaires de l'entreprise. En exécution de l'article 77 des statuts, il était constitué pour toute
la durée des travaux et pendant les cinq premières années devant suivre
l'ouverture du canal maritime à la grande navigation.

MM. Corbin de Mangoux, conseiller à la Cour impériale de
Bourges ;

Couturier (Gustave), ancien banquier en Turquie, banquier à Paris ;

Delamalle (Victor), propriétaire ;

Deloche, ancien négociant en Turquie ;

Élie de Beaumont, sénateur, secrétaire perpétuel de
l'Académie des Sciences ;

Fleury-Hérard (Prosper), banquier à Paris ;

de Galbert (comte), propriétaire, correspondant de la
Compagnie dans l'Isère ;

d'Hoffschmidt, ancien ministre des Travaux publics,
délégué à Bruxelles ;

Jadimerowski (Alexis), de la maison « les fils d'Alexis
Jadimerowski » de Saint-Pétersbourg ;

de Lagau, ancien ministre plénipotentiaire ;

Lange (D.-A.), chef de la maison Lange Brothers et Cie,
de Londres ;

Lefebvre (Gabriel), propriétaire ;

de Lesseps (baron Jules), propriétaire ;

de Pons (marquis), propriétaire ;

de Pontoi-Pontcarré (marquis), membre du Conseil
général d'Eure-et-Loir ;

Préfontaine, ingénieur civil, inspecteur général du
Chemin de fer d'Orléans ;

Quesnel (Alfred), de la maison Quesnel frères, délégué au Havre ;

Randoing (J.), manufacturier, maire d'Abbeville,
député ;

de Réali (chevalier), président de la Chambre de commerce de Venise ;

Rénée (Am.), député au Corps législatif ;

Rouffio (Eug.), négociant, délégué à Marseille ;

Ruyssenaërs (S.-W.), consul général des Pays-Bas en
Égypte ;

MM. TIRLET (vicomte), propriétaire ;

TORELLI (chevalier Luigi), député au Parlement sarde,
délégué à Turin.

Secrétaire général

M. MERRUAU (Paul).

COMITÉ DE DIRECTION

MM. Ferd. DE LESSEPS, *président ;*

D'ALBUFÉRA (duc), *vice-président ;*

DE CHANCEL,

PRÉFONTAINE,

P. MERRUAU, *secrétaire général.*

AGENCE SUPÉRIEURE EN ÉGYPTE

M. RUYSSENAËRS [1], administrateur, agent supérieur de la
Compagnie en Égypte.

M. W. CONRAD, commissaire de S. A. le vice-roi d'Égypte
près la Compagnie.

CONSEIL JUDICIAIRE

MM. SENARD, avocat à la Cour impériale de Paris, *vice-président ;*

Paul FABRE, avocat au Conseil d'État et à la Cour de
cassation ;

CHAMPETIER DE RIBES, avocat à la Cour impériale de
Paris ;

FRÉVILLE, agréé au Tribunal de commerce de Paris ;

---

1. Ainsi qu'il est mentionné dans le rapport de M. de Lesseps au vice-roi,
en date du 30 avril 1855, M. Ruyssenaërs, consul général de Hollande, l'un
des principaux membres fondateurs de la Compagnie, avait été, dès cette
époque, nommé provisoirement, avec l'assentiment de Son Altesse, agent
supérieur de la Compagnie en Égypte. Il fut nommé, à titre définitif, le
17 décembre 1858.

En décembre 1861, M. Ruyssenaërs, ayant été nommé vice-président de la
Compagnie, a été remplacé à l'agence supérieure par M. Gerardin, ancien
directeur des postes, nommé administrateur.

MM. Mocquart, notaire à Paris;

Denormandie, avoué près le Tribunal de 1re instance de la Seine;

Moreau, avoué près la Cour impériale de Paris;

Belland, ancien avoué, chef du contentieux de la Compagnie, *secrétaire*.

INAUGURATION DE L'OUVERTURE DES TRAVAUX

(25 avril 1859)

Le Conseil d'administration de la Compagnie, dans sa séance du mois de février 1859, délégua plusieurs de ses membres pour se rendre en Égypte, avec mission de prêter leur concours à M. de Lesseps pour la prise de possession et l'occupation des terrains de l'isthme, pour la prompte installation des chantiers des travaux, enfin pour l'organisation de l'Administration de la Compagnie en Égypte.

La Commission de délégués était composée comme suit, indépendamment du Président :

> MM. de Chancel ;
> Corbin de Mongoux ;
> Comte de Galbert ;
> Rouffio.

Dès son arrivée en Égypte, la délégation fut présentée au vice-roi par M. de Lesseps, qui remit en même temps à Son Altesse la déclaration suivante, datée d'Alexandrie, du jour même de la présentation :

Déclaration remise par M. de Lesseps au vice-roi d'Égypte
le 17 mars 1859

Les soussignés, président et membres du Conseil d'administration de la Compagnie universelle du Canal maritime de Suez, agissant en vertu de la délégation à eux donnée par ledit Conseil, dans sa séance du 12 janvier dernier ;

Ont l'honneur de confirmer à Votre Altesse la lettre que lui a écrite M. Ferd. de Lesseps, en date du 31 décembre, pour lui faire connaître que la Société était légalement constituée.

Les soussignés informent, en outre, Votre Altesse que le Conseil d'administration a décidé qu'il serait immédiatement procédé à la continuation des études et opérations préparatoires du canal maritime jusqu'ici exécutées par les soins et aux frais de Votre Altesse elle-même, et dont les dépenses doivent lui être remboursées par la Compagnie, conformément à l'article 5 de ses statuts ; qu'en conséquence, les soussignés se rendent sur les lieux avec les ingénieurs de la Compagnie et l'entrepreneur qui a traité avec elle pour l'exécution de cette phase préparatoire.

Les soussignés sont les interprètes des sentiments du Conseil d'administration de la Compagnie en exprimant à Votre Altesse leur vive gratitude pour l'appui qu'elle donne à la grande et utile entreprise fondée sous la protection de sa noble initiative et qui représente actuellement les intérêts de vingt-cinq mille souscripteurs de toutes les nations.

Le 21 mars, le Président, accompagné des membres de la délégation, de M. Mougel-Bey, directeur général des travaux, et de M. Hardon, entrepreneur général[1], partit du Caire pour faire une exploration générale de l'isthme sur tout le parcours des tracés du canal d'eau douce et du canal maritime.

Le 25 avril, à la fin de son exploration, après cinq jours de campement sur la partie du littoral bordant le lac Menzaleh, la délégation, réunie sous la présidence de M. de Lesseps, se rendit sur l'emplacement, qui fut alors définitivement fixé (à la suite des nouvelles études hydrographiques faites par M. Larousse et conformément aux propositions de cet ingénieur), comme débouché du canal maritime dans la Méditerranée, pour donner là le premier coup de pioche et inaugurer ainsi l'ouverture des travaux.

---

1. Par traité en date du 14 février 1859 passé entre la Compagnie et M. Hardon, entrepreneur de travaux publics, cet entrepreneur s'était engagé à exécuter, aux prix de base du devis, les travaux compris dans la première phase d'exécution du projet de la Commission internationale, telle qu'elle avait été définie (en novembre 1858) par le Conseil supérieur des travaux. Le traité stipulait, d'ailleurs, qu'il y aurait partage, dans une proportion déterminée, entre la Compagnie et l'entrepreneur, des économies réalisées par celui-ci sur les prix de base et estimation du devis.

Le mode d'exécution adopté constituait donc une régie intéressée.

Après une année d'épreuve, par un nouveau traité en date du 29 février 1860, M. Hardon fut chargé de l'exécution de la totalité des travaux, aux mêmes conditions de partage des économies réalisées. Ce traité a été résilié d'un commun accord, au bout de trois années, en février 1863.

M. Hardon eut, comme fondé de pouvoirs en Egypte, M. Feinieux, avec le titre de directeur des travaux de l'entreprise.

Étaient présents à cette inauguration, indépendammen
du Président et des membres de la délégation :

MM. Mougel-Bey, ingénieur en chef des Ponts et Chaussées, directeur
   général des travaux ;
   Montaut, ingénieur des Ponts et Chaussées, attaché à la Compa-
   gnie ;
   Laroche, ingénieur des Ponts et Chaussées, attaché à la Compa-
   gnie ;
   Larousse, sous-ingénieur hydrographe de la marine, attaché à la
   Compagnie ;
   Dr Aubert-Roche, médecin en chef de la Compagnie ;
   Hardon, entrepreneur général des travaux ;
   Feinieux, directeur des travaux de l'entreprise ;
Et un personnel de 150 employés, marins et ouvriers.

OPPOSITION PERSISTANTE DE LA POLITIQUE ANGLAISE CONTRE L'ŒUVRE DU CANAL ; NÉGOCIATIONS SUIVIES A CONSTANTINOPLE PAR LE GOUVERNEMENT FRANÇAIS ; DÉCISION DE LA SUBLIME PORTE.

(MARS 1859-JANVIER 1860)

Par une lettre datée de Corfou, le 1ᵉʳ mars 1859, et adressée au grand-vizir Aali-Pacha, à Constantinople, M. de Lesseps avait mis le Gouvernement de la Sublime Porte au courant de la situation de l'affaire du canal dans les termes suivants :

Lettre du 1ᵉʳ mars 1859 de M. Lesseps au grand-vizir Aali-Pacha

Mon cher Grand-Vizir, je vous avais promis, lorsque j'ai quitté Constantinople, de vous informer particulièrement de la marche de l'entreprise du canal de Suez et de faire tout ce qui dépendrait de moi pour que cette marche progressive et infaillible, pouvant être encore dirigée par mes efforts personnels, ne portât point atteinte aux intérêts ou à la considération d'un Gouvernement ami dont je comprenais et respectais la situation.

En accomplissant aujourd'hui ma première promesse, je vous montrerai que j'ai aussi rempli la seconde.

J'ai adressé, le 31 décembre 1858, au vice-roi d'Égypte, une lettre dans laquelle je lui rendais compte de l'organisation de la Compagnie financière ; cette lettre, dont la copie est ci-jointe, vous mettra au courant de tout ce que nous avons fait. La Compagnie universelle se trouvant donc régulièrement constituée et ayant à sa disposition les fonds nécessaires pour exécuter les travaux, la position pouvait être embarrassante pour la Porte, si je n'avais pas eu le soin de proposer au Conseil d'administration de borner quant à présent ses opérations à la *continuation des études et des travaux préparatoires*, dont les dépenses avaient été avancées depuis quatre ans par le vice-roi lui-même. Nous allons donc nous occuper simplement de la *première phase* du programme fixé par le Conseil supérieur des travaux, consistant à ouvrir une rigole de service, de Peluse à Suez, rigole qui sera en même temps un essai destiné à préparer l'ouverture de l'isthme à la grande navigation. C'est dans ce but que je vais en Egypte, accompagné de plusieurs membres délégués du Conseil d'administration. De cette manière, il ne sera donné prise à aucune susceptibilité étrangère, et nous aurons tout le temps nécessaire pour que des questions, qui peuvent paraître incertaines aujourd'hui à quelques esprits, soient complètement éclaircies.

D'ailleurs, ce que l'on a appelé l'opposition anglaise n'était qu'un fantôme agissant dans l'ombre et forcé de disparaître au grand jour. Depuis que la Société financière s'est constituée, cette opposition n'ose se montrer ouvertement nulle part. La dernière discussion qui a eu lieu au Parlement britannique au sujet du canal, a donc produit ses fruits. Les hommes d'État appelés à apprécier les démarches que pourraient faire auprès d'eux des agents trop zélés ou trop enclins à faire prédominer des passions exclusives, ne sauraient assez se pénétrer de la portée de cette question. En effet, dans aucun autre pays, on n'a flétri avec autant de force et de justice l'opposition au canal de Suez qu'à Londres même, dans la Chambre des communes.

(Suivait une citation des principaux passages de discours prononcés par divers orateurs dans la séance de la Chambre des communes du 1er juin 1858 [1].)

Ce débat si remarquable m'a paru très utile à résumer, afin de prouver que le danger de l'opposition anglaise est un danger imaginaire, tandis que le seul danger évident et réel serait de faire obstacle à l'accomplissement d'une idée, qui non seulement est adoptée par tous les peuples, mais qui possède encore les moyens matériels et financiers de triompher de toutes les difficultés.

Dans cette situation, mon cher Grand-Vizir, vous reconnaîtrez, je l'espère, que j'ai agi avec toute la prudence et toute la déférence que vous pouviez désirer, en maintenant la Compagnie dans une période provisoire de préparation et de transition qui, sans faire perdre à l'entreprise sa force et ses droits, vous mettra à l'abri de certaines obsessions et vous laissera libre de choisir le moment favorable pour vous entendre définitivement et directement avec S. A. Mohammed-Saïd-Pacha, la politique étrangère n'ayant pas à s'immiscer dans une question de travaux intérieurs favorables au développement de la prospérité des populations de l'Empire.

Dès le début de son voyage, entrepris le 21 mars avec les membres délégués du Conseil d'administration, pour la visite de l'isthme et pour l'inauguration de l'ouverture des travaux, M. de Lesseps eut à lutter contre toutes sortes d'entraves suscitées par les menées des agents anglais auprès des fonctionnaires subalternes égyptiens, en l'absence du

---

1. Voir ci-dessus, au chapitre intitulé « Enquête universelle ».

vice-roi. C'est ainsi, notamment, qu'au départ du Caire, le chef des chameliers avait refusé d'abord de fournir à la caravane d'exploration les soixante chameaux qui lui étaient nécessaires, et qu'il fallut l'intervention du gouverneur du Caire, Zulfikar-Pacha, pour lever cet obstacle. C'est ainsi, également, qu'en cours de route, à Tell-el-Ouady, un officier turc, qui suivait la caravane depuis le Caire, et qui avait réuni autour de lui une cinquantaine de bachi-bouzouks et de bédouins armés, s'était emparé des bourriquiers faisant partie de la caravane, les avait liés et les emmenait, lorsque M. de Lesseps, heureusement averti à temps, parvint, par son énergique attitude, à se faire remettre les prisonniers. C'est ainsi, encore, qu'un peu plus loin, à Koréïn, dernier village dans lequel avait campé la caravane avant de s'engager dans le désert, le même officier turc avait cherché à empêcher les cheiks du village de fournir à la caravane aucune espèce de provisions.

Un peu plus tard (courant de mai), de nouvelles entraves, dues aux mêmes causes, furent apportées aux opérations de la Compagnie à Port-Saïd où se poursuivaient les travaux récemment inaugurés; par suite du mauvais vouloir du gouverneur général de la province, résidant à Mansourah, et du fermier de la pêche du lac Menzaleh, qui disposait des barques du lac, le service des approvisionnements entre Damiette et Port-Saïd, d'une si grande importance pour le ravitaillement du personnel des travaux, donna lieu, à plusieurs reprises, aux plus sérieuses préoccupations. En outre, la Compagnie avait à Port-Saïd une trentaine d'ouvriers indigènes, et ceux-ci, menacés de coups de bâton et des galères, furent forcés d'abandonner les travaux. Les plaintes de la Compagnie au sujet des entraves apportées par les autorités locales aux communications entre Damiette et Port-Saïd ayant été transmises au vice-roi par le consul général de France, M. Sabatier, Son Altesse réitéra des ordres formels à ses fonctionnaires pour faire cesser ces entraves. Des communications régulières finirent alors, effectivement, par se rétablir.

L'inauguration de l'ouverture des travaux à Port-Saïd, et l'occupation de divers points de l'isthme par des escouades d'agents et d'ouvriers chargés d'y ériger les premières installations, étaient venues prouver que la Compagnie se disposait à entrer sans délai dans la phase d'exécution des travaux. Bien qu'il ne fût question encore que de simples travaux préparatoires, qui ne pouvaient sérieusement porter atteinte aux susceptibilités même les plus ombrageuses de la politique hostile au canal, l'opposition de cette politique se réveilla pourtant aussitôt. Elle se manifesta d'abord, comme on vient de le voir, par de sourdes menées parvenant à contraindre les fonctionnaires du Gouvernement égyptien, malgré les dispositions toujours favorables du vice-roi, à retirer tout concours à la Compagnie et à apporter toute espèce d'entraves à ses opérations.

L'influence de l'opposition anglaise sur le Gouvernement égyptien ne tarda pas à se montrer ouvertement sous forme des deux lettres suivantes du Ministre des Affaires étrangères, Chérif-Pacha, l'une et l'autre en date du 9 juin 1859[1].

*Lettre, du 9 juin 1859, du ministre des Affaires étrangères d'Égypte
à M. de Lesseps.*

Son Altesse le vice-roi m'a donné l'ordre de vous faire savoir que l'autorisation qu'Elle a daigné accorder pour la continuation des études préparatoires du percement de l'isthme de Suez ne doit pas servir de prétexte à ce qu'il soit procédé à des travaux dont l'exécution ne peut avoir lieu qu'avec l'approbation de S. M. I. le Sultan ; qu'en conséquence, sa volonté formelle est que vous fassiez immédiatement cesser les opérations entreprises sur le terrain de l'isthme, puisque, par leur nature aussi bien que par la qualification qui leur a été donnée, elles n'ont, d'aucune manière, le caractère d'études[2].

---

1. Ces lettres ont été expédiées pendant une absence du vice-roi.

2 La lettre ministérielle faisait bien probablement allusion au commencement des travaux entrepris à Port-Saïd.

En portant à votre connaissance la résolution arrêtée par Son Altesse,
je vous invite à vous y soumettre sans délai.

*Lettre circulaire du 9 juin 1859, du ministre des Affaires étrangères
d'Égypte aux consuls généraux.*

S. A. le vice-roi d'Égypte, en accordant la concession du Canal de
l'isthme de Suez, a établi les clauses selon lesquelles devait être réalisée cette grande entreprise. Ses firmans relatifs à ces objets expriment
formellement la réserve de la ratification de S. M. I. le Sultan et la
condition que les travaux de percement ne seront exécutés qu'après
l'autorisation de la Sublime Porte.

Son Altesse a pris soin de manifester ses dispositions sympathiques
et bienveillantes pour une œuvre d'un intérêt aussi éminemment universel, mais elle est toutefois décidée à ne pas souffrir que, sous aucun
prétexte, il soit procédé à des opérations qui ne devront être faites
qu'après que l'approbation à laquelle elles sont soumises aura été
obtenue.

En portant à votre connaissance, Monsieur le consul général, la résolution de Son Altesse de s'opposer aux travaux actuellement en cours
d'exécution sur le terrain de l'isthme, lesquels, par leur nature comme
par la qualification qui leur a été donnée, n'ont en aucune manière le
caractère d'études préparatoires, je vous prie de vouloir bien inviter
ceux de vos nationaux que ceci pourrait concerner à cesser immédiatement de prendre part auxdits travaux, afin de ne pas mettre le Gouvernement égyptien dans le cas de recourir aux mesures qui seraient
indispensables pour assurer l'exercice de ses droits.

M. de Lesseps protesta immédiatement contre les injonctions ministérielles. Après avoir rappelé succinctement, dans
sa réponse, les faits qui s'étaient passés depuis le commencement de mars, époque de son arrivée en Égypte avec une
délégation du Conseil d'administration, il faisait remarquer
au Ministre que rien ne se faisait dans l'isthme qui n'eût été
déjà formellement convenu, qui ne fût la conséquence d'engagements publics et irrévocables, qui n'eût obtenu l'agrément de la Sublime Porte elle-même, auprès de laquelle il
avait négocié en qualité de mandataire du vice-roi ; et,
comme il ne pouvait pas supposer que l'on voulût nuire
aveuglément aux intérêts considérables engagés, par l'ordre
même de Son Altesse, dans l'entreprise universelle du

canal, il exprimait l'espoir que le Gouvernement égyptien ne s'engagerait pas dans une voie fâcheuse et compromettante.

M. de Lesseps adressa en même temps (10 juin 1859), avec une copie de sa lettre de protestation, une lettre circulaire aux consuls généraux leur demandant de vouloir bien joindre leurs efforts aux siens pour engager le Gouvernement égyptien à respecter les engagements solennels contractés par lui envers les actionnaires de l'entreprise du canal, parmi lesquels se trouvaient des sujets des diverses nations représentées en Égypte.

A la même date du 10 juin, le consul général d'Espagne, en accusant réception au Ministre de sa lettre circulaire, manifesta de son côté l'espoir qu'une entente s'établirait entre le Gouvernement et la Compagnie pour définir, s'il y avait lieu, la nature des opérations autorisées. Il annonçait qu'il prêterait volontiers ses bons offices pour arriver à ce résultat, Son Altesse ayant jusqu'alors favorisé hautement l'entreprise, pour laquelle elle avait appelé les capitaux de tous les pays et particulièrement ceux de la nation qu'il représentait. Il terminait en disant que le roi d'Espagne, étant un des protecteurs de l'entreprise, il s'empresserait de transmettre à son Gouvernement, ainsi qu'au représentant de Sa Majesté Catholique à Constantinople, la dépêche ministérielle et qu'il attendrait leurs instructions [1].

La circulaire du Ministre des Affaires étrangères aux consuls généraux resta finalement sans effet, et les opérations dans l'isthme se continuèrent sans interruption.

Mais l'opposition de l'ambassadeur d'Angleterre à Constantinople, secondé par l'ambassadeur d'Autriche, persistait ;

---

1. Une copie de la lettre du consul général d'Espagne fut envoyée par M. de Lesseps au consul général de France, ainsi qu'à l'Impératrice et au prince Jérôme, qui était, comme le roi d'Espagne, un des protecteurs de l'entreprise.

et elle ne tarda pas à se manifester de nouveau par la lettre suivante, suscitée par eux auprès du Gouvernement de la Sublime Porte.

Lettre, du 9 chaoual 1275, du grand-vizir au vice-roi d'Égypte.

Le bruit court que, dans ce moment, on a mis la main à divers travaux relatifs au percement de l'isthme de Suez projeté par M. F. de Lesseps.

Votre Altesse a trop de perspicacité pour qu'il soit nécessaire de lui expliquer que le percement de l'isthme étant une affaire très considérable, tant au point de vue international que sous le rapport gouvernemental, affaire qui a acquis aujourd'hui une haute importance politique, il est de toute nécessité de l'approfondir scrupuleusement, d'en examiner avec soin le principe et les ramifications, et de peser avec exactitude les avantages et les désavantages qui peuvent en résulter, tant pour les diverses Puissances que pour la vaste contrée de l'Égypte, formant l'une des parties constitutives de l'Empire Ottoman ; et qu'en supposant même que les bases de cette affaire aient été établies et réglées au point de vue des intérêts généraux, et qu'elle en soit arrivée à ce point qu'il ne s'agisse plus que de l'autorisation, encore serait-il indispensable que le mode d'exécution de l'entreprise fût subordonné à des arrangements et des dispositions conformes aux droits et aux principes et de nature à imposer une confiance suffisante. Ce qu'il y a de certain, c'est qu'à l'exception de quelques délibérations qui ont eu lieu quelques années auparavant, la Sublime Porte n'a pas encore manifesté son opinion à cet égard, qu'elle n'a reçu à ce sujet aucune communication de Votre Altesse, et qu'aucune correspondance n'a été échangée entre elle et vous sur cette matière. Or, comme il est évident que, dans le district de l'Empire dont le Gouvernement est confié aux soins de Votre Altesse, il ne saurait être procédé à des entreprises d'une semblable importance sans l'émanation préalable d'un firman spécial de Sa Majesté Impériale qui en autorise l'exécution, Votre Altesse, avec le haut discernement qui la distingue si éminemment, aura parfaitement senti que, dès l'instant qu'il s'agissait d'une affaire si considérable, il ne pouvait être permis d'entreprendre la moindre opération sans un ordre souverain ; et comme, précédemment, lorsque M. F. de Lesseps s'est livré à certaines opérations préliminaires, telles que l'appel aux capitaux nécessaires pour l'entreprise, Votre Altesse n'a pas laissé de déclarer que toute disposition contraire aux principes ne pourrait être acceptée, nous avons lieu d'être assuré que vous n'avez pas permis qu'on commençât les opérations auxquelles fait allusion la rumeur publique. Les bruits qui se sont répandus à cet égard, seraient donc dénués de fondement. Quoi qu'il en soit, j'ai cru devoir rappeler les faits à Votre Altesse ; d'ailleurs, les circonstances dans lesquelles nous nous trouvons doivent suffire pour éveiller son attention et l'engager à faire tout ce qui dépendra d'Elle pour ne pas augmenter, de son côté, des complications politiques que tout le monde s'efforce d'aplanir.

Comme, par la grâce du Très-Haut, notre prospérité et notre salut à tous consistent à sauvegarder les droits sacrés de notre souverain, que nous devons mettre au-dessus de tout, il n'est pas douteux que, dans l'affaire en question, Votre Altesse ne perdra pas de vue ce principe et qu'Elle fera comprendre à qui de droit qu'Elle ne permettra pas qu'on s'en écarte, et que la Sublime Porte ne consentira jamais à des actes qui sont tellement contraires aux droits et aux principes.

En soumettant à Votre Altesse cet exposé, conformément à la volonté de Sa Majesté l'Empereur, je fais des vœux pour la perpétuité de sa grandeur.

A la suite de cette lettre, le consul général d'Angleterre au Caire, parlant cette fois au nom de l'ambassadeur, fit auprès du Gouvernement égyptien de nouvelles démarches ne tendant à rien moins qu'à faire assigner un délai pour l'évacuation des lieux occupés dans l'isthme par les agents et ouvriers de la Compagnie. Le consul général de France semblait, d'ailleurs, ne pas devoir s'opposer à l'exécution d'une pareille mesure. Fort heureusement les nouvelles démarches de l'agent anglais restèrent, comme les précédentes, sans effet. M. de Lesseps reçut même, à cette occasion, les meilleures assurances de la persistance des sentiments personnels du vice-roi, tant pour lui-même que pour le succès de l'entreprise. Il lui fut affirmé que tout ce qui se passait était uniquement dû à l'attitude du consul général de France, laquelle, en présence des démarches si répétées et si hostiles de l'agent anglais, faisait tout craindre au vice-roi, puisqu'il voyait que les intérêts commerciaux engagés par la France dans l'entreprise du canal n'étaient pas même soutenus auprès de lui par qui de droit. M. de Lesseps eut en même temps connaissance que le vice-roi, dans sa réponse à la lettre vizirielle, qu'accompagnait l'envoi d'une copie de la lettre circulaire du 9 juin aux consuls généraux, après avoir établi que la question du canal n'avait pas été passée sous silence dans ses rapports avec Constantinople, faisait remarquer que, si la circulaire ministérielle était restée sans effet, c'est qu'il ne pouvait pas, lui-même, empêcher les Européens de s'employer aux opérations du canal ; et que, si la Porte avait le pouvoir de le faire, elle devait s'entendre à ce sujet avec les ambassadeurs des Puissances étrangères, qui avaient plus d'autorité que les consuls. Le vice-roi paraissait décidé pour le moment à laisser la Compagnie tranquille et à attendre les résolutions qui viendraient de Paris et de Londres. D'un autre côté, le consul général d'Autriche fit savoir à M. de Lesseps que, désormais, il n'agirait plus contre le canal, les précédentes instructions de son Gouvernement ayant été révoquées par le nouveau Ministre des Affaires étrangères à Vienne, qui lui recommandait de s'abstenir de toute démarche contraire à la réalisation de l'œuvre du canal.

La situation, telle qu'elle était alors, se trouve succinctement définie dans le document suivant :

Extrait du procès-verbal d'une réunion tenue à Alexandrie, le 12 juillet 1859, par la Commission du Conseil d'administration déléguée en Égypte [1].

Le Président appelle l'attention de la Commission sur la situation que les actes récents du Gouvernement égyptien, tempérés par les témoignages de bon vouloir personnel du vice-roi, ont faite à l'entreprise. Il est acquis maintenant que les derniers actes du Gouvernement égyptien se sont manifestés sous la pression très vive exercée à la fois à Constantinople et au Caire par les agents anglais agissant d'accord avec la chancellerie d'Autriche.

La circulaire du vice-roi aux consuls généraux et la lettre du grand-vizir ont été le résultat de cette action combinée des adversaires de l'entreprise s'exerçant sans le contrepoids des agents français.

La marche rapide des événements de la guerre et de la politique en

---

1. Étaient présent à la réunion : MM. de Lesseps, d'Andrada, récemment arrivé en Egypte, porteur d'une protestation du Conseil d'administration contre la circulaire ministérielle (finalement, il n'a pas été jugé utile de signifier cette protestation au Gouvernement égyptien), de Chancel, Rouffio et Ruyssenaërs.

Italie ont heureusement détruit cette ligue avant qu'elle pût recueillir aucun des effets qu'elle attendait de ses efforts.

Le consul général d'Autriche a déclaré au Président que les nouvelles instructions de son Gouvernement lui prescrivaient de s'abstenir dorénavant de toute démarche hostile à l'entreprise du canal de Suez, et le consulat d'Autriche en Égypte a déjà donné la preuve de son empressement à se conformer à cette attitude en autorisant un certain nombre de marins dalmates sans emploi à Alexandrie à prendre part aux travaux de l'entrepreneur de la Compagnie.

Après la favorable démonstration en faveur des droits de la Compagnie par M. le consul général d'Espagne, les consuls généraux des autres Puissances se sont décidés à rester en expectative ; aucun d'eux n'a cru devoir donner une suite active à la circulaire du Gouvernement égyptien.

Le vice-roi, comprenant la grave responsabilité que ferait peser sur lui une opposition politique à une œuvre commerciale et industrielle entreprise sous ses auspices, en vertu du mandat formel qu'il a donné à M. de Lesseps, et qui a été continuée sans interruption avec ses encouragements, s'est borné à se mettre en règle vis-à-vis de la Porte, en retirant provisoirement, d'accord avec le Président, les ouvriers égyptiens employés sur les travaux de l'isthme, et a levé toutes les entraves que le zèle exagéré de ses agents inférieurs avait suscités à la libre circulation, sur le lac Menzaleh, des ouvriers européens et des approvisionnements destinés au chantier de Port-Saïd.

La Compagnie peut donc poursuivre ses opérations, et elle n'éprouve aucun préjudice de la privation des ouvriers indigènes, car si elle paye les Européens plus cher, elle trouve une compensation dans le travail intelligent qu'ils lui fournissent.

M. de Lesseps, après avoir paré à toutes les difficultés du moment et pris toutes mesures utiles pour assurer la libre et tranquille continuation des travaux préparatoires, partit pour la France, le 23 juillet.

Dès son arrivée à Paris, il adressait à l'Empereur la note suivante :

Note de M. de Lesseps pour l'Empereur (6 août 1859)

L'intervention politique des agents anglais, à Constantinople et à Alexandrie, contre le libre fonctionnement de la Compagnie commerciale fondée pour le percement de l'isthme de Suez, est aujourd'hui un fait hors de doute; elle s'exerce sans aucun contrepoids, et elle n'aura pas manqué d'être signalée par les représentants de Sa Majesté en Turquie et en Égypte.

La Compagnie du Canal, malgré les démonstrations obtenues récemment contre elle par l'influence de la diplomatie anglaise, a su maintenir elle-même ses droits, et elle poursuit ses opérations préparatoires dans l'isthme, après avoir pris possession des terrains concédés sur la ligne du canal maritime, de la Méditerranée à la mer Rouge.

Le concessionnaire du canal, qui avait appelé les capitaux européens, en vertu d'un mandat du vice-roi d'Égypte, à l'effet de constituer la Société financière, va proposer au Conseil d'administration de convoquer l'Assemblée générale des actionnairse pour le mois de novembre prochain. Si, à cette époque, la pression politique de l'Angleterre est restée aussi prépondérante et aussi menaçante qu'elle l'a été en dernier lieu contre le vice-roi d'Égypte, le concessionnaire, désireux de ne pas causer de graves embarras politiques à un prince, son ami, dont la conduite persévérante et loyale a été si remarquable pendant cinq années de lutte, sera dans le devoir d'offrir aux actionnaires la liquidation de la Société, avec le remboursement intégral à chaque associé des sommes qui ont été dépensées. Cette opération étant faite au nom et sous la garantie du vice-roi, il sera fait remise, à ce dernier, de la concession et de tous les droits de la Compagnie sur son matériel, sur le port déjà créé dans la rade de Péluse et sur les autres établissements occupés dans l'isthme.

Une telle solution, qui serait certainement très fâcheuse pour la considération et la juste influence de la France, non seulement en Orient, mais encore dans le monde entier, semble inévitable si des mesures ne sont pas prises très prochainement pour mettre enfin un terme à la pression illégitime de la politique anglaise.

Le concessionnaire, simple particulier et chef d'une association commerciale, ne peut pas lutter plus longtemps avec avantage contre l'action persistante d'un Gouvernement puissant, pour lequel tous les moyens sont bons. Il est donc dans l'obligation de solliciter la protection du Gouvernement de son pays, où, d'ailleurs, la majorité des capitaux de l'entreprise a été souscrite ; les souscripteurs français ont, en effet, apporté 107 millions de francs sur le capital social de 200 millions.

Deux moyens se présentent pour annuler l'intervention irrégulière du Gouvernement anglais.

Le premier consisterait à agir à Constantinople. La Porte s'étant déjà prononcée très favorablement pour le percement de l'isthme, il suffirait que la demande de l'autorisation fût faite par l'ambassadeur de France, même sous une forme officieuse et privée, de la part de l'empereur, pour que, vingt-quatre heures après, elle fût immédiatement expédiée.

Si l'on ne croyait pas devoir adopter ce moyen, le Conseil d'administration de la Compagnie pourrait adresser à l'empereur une pétition pour le prier de faire demander au Gouvernement de Sa Majesté Britannique des explications sur les motifs de son opposition. Il est à présumer que cette opposition résisterait difficilement à l'épreuve d'une négociation dans laquelle le Gouvernement de l'empereur aurait sans doute pour auxiliaires les cabinets de Vienne, de Saint-Pétersbourg, de Madrid, de Washington, de La Haye, de Lisbonne, de Tunis, de Rome, de Naples, d'Athènes, dont les nationaux ont, après les Français, pris part à l'association financière du canal et sont intéressés au succès de l'entreprise.

Peu de jours après le départ de M. de Lesseps pour la France, le personnel de l'isthme avait eu à passer par de nouvelles préoccupations. L'armée française était alors, on le sait, engagée, en Italie, dans la guerre contre l'Autriche, et la situation générale de l'Europe faisait craindre l'extension de la lutte, lorsque les journaux de Constantinople annoncèrent que des raisons d'État avaient déterminé les Ministres du Sultan à lui conseiller un voyage à Alexandrie, et que ce voyage serait appuyé par la présence d'une puissante escadre anglaise. Le but de cette manifestation combinée était, d'après des révélations qui furent données un peu plus tard par le *Times*, de soutenir le vice-roi dans ses soi-disant idées d'indépendance et de lui prêter main-forte, c'est-à-dire de le contraindre à abandonner le canal de Suez. Le journal *la Presse d'Orient*, dans son numéro du 3 août, annonça que l'escadre anglaise était partie pour Alexandrie. Mais, alors, survint la paix de Villafranca. Le sultan renonça à son voyage ; l'escadre anglaise quitta Alexandrie ; et ainsi se trouvèrent encore momentanément déjoués les persistants agissements de la diplomatie anglaise contre le canal de Suez.

Par lettre du 2 septembre 1859, M. de Lesseps expliquait comme suit au vice-roi la situation dans laquelle se trouvait alors l'entreprise :

Lettre, du 2 septembre 1859, de M. de Lesseps au vice-roi d'Égypte

Votre Altesse, après avoir fondé une Compagnie commerciale chargée d'exécuter l'entreprise, en vertu d'actes formels portés à la connaissance du monde entier, a accompli son œuvre officielle, et chacun n'a que des remerciements et des éloges à lui adresser.

La Compagnie poursuit à ses frais les opérations préparatoires commencées depuis cinq ans et qui n'ont jamais été interrompues.

La Sublime Porte, dont l'adhésion a été acquise, en principe, en ce qui concerne les intérêts de l'Empire Ottoman, attend que les Puissances étrangères se soient mises d'accord entre elles sur les questions concernant l'usage universel du nouveau passage maritime. En un mot, c'est une négociation internationale qu'elle désire pour mettre à couvert sa responsabilité à l'égard du cabinet de Londres, qui a cru voir ses intérêts lésés dans l'exécution du canal.

Mais cette négociation, pour être utilement commencée, devait avoir une base effective, car la diplomatie, qui ne saurait créer elle-même les faits, a pour principale mission de les consacrer et de les régulariser.

Jusqu'à présent, les études préalables qui devaient montrer la possibilité d'exécution d'un vaste projet embrassant une multitude de questions fort graves, le travail de la constitution d'une Société financière, les difficultés de toute nature suscitées dans le but d'entraver la marche commerciale de l'entreprise, avaient fait considérer comme inopportune l'intervention de la diplomatie. Enfin l'état de l'Europe n'avait pas encore permis de solliciter l'appui de la France, qui avait répondu à l'appel public fait au nom de Votre Altesse, en apportant à la Société financière la majorité de ses capitaux.

Les circonstances étant devenues favorables, j'ai l'honneur d'informer Votre Altesse que le Conseil d'administration se propose de s'adresser à S. M. l'empereur Napoléon III, à l'effet de solliciter l'ouverture de négociations qui, en garantissant les intérêts des particuliers et des Gouvernements, permettraient à Votre Altesse d'assurer l'exécution d'une œuvre de civilisation dont la première pensée lui appartient et dont le succès sera dû à sa persévérance.

Je remets, en original, une lettre de M. le chevalier Revoltella annonçant que le concours du Gouvernement Autrichien est assuré aux négociations qui s'ouvriront relativement au canal.

Par lettre du 14 du même mois de septembre, adressée au secrétaire des commandements de l'impératrice, M. de Lesseps sollicitait la bienveillante intervention de Sa Majesté, en faveur de l'œuvre du canal, dans les termes suivants [1] :

---

1. L'empereur et l'impératrice étaient alors à Biarritz.

Lettre, du 14 septembre 1859, de M. de Lesseps au secrétaire
des commandements de l'Impératrice.

Je vous serai obligé de remettre à S. M. l'Impératrice, pour la donner et la recommander elle-même à l'Empereur, la copie d'une pétition que les membres du Conseil d'administration du canal de Suez ont signée dans leur séance mensuelle d'hier. Le Conseil a désidé qu'une députation serait chargée de solliciter une audience de l'Empereur pour lui remettre l'original de cette pétition. La députation attendra naturellement le retour de Sa Majesté à Paris.

Le moment me paraît tout à fait opportun pour s'expliquer avec le Gouvernement anglais, au sujet du canal de Suez. Dans un voyage que je viens de faire en Angleterre, j'ai constaté que lord John Russell, MM. Gladstone, Sidney Herbert, et d'autres membres du Cabinet, avaient conservé leur opinion personnelle favorable au canal. Lord John Russell, particulièrement, tout en se soumettant provisoirement, dit-il, pour ne pas gêner la politique de son pays aux traditions du Foreign Office, a réservé l'avenir sur la question de Suez, en faisant comprendre que lui et ses collègues ne suivraient pas lord Palmerston dans une voie compromettante pour leurs principes. Lord Palmerston a absolument besoin dans ce moment de ne pas se mettre en désaccord avec lord John Russell. Enfin M. de Persigny[1], qui était autrefois contraire à une négociation, au sujet du canal, entre la France et l'Angleterre, me semble aujourd'hui disposé à en admettre la possibilité.

En même temps, par une note du 15 septembre, adressée au Ministre des Affaires étrangères de France[2], M. de Lesseps signalait que, depuis son départ d'Égypte, le consul général de France à Alexandrie, M. Sabatier, s'était montré l'adversaire le plus dangereux du canal. L'attitude de cet agent avait pris une telle gravité contre les intérêts du canal, que M. de Lesseps croyait devoir prier le Ministre de prendre des informations et de faire connaître au représentant de la France en Égypte les intentions du Gouvernement. Il avait, — disait-il, — la certitude que M. Sabatier faisait tous ses efforts pour décourager le vice-roi et l'engager à ne pas per-

---

1. L'ambassadeur de France, à Londres.

2. M. le comte Walewski.

sévérer dans son entreprise, en cherchant à lui persuader
que l'Empereur ne contrarierait pas l'opposition de l'Angleterre et ne soutiendrait pas la Compagnie du Canal.

La période de calme qui succéda dans l'isthme à l'abandon
du projet de voyage du Sultan à Alexandrie et le départ de
l'escadre anglaise ne fut pas de longue durée. A l'instigation
et sous la pression de l'ambassadeur d'Angleterre à Constantinople, le Gouvernement de la Sublime Porte, dès les derniers jours de septembre, envoya en mission, en Égypte,
Mouktar-Bey, agent du vice-roi à Constantinople, pour tracer
à Son Altesse la ligne de conduite qu'il devait suivre touchant l'œuvre du canal.

Dès que M. de Lesseps fut informé de cette mission et de
la nature des instructions de Mouktar-Bey, qui consistaient
à entraver les bonnes dispositions du vice-roi et à le décourager complètement, il s'empressa d'adresser au secrétaire
des commandements de l'Impératrice une nouvelle lettre, où,
après avoir fait part de la mission de Mouktar-Bey et dit son
objet, il s'exprimait ainsi :

Extrait d'une lettre de M. de Lesseps au secrétaire des commandements
de l'Impératrice, du 13 octobre 1859.

Vous remarquerez, et en cela le plan de nos adversaires est facile à
démêler, que c'est au moment où l'Assemblée générale des actionnaires
est annoncée partout, qu'ils exécutent une menace destinée à ébran-
ler la confiance de nos associés et à susciter des embarras plus considérables que ceux qui se sont déjà produits. Une correspondance
d'Alexandrie me prouve, en effet, qu'instruits à l'avance de la mission
de Mouktar-Bey, les ennemis du canal en profitent pour crier bien haut
« que c'en est fait de l'entreprise dont le Gouvernement de l'Empereur
ne veut pas se mêler, laissant le champ libre à l'opposition des agents
anglais ».

Comme S. M. l'Impératrice peut facilement se faire rendre compte
de la portée de ces nouvelles complications, je vous serai très reconnaissant de mettre ma lettre sous ses yeux. Elle verra combien, en ce
moment, m'est indispensable la continuation de l'assistance dont elle
m'a déjà donné tant de témoignages.

Dès le lendemain de l'envoi de la lettre précédente, nouvelle lettre :

Lettre de M. de Lesseps au secrétaire des commandements de l'Impératrice,
du 14 octobre 1859.

Le courrier d'Égypte que je reçois, après vous avoir expédié ma lettre d'hier, m'informe que la mission de Mouktar-Bey commence à produire à Alexandrie de très fâcheux résultats, et qu'il est question d'ordonner des mesures pour faire suspendre toute espèce de travaux. Il serait très important, comme conclusion des considérations que je vous ai prié de faire connaître à S. M. l'Impératrice, qu'une dépêche fût envoyée à M. Sabatier, consul général de France à Alexandrie, pour faire maintenir ou établir le *statu quo*, et pour empêcher qu'aucune atteinte soit portée aux droits et aux intérêts de la Compagnie.

La redoutable épreuve à laquelle s'est trouvée soumise la Compagnie par la mission de Mouktar-Bey mérite d'être rappelée avec quelque détail. L'historique s'en trouvera naturellement tout fait par les simples citations suivantes :

Lettre vizirielle adressée au vice-roi d'Égypte, le 19 septembre 1859,
et portée à Son Altesse par Mouktar-Bey.

J'ai reçu la lettre de Votre Altesse en réponse à celle que j'ai eu l'honneur de lui adresser dernièrement, d'ordre impérial, sur les considérations suggérées pour le projet du percement du canal de Suez, et j'ai placé cette lettre sous les yeux de Sa Majesté. Votre Altesse expose que les travaux exécutés par M. de Lesseps ne sont pas le véritable creusement du canal, mais quelques études préliminaires auxquelles on a employé seulement des ouvriers étrangers ; et que, comme il arrive de tous côtés des demandes et des communications différentes à ce sujet, il importe de donner une réponse et de prendre une décision quelconque.

Le percement de l'isthme, je l'ai écrit maintes fois à Votre Altesse, n'est pas du nombre des choses particulières à une province et à une administration ; c'est une question très grave et très importante, qui touche entièrement à l'administration intérieure de l'Empire Ottoman et à ses relations extérieures en général ; dès lors, comme le Gouvernement doit l'approfondir dans toutes ses parties et sous toutes ses faces, c'est donc à lui qu'il appartient naturellement de la discuter. Conséquemment, tout ce qui pourrait avoir été fait sans l'autorisation souveraine, serait illégal ; de la même manière, il est naturel, aux yeux du

Gouvernement ottoman, que tout ce qui s'est fait jusqu'à présent soit regardé comme nul et non avenu ; il est incontestable aussi qu'on ne pourra rien objecter à une réponse faite au nom de cette règle, sur les travaux actuels, et que cette règle est elle-même le vœu des Puissances amies et alliées de la Porte.

Comme la fidélité des sentiments particuliers de Votre Altesse pour S. M. le Sultan se réunit en Elle à une profonde sagacité et à une hauteur de vues qui la distinguent particulièrement, les points délicats de cette affaire ne manqueront pas de se montrer à l'esprit de Votre Altesse, véritable appréciateur de toutes choses, et les témoignages qu'elle a fournis de sa rectitude, soit dans cette question, soit dans toute autre, sont la preuve qu'elle s'unira à nous dans la défense du droit sacré de la Couronne.

En conséquence, et afin d'écarter les difficultés qui pourraient naître à ce sujet, Sa Majesté a ordonné qu'à toutes les communications qui pourraient être faites en Égypte, il serait répondu que l'examen de cette affaire, son rejet ou son acceptation sont du ressort de la Porte Ottomane ; que l'on signalerait à Votre Altesse la nécessité de faire cesser toute espèce de travaux qui seraient contraires aux usages, et, enfin, que le kiahia de Votre Altesse, Mouktar-Bey, serait invité à se rendre auprès d'Elle, afin de lui développer verbalement ce qui précède.

Procès-verbal d'une réunion des consuls généraux, tenue le 4 octobre,
au ministère des Affaires étrangères, au Caire.

Étaient présents MM. les consuls généraux de France, de Sardaigne, d'Angleterre, de Naples, de Hollande, de Grèce, de Suède, de Portugal, d'Autriche, de Belgique, d'Espagne, de Toscane, des Villes hanséatiques, de Prusse, de Russie, de Danemark.

S. E. Chérif Pacha, ministre des Affaires étrangères de S. A. le viceroi, après un exposé, a donné lecture de la lettre vizirielle du 19 septembre 1859.

Après la lecture de ladite pièce, le Ministre a annoncé que le viceroi, voulant se conformer aux volontés de la Sublime Porte, exprimées tant par la lettre vizirielle que par les explications de Mouktar-Bey, avait décidé de faire cesser les opérations dont la poursuite n'a lieu que malgré ses défenses positives et en violation des droits incontestables de souveraineté territoriale appartenant au sultan.

Que, pour parvenir à ce but, des mesures énergiques assurant un résultat efficace doivent être prises et appliquées, mais qu'avant d'arriver à l'emploi des moyens coercitifs contre des personnes appartenant toutes à des nationalités étrangères, le Gouvernement égyptien a voulu faire connaître sa résolution au corps consulaire et lui demander l'appui et la coopération de son autorité, tant pour intimer une dernière fois à ses administrés l'ordre de quitter le terrain de l'isthme, que pour assister l'Administration dans la mise à exécution des mesures pour lesquelles, au besoin, il sera recouru à la force armée.

Le Ministre termine en disant qu'il espère que, dans sa haute sagesse, l'honorable corps consulaire, appréciant la légitimité des motifs de la conduite du Gouvernement de S. A. le vice-roi, lui prêtera un concours d'autant plus efficace que non seulement il pourra peut-être faire arriver sans difficultés au résultat poursuivi, mais encore qu'il établira, en cas de conflit, la culpabilité de leurs nationaux, qui auront amené des conséquences dont ils auront seuls à subir toute la responsabilité.

MM. les agents, consuls généraux, gérants et délégués, après cette communication, ont déclaré adhérer à la demande qui leur a été présentée au nom du Gouvernement égyptien.

Lettre adressée d'Alexandrie, le 6 octobre, à M. Surur, vice-consul de France à Damiette, par M. Sabatier, agent et consul général de France.

J'ai l'honneur de vous annoncer que, d'après l'ordre qu'il en a reçu de la Sublime Porte, le Gouvernement égyptien a pris la résolution de faire suspendre les divers travaux qui, malgré ses intentions plusieurs fois exprimées, se sont poursuivis jusqu'à ce jour à Port-Saïd ou dans l'isthme de Suez.

En portant cette détermination à votre connaissance, je vous prie de vouloir bien en informer, sans retard, tous les français ou protégés français employés au service de la Compagnie du Canal dans votre résidence ou aux environs. Je vous serai reconnaissant, en outre, de ne pas laisser ignorer à ces messieurs que l'autorité locale est fermement décidée à faire exécuter, même par la force, les ordres qu'elle a reçus, et que, par conséquent, ceux d'entre eux qui, au 1er novembre prochain, auraient refusé de se soumettre à la résolution que je vous charge de leur transmettre, n'auraient à s'en prendre qu'à eux-mêmes des conséquences fâcheuses, quelles qu'elles soient, que pourrait entraîner leur résistance.

Envoi le 10 octobre, par le vice-consul de France à Damiette, de la lettre du consul général à M. Laroche, ingénieur des Ponts et Chaussées, chef de service de la Compagnie à Port-Saïd,

Avec invitation de porter à la connaissance de tous les français sous ses ordres l'avis suivant (ayant forme d'affiche avec timbre du vice-consulat) :

« MM. les français ou protégés français employés au service de la Compagnie du Canal de Suez sont prévenus que, par ordre de M. Sabatier, agent et consul général de France en Egypte, ils doivent, à partir du 1er novembre prochain, abandonner leurs travaux, s'ils ne veulent

point s'exposer à encourir les mesures de rigueur que l'autorité locale
est décidée à employer contre eux. »

Protestation de M. Laroche, en date du 11 octobre

Le soussigné,

Vu... (les documents ci-dessus),

Considérant,

Que, de toutes ces pièces, il résulte que les français ou protégés
français employés au service de la Compagnie du Canal de Suez doivent,
à partir du 1er novembre prochain, abandonner leurs travaux s'ils ne
veulent pas s'exposer à encourir les mesures de rigueur que l'autorité
locale est décidée à employer contre eux ;

Que cette mesure porte le plus grand préjudice aux intérêts qui lui
sont confiés et qu'il représente ;

Que le délai qui lui est accordé est illusoire quand il s'agit d'enlever
un matériel aussi considérable et d'une aussi grande valeur que celui
existant à Port-Saïd ;

Déclare protester contre les mesures dont est menacée la Compagnie
et faire toutes réserves contre qui de droit pour obtenir la réparation
des dommages considérables qui en seront la conséquence.

*Nouvelle lettre en date du 17 octobre du consul général de France
au vice-consul de France à Damiette,*

En réponse à la transmission de la protestation adressée au vice-
consul par M. Laroche, ingénieur des Ponts et Chaussées, chef du
service de la Compagnie sur les chantiers de Port-Saïd.

Je regrette de ne pouvoir prendre en sérieuse considération la protestation de M. Laroche. Il n'est pas admissible, en effet, qu'un agent
subalterne de la Compagnie proteste contre une décision du Gouvernement égyptien . . . .

En tout cas, je vous prie de représenter encore une fois à M. Laroche,
comme à tous les employés placés sous sa direction, que Son Altesse,
comme j'ai eu l'honneur de vous le dire, n'agit en cette circonstance
qu'en vertu d'ordres venus de Constantinople, et qu'Elle est fermement
décidée à les faire exécuter. Son intention, au surplus, n'est pas de
porter atteinte aux intérêts de la Compagnie. M. Laroche peut prendre
telles mesures que bon lui semblera pour l'évacuation ou, du moins,
pour la conservation du matériel qui lui a été confié.

Mais il faut que les travaux cessent, et je compte assez sur la modération et la prudence de M. Laroche lui-même, pour être certain qu'on
ne sera pas obligé de recourir, à son endroit, à des mesures de rigueur
qui auraient l'approbation la plus complète du Consulat général.

Réponse de M. Laroche, en date du 22 octobre, à la communication à lui faite, par le vice-consul de France a Damiette, de la lettre du consul général de France.

J'ai reçu copie de la lettre de M. l'Agent et consul général de France en Égypte du 17 octobre 1859.

M. le Consul général de France n'a pu prendre en sérieuse considération ma protestation; il le regrette... C'était, en effet, un beau rôle : défendre les intérêts de la France, et, sans emphase, du monde entier.

Il ne peut admettre qu'un agent subalterne proteste...

Mais la hiérarchie qu'on invoque contre moi, on ne la respecte pas : On m'adresse à moi, directement, les avis officiels du consulat de France concernant Port-Saïd.

M. le Consul général a cependant répondu à ma protestation. Je lui en suis reconnaissant.

Je ne doutais pas qu'aucune autorité ne voulût étouffer la voix d'intérêts légitimes qui se défendent loyalement.

De quoi s'agit-il?

Rendre justice à la Compagnie universelle du Canal de Suez.

Eh bien! voyons la cause; oublions le défenseur.

Que M. le Consul général daigne ne plus rejeter, en principe du moins, les droits de l'agent, à Port-Saïd, de protester contre une mesure qui compromet les intérêts à lui confiés.

Est-ce trop de présomption de l'oser espérer? Je ne sais; et pourtant je ne puis me résoudre à retirer ma protestation.

« Il faut que les travaux cessent, » dit M. le Consul général.

La désorganisation des chantiers de Port-Saïd n'est-elle donc pas atteinte et ne porte-t-elle pas un dommage très grave aux intérêts qui me sont confiés?

Peut-on le nier?

Aussi Son Altesse ne pourrait trouver mauvais que la Compagnie fît ses réserves, et je ne vois pas que la justice empêche de les appuyer.

En conséquence, je maintiens les termes de ma protestation.

M. le Consul général a foi dans ma prudence et ma modération. Il a raison.

Aussi la menace qui termine sa lettre était inutile.

C'est l'épouvantail qu'un père montre à ses enfants pour les éloigner du danger; mais il ne dispense pas de veiller à leur salut.

Fort heureusement, par suite d'instructions envoyées de Paris au consul général de France à Alexandrie, dès le 18 octobre, c'est-à-dire immédiatement à la suite des lettres, citées plus haut, adressées par M. de Lesseps, les 13 et 14 du dit mois, au secrétaire des commandements de l'Impératrice,

les mesures d'expulsion par la force dont étaient menacés
les français qui n'obéiraient pas aux injonctions du consulat
général ne furent pas mises à exécution.

Un peu plus tard, d'ailleurs, le consul général de France,
M. Sabatier, fut déplacé.

En même temps que ces incidents se passaient en Égypte,
M. de Lesseps continuait d'agir en France.

A la nouvelle de la mission de Mouktar-Bey, un cri universel s'était élevé dans les journaux de tous les partis en
France, pour exprimer cette pensée, que le moment était venu
où la politique impériale devait enfin interposer sa légitime
influence pour faire prévaloir auprès de la Sublime Porte les
droits de la Compagnie et les intérêts du monde entier, contre
les intrigues et les violences d'une compression étrangère.

On se rappelle que le Conseil d'administration de la Compagnie, dès le 14 septembre, c'est-à-dire avant même que
ne fût connue la mission de Mouktar-Bey, avait adressé à
l'empereur une demande d'audience pour remettre à Sa
Majesté une pétition invoquant son appui.

Les membres du Conseil, accompagnés de MM. Élie de
Beaumont et baron Charles Dupin, présidents honoraires,
furent reçus, le 23 octobre, par l'empereur, qui voulut bien
leur dire que la Compagnie pouvait compter sur sa protection. Le Président demanda alors à Sa Majesté de l'autoriser
à annoncer aux actionnaires que des négociations étant
entamées, il y avait lieu d'ajourner l'Assemblée générale.
L'empereur accueillit favorablement cette demande et autorisa, en outre, M. de Lesseps à faire savoir en Égypte que
Sa Majesté avait déjà donné à son Ministre des Affaires étrangères des ordres pour le maintien des droits et des opérations de la Compagnie. Puis, après le départ des membres
du Conseil, M. de Lesseps reçut de l'empereur la permission de se mettre en instance auprès du Ministre des Affaires
étrangères, M. le comte Walewski, pour obtenir le déplace-
ment du consul général de France, au Caire.

A la suite de cette audience, le 1er novembre, M. de Lesseps adressa une circulaire à tous les actionnaires de la Compagnie pour leur faire connaître les sympathies de l'empereur pour l'entreprise et la bienveillante promesse de sa haute protection pour les intérêts considérables qui y étaient engagés. Il leur annonçait, en même temps, que des négociations diplomatiques étant entamées en vue d'assurer le libre exercice des droits acquis à la Compagnie par ses actes de concession, cette situation imposait à la Compagnie une réserve à laquelle s'associeraient certainement tous ses membres, et, qu'en conséquence, le Conseil d'administration avait décidé d'ajourner l'Assemblée générale des actionnaires primitivement convoquée pour le 15 novembre.

M. de Lesseps fit remettre en même temps (3 novembre) une note circulaire à tous les représentants des Puissances européennes à Paris (sauf, naturellement, l'Angleterre et la Turquie) et des États-Unis, pour les informer que l'empereur, ayant bien voulu accorder sa protection au canal, avait déjà fait envoyer des instructions à l'ambassadeur de France, à Constantinople, à l'effet de réclamer de la Porte Ottomane les autorisations demandées par le vice-roi d'Égypte pour l'exécution des travaux. Le Président de la Compagnie sollicitait le concours des Puissances pour obtenir à Constantinople ce résultat et pour faire discuter ensuite d'un commun accord les questions de neutralité du nouveau passage maritime, afin de mettre définitivement un terme aux défiances soulevées par le Cabinet anglais et de garantir tous les intérêts politiques par un règlement international.

Enfin, le 7 novembre, M. de Lesseps adressa aux princes et souverains avec lesquels il avait été en relations personnelles.[1] une lettre où, après avoir rappelé sommairement la

1. Autriche : Archiduc Maximilien ;
Belgique : Duc de Brabant ;
Espagne : Le roi ;
Grèce : La reine ;

situation, il les priait, en sa qualité de Président du Conseil d'administration de la Compagnie, de vouloir bien employer leur haute influence dans le but de lever les derniers obstacles qui pouvaient s'opposer à l'exécution du canal, et de faire consacrer ensuite, par un règlement international, la neutralité du nouveau passage maritime.

Lettre du Conseil d'administration de la Compagnie du 8 novembre 1859, au comte Walewski, ministre des Affaires étrangères de France.

« Le Conseil d'Administration, réuni aujourd'hui en séance générale, a entendu la lecture d'un nouvel ordre, émané du consul général de France en Égypte, contre M. Laroche, ingénieur des Ponts et Chaussées, qui, fort de son droit et défenseur dévoué des intérêts qui lui avaient été confiés, avait protesté contre les premières injonctions de M. Sabatier et avait manifesté la ferme résolution de ne pas quitter son poste, sans un ordre exprès venu de France, résolution imitée par tous les employés, conducteurs et ouvriers français.

« Les soussignés, membres du Conseil, ont l'honneur de vous transmettre, Monsieur le Comte, une note d'observations rédigée par le Comité de direction . . . .

« Il est de leur devoir de continuer à signaler la conduite du consul général de France en Égypte comme étant un danger permanent pour les opérations de la Compagnie.

« Nos dernières correspondances d'Égypte nous informent que la dépêche télégraphique transmise par Votre Excellence à M. Sabatier, le 19 octobre, pour lui donner l'ordre de *maintenir le statu quo* et de *faire respecter nos droits* était arrivée à Alexandrie, le 27, au matin ; mais le consul général de France n'avait pas encore jugé à propos de rassurer des intérêts justement alarmés.

« Votre Excellence appréciera cette situation. »

Sur le conseil du Ministre des Affaires étrangères, et porteur d'instructions précises et péremptoires pour l'ambassadeur de France, M. de Lesseps était parti, le 5 novembre, pour Constantinople, où il lui était utile, dans l'intérêt de la

<hr>

Pays-Bas : La reine ;
Portugal : Duc d'Oporto ;
Russie : Grand-Duc Constantin ;
Deux-Siciles : Comte d'Aquila.

Compagnie, de suivre les négociations que l'ambassadeur de France avait reçu l'ordre d'ouvrir au sujet du canal avec le Gouvernement de la Sublime Porte.

M. de Lesseps n'arriva à Constantinople que le 20, s'étant arrêté successivement, dans le cours de son voyage, à Vienne, Trieste, Corfou, Athènes, recevant partout l'accueil le plus empressé et le plus sympathique.

Dès l'arrivée de M. de Lesseps, l'ambassadeur de France, — qui, indépendamment de l'appui des représentants des autres Puissances, fut surtout très résolument secondé par l'internonce d'Autriche et l'ambassadeur de Russie dans tout le cours des négociations qui s'ouvrirent alors, — formula tout d'abord auprès du Gouvernement de la Sublime Porte la demande « qu'un appel fût fait aux Puissances pour mettre la responsabilité de la Turquie à couvert dans la question du canal de Suez et pour régler les questions internationales qui pouvaient en dépendre ». A la suite de plusieurs délibérations du Conseil des Ministres, lesquelles, paraît-il, ne furent pas sans contestation par suite des démarches de toutes sortes de l'ambassadeur anglais[1], le principe de l'appel aux puissances fut adopté. Il ne restait plus qu'à décider la forme de cet appel. A ce sujet encore, l'ambassadeur de France eut à lutter contre les agissements de son collègue d'Angleterre qui aurait voulu que la rédaction de l'appel énonçât tout au moins des doutes et des réticences au sujet de l'entreprise même du canal, et il insista auprès du Conseil des Ministres pour que l'utilité de l'entreprise fût sérieusement discutée sous le point de vue de l'intérêt de l'Empire Ottoman, la demande de l'appel aux puissances ne devant être, suivant lui, que la conséquence de l'adoption du principe de l'utilité de l'entreprise.

Après un nombre total de seize séances du Conseil des Ministres, l'appel aux puissances fut enfin formulé, le 20 dé-

----

1. M. Bulwer.

cembre, sous forme d'une note identique (dont le texte se trouve plus loin) que les ambassadeurs de Turquie à Paris et à Londres devaient être chargés de communiquer aux deux Gouvernements de France et d'Angleterre, et dont une copie devait être remise, en même temps, aux chefs des missions diplomatiques à Constantinople.

Le grand-vizir, Kuprisly-Pacha, et le Ministre des Affaires étrangères, Fuad-Pacha, furent félicités par le Sultan de la manière dont ils s'étaient conduits dans les négociations. Néanmoins, le lendemain même de ces félicitations, le grand-vizir était destitué et remplacé par Mehemet Ruchdi-Pacha. M. de Lesseps put craindre un moment un revirement dans la politique turque ; mais il fut promptement rassuré par les déclarations suivantes[1], que lui fit le nouveau grand-vizir, quand il alla prendre congé de lui, avant de quitter Constantinople :

« Nous avons bien examiné la question du canal sous le point de vue de nos intérêts, et nous avons été heureux de reconnaître que c'était une entreprise dont la réussite nous sera profitable. Comme nous avons aussi reconnu qu'elle produira un grand bien pour tout le monde, nous aurions agi ainsi que nous l'avons fait, quand bien même nous aurions craint qu'elle ne nous coûtât quelque dommage, afin que l'on ne pût pas nous accuser de nuire aux autres.

« Le principe de notre approbation sous le point de vue de nos intérêts étant donc admis, personne, je l'espère, ne pourra trouver mauvais que nous demandions à des Puissances amies de s'entendre sur les questions politiques qui pourraient être la conséquence de l'exécution du canal, tant vis-à-vis de l'Égypte que vis-à-vis de l'Europe. »

M. de Lesseps quitta Constantinople, le 29 décembre. Avant de rentrer en France, il se rendit en Égypte pour rendre compte du résultat des récentes négociations au vice-roi, qui l'accueillit avec les témoignages habituels de sa plus

---

1. Ces déclarations ont été mentionnées par le Président de la Compagnie dans son *Rapport à la première Assemblée générale des Actionnaires*, du 15 mai 1860.

entière confiance et lui renouvela, à cette occasion, les promesses de son concours le plus sincère pour la continuation paisible des travaux préparatoires du canal. Le Président était de retour à Paris, le 22 janvier 1860. Ce ne fut qu'alors qu'il put avoir connaissance de la note communiquée par la Sublime Porte aux deux Gouvernements de France et d'Angleterre.

Voici quelle était cette note :

Note communiquée au ministre des Affaires étrangères de France
par l'ambassadeur de Turquie.

La solution de la question du Canal doit dépendre de trois conditions essentielles, savoir : 1º de l'examen du projet d'exécution, examen qui aura pour objet de veiller scrupuleusement à ce qu'il ne puisse résulter, du système qui sera employé pour la réalisation de l'ouverture d'une communication entre les deux mers, aucun préjudice ni danger pour l'Empire en général et la province d'Égypte en particulier ; 2º des garanties à l'égard de l'Administration d'Égypte, garanties dont le Gouvernement impérial aura à formuler les conditions qu'il jugera nécessaires, afin de prévenir toute altération ultérieure de ses relations avec l'Administration susdite ; 3º des garanties à demander et à obtenir des grandes Puissances maritimes, garanties qui devront être agréées par les hautes Puissances alliées de la Sublime Porte, de manière à rassurer le Gouvernement du Sultan contre les suites de tout conflit entre les Puissances, et à imprimer à la navigation du canal une sécurité basée sur les intérêts particuliers de la Turquie et les intérêts généraux de l'Europe.

Ces trois conditions, en ce qui concerne leur réalisation, sont inséparables l'une de l'autre, leur ensemble devant constituer la base de la question.

L'Angleterre et la France, alliées, au même titre, de la Sublime Porte, et pour lesquelles elle doit avoir les plus grands égards, sont les deux grandes Puissances maritimes, dont le concours est de toute nécessité en ce qui regarde la plus essentielle des garanties précitées.

Or la Sublime Porte, avant d'entrer plus avant dans les détails d'une question qui ne se présentera pas sous un aspect pratique, sans une entente entre elles, doit chercher à s'assurer, après ces explications franches de sa part, si une entente pourrait être établie.

Telles sont les vues du Gouvernement de Sa Hautesse impériale dans la question du canal de Suez, et que nous vous chargeons de développer au Cabinet des Tuileries, en donnant lecture et copie de cette dépêche à S. E. M. le comte Walewski, en même temps que nous invitons notre

représentant à Londres à faire une communication identique à S. E.
lord John Russell.

Les quelques citations suivantes compléteront les renseignements généraux sur la situation de l'entreprise pendant
la période qui a précédé la première Assemblée générale des
actionnaires, tenue le 15 mai 1860.

Lettre du 26 janvier 1860, de M. de Lesseps, au vice-roi d'Égypte

Je suis arrivé depuis quatre jours à Paris, et je m'empresse de transmettre à Votre Altesse, ainsi qu'Elle me l'avait recommandé, la copie
de la communication qui a été faite au Ministre des Affaires étrangères
de France par l'ambassadeur de Turquie. Je n'ai pas besoin de faire
remarquer à Votre Altesse que cette note, qui se ressent des tiraille-
ments subis par la Porte, entre la France et l'Angleterre, ne précise
rien, qu'elle est une simple échappatoire officielle et qu'elle laisse, en
définitive, au temps et aux événements, le soin de définir ce qu'elle
n'a pas voulu dire. C'est un enterrement politique qui nous permet
d'agir pratiquement et de forcer plus tard la solution. On appelle cela,
en espagnol, *cubrir el espediente*, c'est-à-dire, *sauver les apparences*.

L'Empereur a reçu M. Béclard, le successeur de M. Sabatier, et lui a
particulièrement recommandé les intérêts de la Compagnie du Canal
de Suez.

D'accord, avec M. Thouvenel, j'ai fait prendre par le Comité de direction la décision dont je transmets une copie, afin que Votre Altesse ne
soit inquiétée par personne au sujet des travaux que nous faisons pour
la création de son port de Port-Saïd, et pour son port intérieur de
Timsah.

*Décision du Comité de direction du 24 janvier 1860,
approuvée par le Conseil d'administration le 14 février suivant*

Le Comité propose au Conseil la décision suivante :

Considérant qu'il convient d'apporter une grande circonspection à
l'exécution des opérations préparatoires poursuivies en Égypte, et de
se borner à ce qui est strictement nécessaire, afin d'assurer le succès
de l'appel politique, que la Porte Ottomane vient d'adresser aux Puissances, après avoir bien voulu manifester officiellement son adhésion
à l'entreprise commerciale du canal maritime de Suez, en ce qui concernait les intérêts de la Turquie ;

Considérant, d'ailleurs que, les opérations ordonnées depuis plusieurs
mois par le Conseil et en cours d'exécution concernent spécialement
la création des deux ports intérieurs de Saïd et de Timsah, que la

diplomatie ne peut, en tout état de cause, contester au vice-roi d'Égypte le droit de fonder sans avoir à en rendre compte, parce que ces établissements ne préjugent en aucune manière les questions internationales relatives à la communication maritime entre la Méditerranée et la mer Rouge ;

Considérant que les intérêts des actionnaires de la Compagnie concessionnaire du canal, et les convenances politiques trouvent ainsi provisoirement une juste conciliation, en attendant une prochaine entente diplomatique ;

Le service des travaux ne pourra dépenser en Égypte, conformément aux budgets mensuels proposés par l'agent supérieur, sur la demande de la direction générale des travaux, et adoptés par le Comité, que les sommes applicables aux études et opérations préparatoires suivantes :

1° L'appontement provisoire à Port-Saïd ;

2° L'atelier de réparation ;

3° L'achèvement et l'utilisation des puits d'eau douce en cours d'exécution;

4° Les baraques et les maisons pour les logements des ouvriers et employés;

5° La continuation du canal de service entre Port-Saïd et le port intérieur de Timsah, et la conduite d'eau douce du lac Maxamah au lac Timsah ;

6° Le montage et l'essai de dragues et d'excavateurs pour le service du vice-roi ;

7° La continuation des essais d'exploitation des carrières de Gebel-Geneffé ;

8° La continuation des études topographiques et hydrographiques, et des recherches minéralogiques.

Note de M. de Lesseps, du 7 février 1860,
pour M. Thouvenel, ministre des Affaires étrangères

J'ai été reçu hier, avec le duc d'Albuféra[1], par l'Empereur.

Après avoir répondu aux questions de Sa Majesté sur l'état de l'entreprise du canal, c'est-à-dire sur le résultat des dernières négociations de Constantinople et sur les importantes concessions faites par le vice-roi d'Égypte, à l'effet de donner toutes les garanties désirables, tant à la Porte qu'aux Puissances étrangères, nous avons ajouté que nous nous étions mis en mesure de pouvoir attendre, sans porter atteinte à nos intérêts, l'issue des négociations que Sa Majesté voudrait bien faire suivre, par son Ministre des Affaires étrangères, auprès du Gouvernement anglais.

---

1. Vice-président de la Compagnie.

Nous avons remis entre les mains de Sa Majesté une copie de la décision de notre Comité de direction concernant la continuation des opérations entreprises dans l'isthme pour la fondation du port intérieur du lac Timsah et du port de Saïd, sur le littoral de la Méditerranée, et pour la communication à créer entre ces deux établissements.

Nous avons ajouté que, si nous en avons la liberté, nous nous engagerons dès à présent à compléter, dans douze ou quinze mois, une communication entre les deux mers qui permettra de faire transporter à Suez la houille au même prix que dans la Méditerranée, c'est-à-dire à 40 francs le tonneau au lieu de 150 francs ; ce qui serait un immense avantage pour nos expéditions dans l'Extrême-Orient.

Nous avons exposé à Sa Majesté que notre Assemblée générale d'actionnaires devant avoir lieu au mois de mai prochain, conformément à nos statuts, nous espérions que les négociations provoquées par la Porte pourraient être prochainement entamées, les circonstances nous paraissant aujourd'hui favorables, à cause de l'opinion exprimée publiquement par une partie des membres du Cabinet anglais.

Sa Majesté a daigné nous dire qu'en effet cette situation lui paraissait être favorable.

Une copie de cette note fut envoyée par M. de Lesseps au vice-roi, le 10 février 1860.

PREMIÈRES ASSEMBLÉES GÉNÉRALES
DES ACTIONNAIRES

(1860, 1861, 1862)

Les extraits suivants des *Rapports présentés par le Président de la Compagnie aux premières Assemblées générales des actionnaires* (1860, 1861 *et* 1862) rendent compte de la situation et de la marche générale de l'entreprise pendant les trois années qui se sont écoulées depuis la décision de la Sublime Porte de janvier 1860, jusqu'à l'avènement du nouveau vice-roi d'Égypte, Ismaïl-Pacha, en janvier 1863, point de départ de nouvelles conventions entre la Compagnie et le Gouvernement Égyptien, lesquelles ont finalement abouti à un firman du Sultan du 19 mars 1866 autorisant, enfin, l'exécution du canal par la Compagnie.

RÉSUMÉ TERMINANT LE RAPPORT PRÉSENTÉ PAR M. DE LESSEPS AU NOM DU CONSEIL D'ADMINISTRATION, A LA PREMIÈRE ASSEMBLÉE GÉNÉRALE DES ACTIONNAIRES TENUE LE 15 MAI 1860.

Nous espérons, Messieurs, que vous aurez accueilli avec intérêt ces longs développements sur des questions de premier ordre pour nous, très peu connues et souvent dénaturées.

Les solutions essentielles que nous avons eu pour objet de faire ressortir peuvent se résumer en quelques lignes :

Des études complètes et un commencement d'exécution ont constaté les facilités matérielles de l'entreprise, dont les immenses avantages ont été proclamés par les notabilités de la science, du commerce et de l'industrie.

Votre Société est régulièrement et légalement constituée ; les droits résultant de ses actes de concession sont irrévocablement définis et établis. L'opinion motivée d'éminents jurisconsultes ne laisse aucun doute à cet égard.

La question politique, dont nous n'avons pas à nous préoccuper, est séparée de la question technique et industrielle, qui est la nôtre, et elle apparaît dans des termes fort simples, dégagée des obscurités au milieu desquelles on s'efforçait de l'envelopper.

Vous avez pris possession, sur le terrain, de vos concessions.

Les travaux se poursuivent, et votre actif disponible nous paraît plus que suffisant pour effectuer la jonction des deux mers sans recourir à de nouveaux appels de fonds.

Tel est, Messieurs, le résumé de la situation qui vous est soumise.

Nous avons la confiance que vous lui donnerez votre approbation.

Il est à peine besoin de mentionner que le Rapport du Président et ses conclusions ont reçu l'approbation de l'Assemblée des actionnaires, qui a en même temps ratifié toutes les mesures prises jusqu'alors par le Président et le Conseil d'administration et leur a donné tous pouvoirs à l'effet de poursuivre l'exécution de l'entreprise.

EXTRAIT DU RAPPORT DU PRÉSIDENT A LA DEUXIÈME ASSEMBLÉE GÉNÉRALE DES ACTIONNAIRES, TENUE LE 15 MAI 1861

Situation générale

La Situation générale, telle que nous avons eu l'honneur de vous la présenter dans le rapport de l'année dernière, contenait la conclusion suivante :

« Par l'enchaînement des faits qui viennent de vous être exposés,
« vous avez pu vous convaincre, Messieurs, que nous sommes dans
« notre droit en continuant la marche progressive et conciliante qui,
« jusqu'à présent, nous a réussi. Si l'on cherchait de nouveau à porter
« atteinte à ce droit, l'expérience du passé nous garantirait l'efficace
« protection de deux grandes puissances : celle de l'opinion publique
« et celle de l'auguste souverain qui a acquis tant de titres à notre
« gratitude.

« Poursuivons donc avec confiance notre entreprise commerciale et
« industrielle, et laissons à la diplomatie le soin de traiter, dans le mo-
« ment opportun, les questions politiques qu'elle a été appelée à ré-
« soudre sur la demande de la Porte Ottomane. »

Vous avez à l'unanimité approuvé notre rapport ; vous avez ratifié les mesures prises jusqu'alors par le Conseil d'administration ; vous nous avez donné tous pouvoirs à l'effet de poursuivre l'exécution de votre entreprise.

Forts de votre approbation et de votre confiance, mandataires d'une assemblée décidée à ne pas se laisser vaincre par les difficultés, nous nous sommes dévoués, avec un zèle égal à celui qui vous animait, à la réalisation de notre grande œuvre, et nous avons pu marcher avec une persévérante résolution vers le but que vous nous aviez assigné.

L'exposé des faits que nous venons de vous soumettre vous aura démontré, nous l'espérons, que nous avons été assez heureux pour justifier votre vote et exécuter fermement votre mandat.

Notre tâche était vaste et compliquée; elle embrassait tous les préparatifs exigés par une prochaine entrée en campagne et par les besoins d'une population nombreuse à installer, à faire vivre et à faire travailler dans le désert.

Une pareille mise en œuvre demandait, avec beaucoup de temps et de patience, ce concours de volontés énergiques que nous avions déjà rencontré au début de nos travaux et qui n'a failli dans aucune des épreuves que nous venons de traverser.

Le signe le plus frappant de la solidité et de l'avenir de notre entreprise, c'est le dévouement inaltérable et la foi dans le succès que ne cessent d'y apporter tous les hommes intelligents appelés à participer à son exécution.

Nous étions arrivés, au commencement de janvier, avec tous les éléments suffisants pour obtenir en quelques mois de travail une communication maritime entre la Méditerranée et le lac Timsah. Ce résultat serait atteint aujourd'hui si, avec les 2 ou 3.000 indigènes qui étaient déjà venus librement à nous, le Gouvernement égyptien avait pu nous fournir, comme nous étions en droit de les demander, 5 à 6.000 travailleurs. Mais c'était là que nous attendaient nos adversaires ; ils mirent tout en œuvre pour nous enlever une ressource qu'ils croyaient indispensable à notre marche.

Il faut ici vous parler des derniers efforts d'une opposition qui, cette fois encore, n'a abouti qu'à un échec, en nous obligeant à puiser des forces inattendues dans nos propres moyens, et en nous donnant elle-même un nouvel élan qui nous a permis de franchir heureusement tous les obstacles.

Cette opposition semblait avoir désarmé à la suite et par l'effet de votre première Assemblée générale.

Quelle était, en effet, la situation? Il venait d'être publiquement annoncé que la Porte Ottomane, auprès de laquelle l'ambassadeur de France avait été chargé de soutenir les droits de la Compagnie du Canal de Suez, approuvait, en ce qui concernait ses intérêts, notre entreprise et avait diplomatiquement proposé aux grandes Puissances maritimes, particulièrement à la France et à l'Angleterre, de s'entendre sur les questions politiques qui pourraient être la conséquence de l'exécution du canal.

Nous appelions de tous nos vœux le règlement international proposé par la Turquie, et nous avions formulé ainsi les bases d'un arrangement:

1° On proclamerait la neutralité complète du canal de Suez et la liberté de passage pour tout navire de commerce, quelle que fût sa nationalité, moyennant le paiement des droits qui seraient les mêmes pour tous. Cette neutralité est déjà consacrée en principe dans l'article 14 de l'acte de concession;

2° Il serait interdit à tout bâtiment de guerre de passer par le canal à moins d'une autorisation spéciale du Gouvernement local;

3° Il serait formellement interdit à la Compagnie d'ériger aucun ouvrage de défense ni aucune fortification, soit à l'entrée, soit le long des rives du canal, soit sur les terrains dont elle possède la jouissance dans l'isthme; elle ne pourrait non plus fonder des colonies de cultivateurs qui ne seraient point sujets du Gouvernement local;

4° Les navires passant par le canal ne pourraient débarquer des troupes dans l'isthme, si ce n'est en cas de maladie, d'avaries, de sinistres; et, dans cette hypothèse, il serait nécessaire d'obtenir l'autorisation du Gouvernement local;

5° Les terres concédées à la Compagnie ne pourraient être utilisées qu'en vue d'exploitations agricoles ou industrielles, et, s'il arrivait que la Compagnie affermât ou aliénât tout ou partie de ces terres, elle serait tenue de le faire au point de vue exclusif de ses intérêts financiers, sans acceptation de personnes et sans distinction de nationalités.

Enfin, le vice-roi d'Égypte s'était montré disposé à admettre dans l'isthme de Suez une garnison de troupes turques, condition qui n'avait pas été imposée aux territoires compris dans les limites de l'Égypte par le Hatti-Scheriff de 1841, ni par les conventions en vertu desquelles les grandes Puissances ont reconnu la situation respective de l'Égypte et de la Turquie.

Cet ensemble de garanties devait dissiper jusqu'au prétexte de toute inquiétude. Il constatait si clairement la sincérité du vice-roi d'Égypte, le désintéressement de la France et la bonne foi de la Compagnie, qu'aucune politique dégagée d'arrière-pensée ne pouvait la repousser.

Lord Palmerston, toutefois, qui, on est en droit de le craindre, aimait mieux garder et nourrir ses alarmes que s'en guérir par un règlement net et péremptoire, ne daigna pas écouter les invitations de la Porte. Mais il saisit la première occasion propice de chercher à nous discréditer en réitérant ses imputations contre la moralité de l'entreprise.

A l'en croire, vous êtes trompés, Messieurs; vous êtes les dupes d'un leurre perfide.

Il ne peut nous convenir de vous laisser ignorer des avertissements qui vous ont été adressés de si haut.

Dans la séance de la Chambre des communes du 23 août dernier, à propos d'une question qui lui était faite sur le canal de Suez, le Premier Ministre d'Angleterre s'était exprimé en ces termes :

« La Compagnie de Suez, ainsi que je l'ai souvent dit, est l'une des « plus remarquables tentatives de tromperie qui aient été mises en « pratique dans les temps modernes; c'est un leurre complet depuis

« le commencement jusqu'à la fin. Beaucoup de personnes en France,
« de petites gens, ont été induites à prendre de petites actions sous
« l'impression que l'affaire serait profitable. La marche des travaux, en
« Egypte, toutefois, a été telle qu'elle a montré que, si l'entreprise
« n'est pas impraticable, elle exigera des sacrifices d'argent, de temps
« et de travail tout à fait au-dessus des forces de toute Compagnie. »

Ce n'est pas nous que compromettent de tels abus de la parole couverts par l'inviolabilité du pouvoir ; ils n'atteignent pas davantage les
membres éminents de la Commission scientifique internationale dont
les études consciencieuses ont déterminé le projet d'exécution du
canal et ont établi les devis fixant le maximum de la dépense.

Nous avons placé ces assertions sous vos yeux. Jugez-les. Par la
publicité de ce rapport, l'opinion du monde les connaîtra aussi et les
jugera ; c'est pour nous une satisfaction suffisante.

Un mot encore en ce qui touche la composition de notre Compagnie.
Nous ne partageons pas le sentiment du noble orateur envers ceux qu'il
appelle les « petites gens ». Quand même notre Compagnie ne serait
formée que de personnes d'une modeste fortune, elle ne serait, à nos
yeux, ni moins honorable, ni moins honorée. Mais, si la pensée était
de faire croire, par cette expression, que le succès de notre souscription est dû aux passions ou à la crédulité d'une classe, c'est là un tort
de plus. Les plus grands noms figurent à côté des humbles parmi les
membres de notre association ; le sacerdoce, la magistrature, l'armée
de terre et de mer, l'administration, les corps savants, l'industrie, le
commerce, toutes les professions libérales se mêlent et se confondent
dans ses rangs. Bien plus, elle a été l'objet d'une faveur exceptionnelle.
Par une dérogation à ses usages, la Chambre de Commerce de Paris chargeait son Président de s'inscrire, au nom du Corps, parmi nos souscripteurs, non assurément comme spéculation, mais comme témoignage de
haute estime et d'encouragement pour une œuvre éminemment utile
aux intérêts commerciaux et maritimes du monde.

La Compagnie du Canal des deux mers est le reflet de notre société
moderne : elle est formée de représentants de tous les pays, de toutes
les opinions, de toutes les positions, de toutes les branches de l'intelli-
gence ; c'est là son honneur et sa force ; il n'est pas indifférent de les
lui maintenir.

Pendant qu'on se livrait en Angleterre à un écart regrettable, un
événement dont la mention est opportune se passait en Hollande. S. M.
le roi des Pays-Bas, dont l'esprit élevé avait apprécié toute la portée du
percement de l'isthme de Suez, avait, en 1856, sur la proposition de son
Ministre de l'Intérieur, nommé une Commission pour étudier l'influence
que devait exercer sur le commerce de ses États cette révolution maritime et rechercher le moyen d'en tirer pour ses peuples le meilleur
parti possible.

Cette Commission, choisie parmi les hommes les plus compétents et les plus expérimentés du pays ne se prononça pas arbitrairement et de parti pris. Elle employa trois années à réunir et à consulter tous les éléments de la discussion, à recueillir tous les renseignements propres à l'éclairer, à se former enfin une opinion consciencieuse et loyale. Le rapport de la Commission néerlandaise a été traduit en français et publié par les soins de la Compagnie. Ce document si grave, empreint de la solidité calme et pratique de l'esprit hollandais, contredisait d'une façon nouvelle et complète les préventions manifestées dans le sein du Parlement britannique.

Pour la possibilité du canal, la Commission était tout entière du côté de la science du continent contre lord Palmerston :

Le rapport de la Commission internationale, — dit-elle, — « a démontré d'une manière incontestable que le projet de percement est exécutable ».

Quant à l'importance de l'œuvre, aux services qu'elle doit rendre au monde, aux bénéfices qu'elle doit procurer, nous n'avons que l'embarras du choix pour les citations ; nous nous bornerons à la suivante, parce qu'elle résume ces différents points de vue :

« On peut affirmer que, le percement accompli, on se servira beau-
« coup de cette nouvelle route ; que l'abréviation entre l'Europe, l'Asie
« et l'Afrique, secondera énergiquement le développement du com-
« merce universel et amènera de nouvelles combinaisons qui seraient
« restées cachées et non utilisées pendant des siècles, si l'on avait
« continué à suivre l'ancienne route, en passant par le cap de Bonne-
« Espérance. »

Après avoir tracé un remarquable tableau des effets que produira le percement de l'isthme sur toutes les nations maritimes et commerciales du globe, la Commission présente cette conclusion :

« De tout ce qui précède il résulte clairement que le nouveau che-
« min des Indes donnera un stimulant à l'ensemble du commerce uni-
« versel ; qu'il le donnera de tous côtés, à toutes les populations, à la
« race humaine entière, dont les développements ont depuis quelque
« temps pris une grande extension. »

Permettez-nous de vous faire remarquer, Messieurs, que, tout en exprimant ces convictions, la Commission appréhende que son pays ne soit un des moins favorisés par le percement de l'isthme, tandis qu'au contraire elle range l'Angleterre parmi les nations qui doivent en recueillir les plus grands avantages. Mais cette crainte n'influe en rien sur l'impartialité et la sérénité de son jugement, et voici en quel noble langage elle expose ses sentiments à cet égard :

« Une entreprise acceptée avec autant de faveur par le public ne
« doit être jugée qu'au point de vue général ; ce serait montrer de
« l'égoïsme que de s'écarter de cet ordre d'idées et de venir opposer

« sans utilité un intérêt local au développement du bien-être de tous.
« Quand le temps est venu, le progrès se produit malgré tous les obs-
« tacles. »

Vous le voyez donc, Messieurs, partout où l'on consent à ne point substituer l'arbitraire à l'examen, à ne point mettre l'obstination à la place des faits, notre cause est de plus en plus triomphante ; elle est gagnée au point de vue technique, moral et commercial ; elle est gagnée par cette clameur de la sympathie universelle, sanction des grandes choses qui sont arrivées au jour de leur maturité.

Cette faveur de tous les peuples pour notre entreprise, cette conscience de son utilité, s'étendent de plus en plus jusqu'aux régions les plus éloignées du centre de notre action. Des rivages de l'océan Pacifique, une nouvelle manifestation de cet état des esprits nous attendait à notre récent retour à Paris. C'est une démonstration officielle par laquelle l'illustre Président de la nation péruvienne,, S. E. le maréchal don Ramon de Castilla, réclame pour son pays une part de solidarité morale dans la poursuite de notre grand objet.

« L'œuvre que vous avez entreprise, — dit-il, — est colossale et présente
« des avantages inappréciables, même pour les régions qui, comme la
« nôtre, sont placées si loin de la mer des Indes et de la Méditerranée. »

Nous ne pouvions manquer de vous signaler cet acte d'une noble et généreuse sympathie : c'est un nouvel hommage décerné à vos lumières et à votre dévouement.

L'état de l'opinion, la publication et l'autorité de l'enquête néerlandaise, la force de la situation elle-même, semblèrent amortir un moment les efforts de l'opposition anglaise. Cette trêve dura peu ; une autre campagne commença. Il s'agissait, d'un côté, d'essayer de jeter le trouble et la discorde dans la Compagnie en persuadant aux actionnaires que rien ne se faisait dans l'isthme, et que les travaux n'étaient qu'une fantasmagorie ; de l'autre côté, d'entraver en Égypte ces mêmes travaux par tous les moyens possibles. A ce double effet, tandis que certains journaux ministériels de Londres se faisaient écrire d'Alexandrie que les travaux n'existaient que sur le papier, l'ambassadeur d'Angleterre à Constantinople se plaignait auprès de la Porte de leur dangereux avancement. Simultanément on alarmait les actionnaires sur notre inertie, et l'on excitait, sur nos progrès, les inquiétudes de la Turquie pour la pousser à quelque démonstration.

On avait beau rappeler à l'agent britannique que, par suite des délibérations du Divan, son Gouvernement avait été invité à accepter des négociations sur ce sujet ; il insistait toujours, profitant surtout du moment où l'aide de la diplomatie anglaise était sollicité par la politique ottomane. Son insistance devint surtout très vive, lorsqu'il apprit que tout était disposé dans l'isthme pour la réalisation du programme voté par vous, et que nous pouvions nous trouver dans le cas

de demander au vice-roi d'Égypte les travailleurs qu'il devait nous fournir en vertu de son contrat. Le représentant de l'Angleterre finit par
arracher à la Porte, en se tenant derrière elle, une nouvelle lettre du
grand-vizir, adressée au vice-roi d'Égypte, pour chercher à enlever à la
Compagnie l'assistance du Gouvernement égyptien.

Au même moment, le journal le plus puissant de l'Angleterre, dont
l'influence s'exerce même sur le Gouvernement, se plaignait avec éclat
de notre prétendue inaction. « Nous attendons, — disait-il, — le
« moment où l'on pourra naviguer à travers cette langue de terre ; nous
« éprouvons le besoin de passer l'isthme de Suez à la voile. Nos ports
« sont remplis de bons et solides vaisseaux bien chargés, prêts à payer
« à la Compagnie toute redevance raisonnable pour effectuer leur pas-
« sage. La Compagnie a contracté une dette vis-à-vis le monde et
« envers l'Angleterre. Nous réclamons l'accomplissement de ses
« magnifiques promesses. »

Messieurs, nous reconnaissons cette dette et nous sommes résolus à
l'acquitter ; mais, en acceptant et en invoquant notre engagement, votre
créancier sait très bien qu'il s'oblige aussi dans la sphère de son
influence, à ne point laisser troubler le libre exercice des opérations
qui nous permettront de payer cette dette.

La lettre vizirielle obtenue par l'ambassadeur anglais fut envoyée à
Alexandrie au commencement de janvier. Le vice-roi y répondit en se
bornant à relater tous les antécédents de l'affaire ; c'était rappeler à
chacun ses engagements.

Mais la situation avait ses délicatesses. Après l'avoir mûrement examinée et pesée, désireux d'épargner au Gouvernement Égyptien de misé-
rables tracasseries et reconnaissant qu'il n'en résulterait aucun dommage
pour les droits et les intérêts de la Compagnie, nous résolûmes,
d'accord avec le directeur général et l'entrepreneur général des travaux, d'appliquer sur une grande échelle un système dont nous avions
à l'avance posé les jalons.

Jusqu'alors le recrutement libre nous avait fourni des ouvriers indigènes en quantité suffisante pour nos premiers besoins ; nous espérions
que les populations de Syrie et d'Égypte se rendraient avec empressement sur nos chantiers, à notre appel. Cette combinaison avait un seul
inconvénient, celui d'ajourner de quelques semaines la mise en train
du travail général. Mais nous pouvions employer très utilement cet
ntervalle à développer et à perfectionner encore les installations préparatoires sur la ligne du canal maritime et du canal navigable d'eau
douce. D'ailleurs, nous étions à la veille du ramadan, période inévi-
able de chômage pour le travailleur musulman. En outre, le recrutement libre devait constater la force intrinsèque de l'entreprise et
donner la mesure de la popularité dont elle jouissait parmi les indigènes ; enfin il écartait toute complication politique.

L'enrôlement volontaire fut donc organisé sur une grande échelle. Un plein succès a couronné nos prévisions. En ce moment 8.000 travailleurs sont répartis sur la ligne de nos chantiers, depuis Port-Saïd jusqu'à Timsah, et suffiront à l'exécution de tous les travaux nécessaires à la première jonction des deux mers.

Les choses étaient en l'état que nous venons d'exposer, lorsque est intervenu à Londres, la semaine dernière, un nouvel et très notable incident. Vous devinez, Messieurs, que nous voulons parler de la discussion qui s'est engagée, le 6 de ce mois, à la Chambre des lords, au sujet du canal de Suez.

Cet incident nous offre encore une fois l'occasion de constater les sympathies de l'opinion publique et la sollicitude vigilante de la Presse, dès qu'on touche dans un certain esprit à ce grave sujet. Les précieux témoignages parlent plus haut que le dénigrement systématique; et, tout en nous honorant, ils prouvent que l'appui de l'éloquence, de la justice et du patriotisme ne manque pas plus que les encouragements de la politique aux causes justes et grandes comme la nôtre.

Nous sommes contraints d'avouer que la lecture de la discussion de la Chambre des lords est de nature à compromettre l'autorité de l'illustre assemblée. Il n'est pas, en quelque sorte, dans ce débat, une seule assertion sur les faits à laquelle on ne doive attacher une rectification ou une dénégation. Nous en pourrions multiplier les exemples; nous nous bornerons à un seul. L'auteur de l'interpellation désigne la Compagnie universelle comme une Compagnie en banqueroute. Voilà de quelle information les personnages les plus hauts placés se nourrissent en Angleterre et nourrissent l'opinion publique de leur pays dès qu'il s'agit du canal de Suez. Il semble qu'en face du monstre, on perde, non pas la puissance de juger, mais jusqu'à la faculté d'examiner.

Sans consentir à nous immiscer dans la politique intérieure de nos voisins, nous devons vous faire observer aussi que, dans notre sentiment, la question soulevée par un membre de l'opposition tory semble avoir été combinée moins contre le percement de l'isthme que comme le moyen d'embarrasser le Cabinet anglais dans ses relations avec la France et de jeter au milieu de ce Cabinet une pomme de discorde. En effet, l'orateur de la motion a eu grand soin de rappeler que les Ministres diffèrent complètement d'opinion sur cette affaire ; que le canal de Suez a été énergiquement défendu contre lord Palmerston dans la Chambre des communes par trois de ses collègues actuels très influents : par lord John Russell, Ministre des Affaires étrangères, M. Gladstone, chancelier de l'Echiquier, et M. Milner Gibson, Ministre du Commerce, auxquels il aurait pu ajouter un quatrième membre du Cabinet, M. Sydney-Herbert, Ministre de la Guerre.

Quant aux résultats de ces explications, notre opinion est que la

question n'avait pas encore fait un pas aussi considérable en
Angleterre:

« Pendant des siècles, — a dit l'orateur qui a provoqué le débat, —
« l'exécution du canal de Suez a été l'objet de l'ambition de plusieurs
« grands princes et souverains, et jamais, peut-être, projet ne fut plus
« propre à réunir les sympathies, à exciter l'imagination, que l'accom-
« plissement d'un grand ouvrage réunissant la Méditerranée à la mer
« Rouge; ouvrage qui serait un stimulant pour le commerce et impri-
« merait un nouvel élan à la civilisation et même au christianisme. »
Un peu plus loin le noble lord ajoute :

« La position de M. de Lesseps serait à un degré justifiée, s'il pouvait
« prouver que son entreprise est entièrement commerciale et qu'il n'a,
« en aucune façon, cherché à imposer des conditions de nature à
« intervenir illégalement dans l'action du Gouvernement égyptien. »

Enfin, en ce qui touche aux rapports du canal avec les intérêts de la
France et de l'Angleterre, l'orateur de l'opposition s'exprime ainsi :

« Je n'ai pas envie d'entraver le développement du commerce fran-
« çais dans cette direction, car je crois que l'accroisement du com-
« merce dans une nation stimule naturellement le commerce des
« autres; et comme le trafic de l'Inde avec l'Angleterre est aussi grand
« que celui entretenu par l'Inde avec les autres pays, le canal, si l'on
« pouvait s'en servir, serait principalement avantageux à l'Angleterre. »

L'organe du Gouvernement à la Chambre haute, lord Wodehouse,
déclare de son côté :

« Jamais notre peuple ne pensera un moment à s'opposer à un simple
« projet commercial, quelle qu'en soit l'origine. »

Un des anciens adversaires les plus ardents du canal, lord Strattford
de Redcliff, n'a pas été moins explicite :

« Si le projet, — a-t-il dit, — n'avait qu'un caractère commercial qui
« pût être avantageux au commerce du monde, je ne concevrais pas
« que, par un sentiment de jalousie, il pût trouver de l'opposition dans
« notre grand pays, qui, certainement, en ce cas, retirerait le principal
« bénéfice de son exécution. »

L'ouverture de l'isthme est donc un bienfait pour la civilisation, pour
le christianisme et surtout pour l'Angleterre. Si l'opération est purement commerciale, l'opposition qu'on lui fait n'est pas soutenable,
n'est même pas concevable. L'empêcher par jalousie envers un peuple
quelconque et spécialement envers la France serait un sentiment
honteux : voilà ce qui a été voté et admis unanimement dans la noble
Assemblée.

C'est évidemment sous l'impression de ces principes que lord
Wodehouse a terminé son discours officiel par cette importante conclusion :

« J'ai la confiance que cette entreprise, que je crois impraticable, ou

« sera abandonnée, ou du moins qu'on insistera pour obtenir des
« garanties qui donnent sécurité à la Porte et à toutes les Puissances
« européennes ayant des intérêts dans cette partie du monde, garanties
« desquelles il résultera que la voie de communication proposée ne
« pourra porter atteinte à ces intérêts, et qu'aucune des Puissances ne
« sera privée des avantages dont jouira un État quelconque, spéciale-
« ment en cas de guerre. »

Nous sommes complètement d'accord avec l'orateur du Gouvernement
britannique. Expliquons-nous. Nous pouvons le rassurer sur l'abandon
du projet que chacun de nous est décidé à soutenir. Abandonner le
projet dans l'état d'avancement où il est, ce serait, de la part de ceux
qui sont placés à votre tête, une coupable désertion ; ce serait de votre
part une ruineuse faiblesse à laquelle vous êtes disposés moins que
jamais. Le projet ne sera donc pas abandonné ; son exécution est
infaillible.

Mais, entourer le canal de toutes les garanties capables de lui maintenir ce caractère universel, qui est notre principe et notre condition
d'existence, qui le destine à être utile à tous, en restant inoffensif pour
tous, c'est là notre vœu le plus cher, le but constant de nos efforts ; et
nulle part, nous osons le dire, l'Angleterre ne trouvera, pour atteindre
ce résultat, de coopérateurs plus sincères que le Gouvernement français
et notre Compagnie.

Pour le prouver, il nous suffirait de rappeler les propositions que
nous analysions tout à l'heure devant vous, que nous avons indiquées
comme base de la négociation, qui ont été rédigées dans le but d'aller
au-devant de chacune des objections présentées, et qui, certes, nous en
appelons à tous les esprits sincères, sont de nature à satisfaire les exi-
gences les plus défiantes.

Que faut-il donc pour attester que nous sommes et que nous voulons
rester une association commerciale ? On a dit qu'il n'y avait rien de
plus difficile à prouver que l'évidence à ceux qui ne voulaient pas la
reconnaître. Nous sommes assez portés à être de cet avis en entendant
les incrédulités qui se manifestent de l'autre côté de la Manche sur le
but uniquement commercial de notre Compagnie.

Mais en présence des déclarations officielles du Cabinet britannique,
la situation est aujourd'hui très simple. C'est en vain qu'on essaie de
se couvrir du prétexte des intérêts de la Porte. La Porte a fait connaître
à la France et à l'Angleterre que, pour sa part, elle n'avait aucune
objection à élever contre l'exécution du canal de Suez. Que veut-on
qu'elle dise de plus et quelle autre adhésion peut-on lui demander ? Elle
a fait suivre cet avertissement d'une autre communication non moins
décisive : c'est celle par laquelle elle s'en remet aux deux Puissances
du soin de régler les questions politiques ou internationales que peut
faire naître l'établissement du canal. Nous croyons que la France est

depuis longtemps prête à ouvrir cette négociation, et, dans notre opinion, les déclarations de lord Wodehouse indiquent que l'Angleterre y est enfin disposée aussi.

C'est le grand fait qui, pour nous, domine tous les autres incidents de la séance du 6 mai, à la Chambre des lords.

Ainsi, Messieurs, la solution politique que l'ancien ambassadeur de France à Constantinople avait proposée, et qui avait été adoptée par la Porte, il y a quinze mois, est aujourd'hui publiquement admise par un organe du Cabinet britannique.

Quant à la solution technique, grâce à vos résolutions de l'année dernière, les faits accomplis ont mis fin à toute discussion. Le canal de Suez n'est plus un projet; il se fait, il s'achèvera sans perturbation, et nous avons plus que jamais la confiance qu'il sera aussi profitable aux intérêts des actionnaires qu'à ceux de la civilisation.

Comme à la réunion de l'année précédente, l'Assemblée générale des actionnaires a approuvé le rapport du Président et donné tous pouvoirs au Conseil d'administration pour la poursuite des opérations de l'entreprise.

EXTRAIT DU RAPPORT DU PRÉSIDENT A LA TROISIÈME ASSEMBLÉE GÉNÉRALE DES ACTIONNAIRES, TENUE LE 1er MAI 1862

Situation générale

. . . .

Maintenant, Messieurs, il faut encore vous parler cette fois de notre situation politique, puisque la politique a voulu jouer un rôle dans notre affaire industrielle et commerciale. Nous espérons cependant que nous n'aurons plus à y revenir.

Dans le décret par lequel Mohammed-Saïd nous a fait l'honneur de nous remettre l'acte définitif et complet de notre concession, Son Altesse nous informe que cet acte nous est transmis pour que nous puissions constituer une Compagnie financière. La Compagnie financière a été en conséquence constituée. Son Altesse ajoutait : « Quant aux travaux relatifs au percement de l'isthme, la Compagnie pourra les exécuter elle-même dès que l'autorisation de la Sublime Porte m'aura été accordée. »

Ainsi le Gouvernement égyptien avait seul à demander et à obtenir cette autorisation. Il était seul juge de la forme qu'elle devait avoir, sans que la Compagnie eût à intervenir. Pour la mise à exécution de nos travaux et l'emploi de nos capitaux, nous n'avions à nous préoccuper que du Gouvernement égyptien.

Certes on ne peut douter de cet agrément. Le Gouvernement égyptien nous a mis en possession des terrains concédés.

Il nous a livré le matériel qu'il avait préalablement rassemblé lui-même à ses frais.

Il a autorisé le recrutement de nos travailleurs indigènes dans toutes ses provinces.

Il a vu avec satisfaction se fonder et grandir nos nombreux établissements qui sont une nouvelle source de richesses pour le pays.

Dernièrement, Son Altesse le vice-roi a, de sa personne, inspecté nos travaux et inauguré la navigation du canal d'eau douce à peine achevé.

Nous lui avons constamment rendu compte des dépenses que nous faisions et des progrès que nous réalisions.

En outre, le commissaire du vice-roi près la Compagnie l'a toujours informé des résolutions prises dans les réunions de votre Conseil et dans nos Assemblées générales, et il sait que vos décisions l'engagent à l'égal de chacun de vous en sa qualité d'actionnaire de la Société.

Nous sommes donc entièrement autorisés à poursuivre notre œuvre.

De son côté, le Gouvernement égyptien s'est mis en règle vis-à-vis de la Porte ; nous avons été maintes fois son intermédiaire, et nous n'avons eu qu'à constater l'assentiment du Sultan et de ses ministres.

En 1860, particulièrement, le Cabinet ottoman tout entier, après de mûres délibérations, a reconnu et décidé que le canal de Suez est une œuvre avantageuse aux intérêts de l'Empire. Il ne s'en est pas tenu là, et il a fait inviter par une note diplomatique les Cabinets de Paris et de Londres à régler, d'accord avec lui, les questions politiques ou de neutralité qui pourront résulter de l'ouverture du canal maritime de Suez à la grande navigation.

Depuis cette époque, le Gouvernement Turc n'a cessé de garder, à l'égard de nos travaux, l'attitude la plus bienveillante. Il a cette réponse bien simple à faire à tout Gouvernement qui lui présenterait des objections : « Négocions un traité de neutralité internationale, « puisque vous avez été invité officiellement à demander et à formuler « les garanties qui assureront le libre passage commercial de l'isthme « à toutes les Puissances maritimes. »

Tout nous porte d'ailleurs à croire que l'opposition de la politique anglaise, la seule que nous ayons rencontrée, a désarmé, car elle a cessé de se manifester. C'était, selon nous, le résultat infaillible de la marche de nos travaux. Il a été possible, pendant quelque temps, sinon d'égarer l'opinion anglaise, du moins de la tenir en suspens, en se fondant sur le prétexte que le canal était impossible. Mais le langage d'autrefois ne serait plus toléré aujourd'hui.

Sans parler de la manifestation imposante des meetings, vous vous rappelez les discours des membres actuels du Cabinet de Londres, lord John Russell, M. Gladstone et M. Milner Gibson. Vous vous rappelez aussi la visite du consul général d'Angleterre en Égypte sur nos travaux et la loyale attitude de cet agent.

L'unanimité de l'opinion publique, en Angleterre aussi bien que chez tous les autres peuples, l'emporte décidément sur les préjugés et les passions de la vieille politique.

Nous ne pouvons donc que persister dans les paroles que nous vous adressions en 1860 et que nous vous répétions en 1861 : « Poursuivons avec confiance notre entreprise commerciale et industrielle, et laissons à la diplomatie le soin de traiter dans le moment opportun les questions qu'elle a été appelée à résoudre sur la demande de la Porte Ottomane.

Il nous reste, Messieurs, à vous entretenir de deux questions dignes de tout votre intérêt.

Vous vous rappelez les craintes exprimées, particulièrement dans un pays voisin, sur le sort qui attendait les travailleurs indigènes employés au creusement du canal. La faim, la soif, devaient les décimer comme au temps du pharaon Nécos, où, suivant Hérodote, le Seuil vit périr 80.000 ouvriers. Les 200.000 terrassiers indigènes qui, depuis un an, ont successivement passé sur nos travaux du désert, ont été approvisionnés à coup sûr avec plus d'abondance qu'ils ne le sont dans leurs familles. Tous les rapports de notre corps médical, que nous nous sommes fait un devoir de publier, n'ont cessé de constater l'excellence de l'état sanitaire sur tous nos chantiers. Aujourd'hui, nous pouvons vous soumettre les chiffres authentiques fournis par les tables des maladies et de la mortalité dans l'isthme. Il en résulte que, pour les Européens, la mortalité, dans des conditions analogues, a été moins forte dans l'isthme qu'en France. Quant aux indigènes, elle est au-dessous de tout ce que l'on pouvait espérer.

L'épreuve est donc complète, car nos ouvriers ont été employés dans les lacs, dans les sables, dans les terres végétales, dans les terrains secs, dans les terrains humides ou marécageux. Ils ont fouillé, déplacé des millions de mètres cubes, et tandis qu'en Europe de pareils mouvements de terre auraient infailliblement produit de nombreuses et pernicieuses affections, nos hôpitaux de Port-Saïd, de Kantara et d'El Guisr ne recevaient qu'un très petit nombre de malades.

Nous vous avons entretenus brièvement, dans la partie financière de ce rapport, de l'acquisition de notre domaine de l'Ouady[1]. Vous avez la

---

1. Dans la partie financière de son rapport, M. de Lesseps exposait comme suit les motifs qui avaient décidé la Compagnie à faire l'acquisition du domaine de l'Ouady :

Il faisait remarquer que le canal de Zagazig à l'Ouady, qui formait la tête de la ligne de communication de la Compagnie, entre le Nil, par le Bahr Moèze, et le lac Timsah, faisait partie du domaine public, mais qu'il n'en était pas de même du canal proprement dit de l'Ouady, qui formait la portion intermédiaire de cette même ligne de communication ; que ce canal, en effet, faisait partie de la propriété même de l'Ouady, en sorte que le pro-

carte sous les yeux, et vous devez facilement vous rendre compte de l'heureuse influence que ce domaine doit exercer sur l'exécution de nos travaux. Vous avez appris qu'il nous rapporte déjà 7 1/2 0/0 du capital que nous y avons engagé. Nous avons aussitôt attiré sur cette propriété des Arabes Bédouins qui erraient dans le désert. Elle nous sert dès à présent de point d'appui pour pousser nos cultures sur la terre biblique de Gessen, autrefois si fertile et qui est restée stérile et dépeuplée depuis le départ de Moïse.

(Suivent des renseignements sur l'extension de la culture dans la vallée de Gessen par les indigènes.)

Ainsi tombe cette crainte, exprimée par nos voisins, de la fondation d'une colonie d'Européens pour la culture des terres concédées à la Compagnie.

Ces détails vous indiquent le système que nous avons cru devoir adopter. Nous avons résolu de ne point entreprendre de cultures par nous-mêmes, de laisser aux indigènes les bénéfices comme les chances du défrichement, de les attirer par la douceur et la justice de notre traitement, en liant enfin leur intérêt à celui de la Compagnie.

Il semble superflu de vouloir parler des perspectives qu'offrira à notre budget des recettes le passage maritime de notre canal. Pour résumer nos convictions sur ce point, nous rappellerons de simples chiffres. La navigation qui a traversé le détroit de Gibraltar, dans le cours de l'année dernière, a formé un total de 5 millions de tonneaux. Le détroit des Dardanelles, le port seul de Liverpool, nous offrent chacun le même chiffre. Marseille a reçu ou expédié 4 millions de tonneaux.

Nous n'avons évalué, pour obtenir, sur un capital de 200 millions de francs, un produit de 15 0/0, qu'à 4 millions de tonneaux la totalité du

---

priétaire en réglait nécessairement le cours à son gré. La Compagnie se trouvait donc, en fait, à la merci d'un voisin dont les intérêts pouvaient être en opposition avec les siens : le chômage du canal, son mauvais entretien, auraient enlevé à la Compagnie la jouissance continue d'une navigation devenue indispensable à la sécurité de ses opérations.

D'un autre côté, le domaine de l'Ouady, limite des terrains cultivés dans cette partie de l'Egypte, touchait par plusieurs points aux terrains de la concession de la Compagnie dans la vallée de Gessen qui lui faisait suite ; une délimitation était nécessaire pour fixer les droits respectifs, et cette opération ne se présentait pas sans avoir ses inconvénients et ses difficultés.

C'était au milieu de ces préoccupations que, par les soins de M. Ruyssenaërs, l'un de ses vice-présidents, la Compagnie avait acquis le domaine de l'Ouady, provenant de la succession du prince El Hamy-Pacha, au prix de 1.997.53 fr. 37 (correspondant à un prix de 200 francs l'hectare).

On verra plus loin, que, par la convention du 30 janvier 1866, article 6, le domaine a été cédé au Gouvernement Égyptien pour la somme de 10 millions de francs, cette cession ayant fait réaliser à la Compagnie, compte tenu de la valeur du mobilier, du matériel et des constructions de son fait, un bénéfice net de 7.593.351 fr. 90.

passage qui s'effectuera par le canal de Suez, passage qui fera communiquer, par une route abrégée de moitié, 300 millions d'Européens et d'Américains avec 700 millions d'Asiatiques, d'Africains et d'Océaniens. Lorsque le canal sera ouvert, est-il permis de supposer que 4 millions de tonneaux n'y passeront pas? Assurément non. Car, à l'époque où nous faisions nos premiers calculs, la Chine n'avait pas été ouverte par la vaillance des marins et des soldats de la France et de l'Angleterre; Siam et le Japon ne nous envoyaient pas leurs ambassadeurs; la Cochinchine n'était pas conquise par nos armes, et Madagascar ne se dégageait pas encore des langes de la barbarie sous un nouveau roi, qui invoque par un de ses envoyés, notre compatriote, le concours des lumières et des capitaux de l'Europe.

Au milieu de ce réveil, de cette invasion de la vie dans la léthargie orientale, qui peut prédire les proportions que prendra, d'ici à peu d'années entre l'Occident et l'Orient, le mouvement des échanges servi par la voie nouvelle du canal de Suez.

C'est donc vers son achèvement que nous devons concentrer tous nos efforts. Après avoir vaincu les plus grandes difficultés, continuons à former par notre constante union un faisceau indissoluble; et, puisque les circonstances ont obligé la France à prendre la plus grande part dans l'accomplissement d'une œuvre universelle dont elle a gardé pour elle les périls et les chances, pour en faire profiter le monde entier, contribuons, Messieurs, à prouver que notre patrie sait être aussi persévérante dans les œuvres fécondes de la paix, qu'elle l'a toujours été dans les œuvres de la guerre.

Comme aux deux réunions précédentes, l'Assemblée générale des actionnaires a approuvé le rapport du Président et donné tous pouvoirs au Conseil d'administration pour la poursuite des opérations de l'entreprise.

AVÈNEMENT DE S. A. ISMAÏL-PACHA[1]

(18 janvier 1863)

S. A. Ismaïl-Pacha, proclamé au Caire vice-roi d'Égypte, le 18 janvier 1863, témoigna, dès son avènement, les intentions les plus bienveillantes pour le canal de Suez.

Malgré les idées personnelles de Son Altesse sur les incon-

---

1. Ismaïl-Pacha, petit-fils de Mehemet-Ali, second fils d'Ibrahim-Pacha, né en 1830, se trouvait être le cinquième vice-roi de la dynastie de Mehemet-Ali.

Il obtint d'abord du Sultan, en 1866, à la suite d'un troisième voyage à Constantinople, un firman qui, changeant, pour la vice-royauté d'Egypte, les lois et coutumes en vigueur dans l'Empire Ottoman, substituait au régime de l'hérédité indirecte et par rang d'âge celui de l'hérédité directe dans la branche aînée par ordre de primogéniture.

L'année suivante, par le firman ci-après en date de juin 1867 (à un an environ de distance du firman du 19 mars 1866, qui autorisa définitivement l'exécution du canal de Suez), le Sultan conféra à Ismaïl-Pacha le titre et les prérogatives de khediwy-el-masr (souverain d'Egypte) :

FIRMAN DE JUIN 1867

« A mon illustre Vizir Ismaïl-Pacha, khediwy-el-masr, grand-vizir en activité, etc.

« Notre firman, qui accordait au khediwy-el-mars le privilège de l'hérédité, « ordonnait que l'Egypte serait gouvernée conformément au caractère de son, « peuple, au droit et à l'équité, d'après les lois fondamentales en vigueur « dans les autres parties de l'Empire et basées sur le hati-humayoun de' « Gulhané.

« Cependant l'administration intérieure de l'Egypte, c'est-à-dire tout ce qui « a rapport à ses intérêts financiers et à ses intérêts locaux, étant de la « compétence du Gouvernement égyptien, nous vous permettons, pour la « conservation et en faveur de ses intérêts, de faire des règlements spé- « ciaux ayant rapport à cette administration intérieure seulement, en con- « tinuant à observer en Egypte les traités de notre Empire tels quels.

« En résumé, vous êtes autorisé à faire des conventions pour les douanes, « la police des sujets européens, le transit, la poste, à la condition que ces « accords n'aient ni la forme ni le caractère de traités internationaux ou « politiques. Dans le cas contraire, si ces accords ne sont pas conformes aux « bases ci-dessus et à nos droits fondamentaux de souveraineté, ils seront « considérés comme nuls et non avenus.

« Dans le cas où le Gouvernement égyptien aurait quelques doutes sur la « conformité d'une convention de ce genre avec les lois fondamentales de « notre Empire, il devra en référer à notre Sublime Porte avant de prendre « aucune résolution définitive.

« Toutes les fois qu'il se fera en Egypte un règlement de douane spécial

vénients qui résultaient, pour les travaux de l'agriculture, des grands déplacements d'ouvriers fellahs occasionnés par les travaux du canal en application du règlement du 20 juillet 1856, les envois de contingents d'ouvriers dans l'isthme furent néanmoins provisoirement continués dans les mêmes conditions que par le passé ; Son Altesse tenait expressément, en effet, à ce qu'il ne fût apporté ni trouble ni interruption dans les travaux jusqu'au jour où un arrangement

---

« dans la forme voulue, avis en sera donné régulièrement à notre Gou-« vernement, de même que, pour sauvegarder les intérêts commerciaux de « l'Egypte dans les traités de commerce qui interviendront entre nous et les « Gouvernements étrangers, l'Administration égyptienne sera consultée. »

Un dernier firman en date du 8 juillet 1873 (13 reïbul-akhir 1290), destiné à remplacer tous les firmans et hats-houmayoun qui, depuis le firman accordant l'hérédité de l'Egypte à Mehemet-Ali, avaient été octroyés aux khédives d'Egypte, « soit pour modifier le mode de succession, soit pour accorder à l'Egypte des immunités et des privilèges nouveaux en harmonie avec les mœurs des habitants, le caractère et la nature du pays », revisant, complétant, élucidant et modifiant tous ces firmans précédents, édicta les règles et principes devant être observés à toujours et à jamais exécutés aux lieu et place de tous les autres contenus dans les précédents firmans.

FIRMAN DU 8 JUILLET 1873

Ordre de succession

« Le Gouvernement de l'Egypte et de ses dépendances, ainsi que le « caïmacamat de Soüakin et de Massawa avec leurs dépendances, passe au « fils aîné du khédive. Si le khédive ne laisse pas d'enfants mâles, le khé-« diviat passe à son frère aîné puîné, et, dans le cas où ce frère aîné ne « serait plus, au fils aîné de celui-ci. Cette règle ne s'applique pas aux « enfants mâles dans la ligne féminine. »

Institution et attributions de la régence appelée à administrer l'Egypte en cas de minorité

« A la mort du khédive, si son fils aîné est mineur, c'est-à-dire s'il est âgé « de moins de dix-huit ans, comme il est quand même khédive par son « droit à la succession, son firman est envoyé immédiatement. » (Suivent les règles concernant l'institution et les attributions de la régence.)

Gouvernement de l'Egypte

« L'Administration civile et financière du pays et tous ses intérêts maté-« riels et autres, sous tous les rapports, sont du ressort du Gouvernement « égyptien et lui sont confiés ; et, comme l'administration, le bon ordre de « tout le pays, le développement de la richesse et de la prospérité de la « population proviennent de l'harmonie à établir entre les faits, ainsi que le « caractère et les mœurs des habitants, le khédive d'Egypte est autorisé à « faire des règlements intérieurs et des lois toutes les fois qu'il sera néces-« saire. Il est aussi autorisé à renouveler et à contracter, sans porter atteinte

pourrait intervenir entre elle et la Compagnie pour une modification des susdits règlements.

Son Altesse s'empressa d'ailleurs, par convention financière passée avec la Compagnie, le 20 mars 1863, et dont le texte est donné plus loin, de reconnaître et accepter la souscription de 177.642 actions de la Compagnie[1], faite par son prédécesseur pour compte du Gouvernement égyptien.

« aux traités politiques de ma Sublime Porte, des conventions avec les « agents des Puissances étrangères pour les douanes et le commerce et pour « toutes les relations qui concernent les étrangers et toutes les affaires inté- « rieures et autres du pays, et cela, dans le but de développer le commerce « et l'industrie, et de régler la police des étrangers ainsi que leur situation et « tous leurs rapports avec le Gouvernement et la population.

« Le khédive a la disposition complète et entière des affaires financières du « pays; il a pleine faculté de contracter sans autorisation, au nom du Gou- « vernement égyptien, tout emprunt à l'étranger, toutes les fois qu'il le « croira nécessaire.

« Le premier devoir du khédive et le plus essentiel étant la garde et la « défense du pays, il a autorisation pleine et entière de pourvoir à tous les « moyens et établissements de défense et de protection, conformément aux « nécessités des temps et des lieux, et d'augmenter ou de diminuer, selon le « besoin, sans qu'aucune limite lui soit imposée, le nombre des troupes « impériales d'Egypte.

« Le khédive conservera, comme auparavant, le privilège de conférer des « grades dans l'ordre militaire jusqu'au grade de colonel et dans l'ordre « civil jusqu'au grade de routbé-sanié.

« La monnaie qui sera frappée en Egypte doit être frappée au nom impé- « rial; les drapeaux des troupes de terre et de mer seront les mêmes que « ceux des autres troupes de l'Empire, et, comme bâtiments de guerre, les « bâtiments blindés, seuls, ne pourront être construits sans la permission « impériale. »

Tribut annuel à payer au Trésor impérial

« Le tribut établi est de 150.000 bourses (15 millions de francs). »

Ismaïl-Pacha ayant été destitué du khediviat d'Egypte par le Sultan, son fils aîné Thewfik-Pach l'i a succédé en juin 1879.

Le khédive actuel est Abbas-Hilmi-Pacha, fils aîné de Thewfik-Pacha, qui a succédé à son père, décédé, le 7 janvier 1892.

1. La souscription primitive n'atteignait pas ce chiffre, qui ne fut définiti- vement arrêté qu'un peu plus tard, par une première convention financière du 6 août 1860, passée entre le Gouvernement égyptien et la Compagnie, et destinée à régler le mode et les dates des versements des actions souscrites par le Gouvernement.

Voir, à ce sujet, les renseignements donnés précédemment sur les résultats définitifs de la souscription publique, et voir plus loin, en ce qui est de la Connvention même du 6 août 1860, le texte de cette convention figurant en note à propos de la deuxième convention financière du 20 mars 1863.

Enfin, pendant tout le cours des travaux, Son Altesse ne cessa de montrer la plus constante sollicitude pour assurer le succès de l'œuvre dont elle voulait faire une des gloires de son règne. C'est grâce surtout à sa haute protection, à son bienveillant concours dans toutes les circonstances difficiles qu'eut encore à traverser la Compagnie, que cette œuvre a pu être menée à bonne et heureuse fin.

CONVENTION ENTRE LE GOUVERNEMENT ÉGYPTIEN ET LA COMPAGNIE POUR LA CONSTRUCTION DU CANAL D'EAU DOUCE, DU CAIRE AU OUADY.

(18 MARS 1863)

A l'époque des études de la Commission internationale, le Gouvernement égyptien avait fait connaître à M. de Lesseps son intention de rester chargé de la construction à forfait du canal de communication moyennant le prix d'estimation porté à l'avant-projet. Plus tard, en 1858, la convention verbale qui avait été conclue à ce sujet ayant été rompue d'un commun accord, le Conseil supérieur des travaux arrêta les bases du projet définitif dudit canal, qui devait être exécuté désormais par les soins de la Compagnie.

Ainsi qu'on le verra au chapitre de l'*Historique des travaux*, la Compagnie reconnut l'utilité d'exécuter, en premier lieu, la portion extrême du canal de communication s'étendant depuis l'Ouady jusqu'au lac Timsah et formant le prolongement du canal de Zagazig. Mais, après l'achèvement de cette section extrême, il restait encore à exécuter la portion la plus importante du canal de communication comprenant l'établissement de la prise d'eau au Nil près du Caire et l'ouverture de la première section du canal, longue de 90 kilomètres, qui devait relier la prise d'eau à la section déjà ouverte à la navigation. Or ces derniers travaux, devant être exécutés à travers les parties cultivées de l'Égypte, la Compagnie eût été entraînée inévitablement dans de grands frais et dans des difficultés d'expropriation, et elle se fût trouvée exposée à troubler, par des opérations inusitées en pays musulman, les coutumes locales et les formes ordinaires de l'Administration égyptienne. Le vice-roi était lui-même désireux d'éviter les réclamations qu'aurait soulevées l'exécution directe de cette partie du canal par la Compagnie.

D'un autre côté, la dépense nécessaire pour l'exécution des travaux en question était évaluée à une somme de 10 millions de francs ; et le même chiffre de 10 millions fut regardé comme étant la représentation équitable de la valeur des terrains concédés à la Compagnie sur tout le développement de la portion de canal considérée, terrains dont la superficie était limitée à l'ouest par la zone des cultures appartenant à des particuliers, et, à l'est, par la surélévation du sol du désert que ne pouvaient atteindre les irrigations.

En conséquence, il fut convenu d'un commun accord que la Compagnie ferait abandon des droits résultant pour elle de cette partie de sa concession, et que le Gouvernement égyptien se chargerait, par contre, d'établir à ses frais la prise d'eau du Caire et son raccordement, à l'Ouady, avec le canal construit par la Compagnie ; étant stipulé, d'ailleurs, que cette construction serait faite dans un délai déterminé, sur les plans dressés par les ingénieurs de la Compagnie, et avec toutes les servitudes et obligations qui auraient été attachées à cette section du canal, si elle eût été construite par la Compagnie elle-même.

L'arrangement ainsi conclu résolvait, à l'avantage de tous les intérêts, les questions délicates qui pouvaient être soulevées à propos de ce point spécial de la concession de la Compagnie.

Ci-dessous le texte de la convention :

CONVENTION DU 18 MARS 1863 ENTRE LE GOUVERNEMENT ÉGYPTIEN ET LA COMPAGNIE UNIVERSELLE DU CANAL MARITIME DE SUEZ POUR LA CONSTRUCTION DU CANAL D'EAU DOUCE DU CAIRE AU OUADY.

Exposé

Aux termes des actes du Gouvernement égyptien, des 30 novembre 1854 et 5 janvier 1856, portant concession et cahier des charges pour la construction, à travers l'isthme de Suez, d'un canal maritime avec les ports et les canaux d'irrigation et d'alimentation en dépendant,

La Compagnie, en ce qui concerne spécialement le canal d'eau douce dérivé du Nil, a l'obligation, conformément aux articles 1er, 4 et 7 de l'acte du 5 janvier 1856, de creuser ce canal depuis le Caire jusqu'à Timsah, pour la navigation fluviale, avec dérivation, pour irrigation et alimentation, de Timsah à Port-Saïd et de Timsah à Suez, et d'entretenir lesdits canaux en bon état.

En outre, la Compagnie a le droit, aux termes des articles 10 et 12 dudit acte, de réclamer du Gouvernement égyptien :

1° L'abandon, sans aucun impôt ni redevance, de tous les terrains n'appartenant pas à des particuliers, qui seront nécessaires à l'établissement de ces canaux ;

2° La jouissance de tous les terrains incultes, n'appartenant pas à des particuliers, qui seront arrosés et mis en culture par ses soins, avec exemption d'impôt pendant dix ans ; lesdits terrains étant soumis, après ce terme, aux obligations et aux impôts auxquels seront soumises, dans les mêmes circonstances, les terres des autres provinces de l'Égypte ;

3° La livraison des terrains de propriété particulière dont la possession est nécessaire à l'exécution des travaux et à l'exploitation des concessions, à la charge par la Compagnie de payer aux ayants droit de justes indemnités, fixées au besoin par arbitrage.

Enfin, aux termes des articles 8 et 17 dudit acte de concession, la Compagnie est autorisée à percevoir des droits de navigation, de remorquage ou de stationnement, pour le passage dans ces canaux, et pour toutes les prises d'eau accordées, à la demande des particuliers riverains, un droit proportionnel à la quantité d'eau absorbée et à l'étendue des terrains arrosés, suivant un tarif fixé par la Compagnie.

M. Ferdinand de Lesseps, président-fondateur de la Compagnie concessionnaire, ayant représenté à Son Altesse que la prise d'eau provisoire établie sur le canal de Zagazig allait devenir insuffisante pour la sécurité de l'alimentation du canal d'eau douce jusqu'à Suez, et que la Compagnie était dans la nécessité de pourvoir, à ce sujet, aux besoins de la concession, en exécutant dans les conditions rappelées ci-dessus la partie de son canal dérivé du Nil, depuis le fleuve jusqu'au Ouady-Toumilat, avec une prise d'eau spéciale, directe et permanente, au Caire ou près du Caire,

Il a été reconnu par Son Altesse et par M. de Lesseps que les moyens de construction de cette partie du canal, par les soins et au compte de la Compagnie, notamment en ce qui concerne l'expropriation et la prise de possession des terrains appartenant à des particuliers, donneraient lieu à des questions d'administration intérieure fort complexes et fort graves, et dont il est désirable pour le Gouvernement égyptien de se réserver la libre solution, suivant les lois et les coutumes du pays.

En conséquence de cet exposé, et pour éviter, dans l'exercice des droits et intérêts de la Compagnie, toute difficulté, et en même temps pour respecter les convenances du Gouvernement égyptien, il a été convenu et stipulé ce qui suit :

Entre S. Exc. Nubar-Bey, agissant au nom du Gouvernement égyptien, en vertu des pouvoirs qui lui sont conférés par Son Altesse le vice-roi, suivant ordre de Son Altesse en date du 16 du présent mois,

D'une part,

Et M. Ferdinand de Lesseps, président-fondateur de la Compagnie universelle du canal maritime de Suez, agissant en vertu des pouvoirs spéciaux dont il est investi au nom de ladite Compagnie,

D'autre part :

Convention

ARTICLE PREMIER. — *La Compagnie renonce au droit qui résulte pour elle des actes de sa concession, à l'effet d'établir par elle-même au Caire la prise d'eau de son canal dérivé du Nil, et de prendre possession des terrains nécessaires à la* construction de ce canal depuis le Caire jusqu'à sa jonction au point qui sera déterminé par les ingénieurs de la Compagnie dans le Ouady avec le canal du Ouady, déjà ouvert à la navigation.

En outre, la Compagnie s'engage à donner à la dérivation actuellement en construction, depuis Nefiche jusqu'à Suez, des dimensions suffisantes pour que cette dérivation ne soit pas seulement propre à l'irrigation et à l'alimentation, comme il est stipulé au cahier des charges, mais pour qu'elle soit, en même temps, propre à la navigation fluviale.

ART. 2. — Comme compensation des dérogations consenties par la Compagnie aux droits de son acte de concession stipulées à l'article ci-dessus, le Gouvernement égyptien s'oblige et s'engage à établir la jonction au Nil du canal d'eau douce de la Compagnie, avec prise d'eau directe, spéciale et permanente, au Caire, et raccordement au canal du Ouady; le tout, dans les conditions stipulées dans l'acte de concession du 5 janvier 1856, et notamment sous les conditions ci-après :

1° Le canal sera construit et les prises d'eau du Caire établies suivant le programme de la commission internationale, dans les dimensions, d'après les tracés et sur les plans qui seront arrêtés par le directeur général des travaux de la Compagnie, et approuvés par le Gouvernement de Son Altesse;

2° L'exécution des travaux sera suivie et contrôlée par les ingénieurs de la Compagnie, qui seront appelés à constater la bonne construction de tous les ouvrages ;

3° Les travaux devront être commencés dès que la remise des plans aura été faite par la Compagnie aux services de Son Altesse le vice-roi. — Ils seront conduits de manière à être achevés autant que possible dans une seule campagne, c'est-à-dire dans des conditions telles, que l'alimentation du canal de la Compagnie, à partir du Ouady, soit assurée d'une manière complète et permanente avant le mois de mars 1834;

4° *Le canal de jonction du Nil au canal du Ouady, construit par le Gouvernement égyptien aux lieu et place de la Compagnie du Canal de Suez, sera soumis à toutes les servitudes qui devaient être attachées à ce canal, s'il eût été construit par la Compagnie elle-même, c'est-à-dire qu'il sera constamment entretenu en bon état, de manière à fournir la quantité d'eau nécessaire en toute saison, les irrégularités du Nil étant prises en considération, et que sa prise d'eau sera principalement et spécialement affectée à l'alimentation des canaux de la Compagnie.*

ART. 3. — *Le Gouvernement égyptien, propriétaire de la prise d'eau au Nil et du parcours du canal d'eau douce d'alimentation, longeant les terres cultivées de l'Égypte jusqu'au Ouady, s'engage à ne pas percevoir, spécialement à ce canal, de droit de navigation sur les bâtiments et barques qui se rendront dans les canaux fluviaux du Ouady jusqu'à Suez, ou qui en reviendront.*

ART. 4. — *A défaut, par l'une ou l'autre des parties contractantes, d'exécuter les clauses et conditions qui précèdent, sauf les cas de force majeure, une commission de quatre membres, dont deux désignés par chacune des parties, et qui auront à nommer un président (cinquième membre), statuera s'il y a des dommages, et fixera, dans ce cas, la somme d'indemnité à payer, ou déterminera les mesures à prendre d'urgence.*

Fait double au Caire, le 18 mars 1863.

Signé : N. NUBAR.

FERD. DE LESSEPS.

DEUXIÈME CONVENTION FINANCIÈRE
ENTRE LE GOUVERNEMENT ÉGYPTIEN ET LA COMPAGNIE

POUR LE RÉGLEMENT DU SOLDE DES VERSEMENTS EXIGIBLES
SUR LES ACTIONS SOUSCRITES PAR LE TRÉSOR ÉGYPTIEN [1]

(20 MARS 1863)

En exécution des engagements contractés par le Gouvernement égyptien, il a été convenu, entre S. A. le vice-roi et la Compagnie universelle du canal maritime de Suez, de liquider de la manière suivante la participation du Gouvernement égyptien dans la souscription du capital de la Compagnie.

---

1.   PREMIÈRE CONVENTION FINANCIÈRE

Portant premier règlement de compte avec le Gouvernement égyptien au sujet de sa souscription

(6 AOUT 1860)

Dans la présente pièce est consignée la convention suivante à l'effet de porter les actions de la Compagnie du Canal de Suez qui devront être inscrites au nom de S. A. le vice-roi au nombre de 177.642 actions.

ARTICLE PREMIER. — *Montant des deux premiers dixièmes, paiements effectués sur ce montant, et le solde, le tout sauf erreur ou omission :*

	Francs
Il sera porté dans les registres de la Compagnie, au débit de S. A. le vice-roi, à dater du 1ᵉʳ janvier 1859, le montant des deux dixièmes sus-mentionnés s'élevant à raison de 100 francs par action, à	17.764.200
A déduire la somme qui doit être passée au crédit de Son Altesse, dans les registres de la Compagnie, pour capital et intérêts des paiements déjà faits à la Compagnie par l'entremise de la maison Ruyssenaërs frères	2.304.914,52
Reste pour solde dû par Son Altesse	15.309.285,48
A déduire les intérêts dus à Son Altesse sur les sommes payées par Elle depuis le 1ᵉʳ janvier 1859 jusqu'au 31 décembre 1859	121.242,60
Reste pour solde dû à la Compagnie	15.248.042,88

ART. 2. — *La somme de 15.248.042 fr. 88 précitée sera remboursée à la Compagnie en Sanad talab (Obligations) sur le Trésor égyptien aux échéances*

Exposé

Le compte des souscriptions du Gouvernement égyptien au capital de la Compagnie du canal de Suez, réglé au 1er janvier dernier, s'établit de la manière suivante, savoir :

Le Gouvernement égyptien est souscripteur de 177.642 actions.

---

indiquées plus bas, avec un compte d'intérêts à raison de 10 0/0 l'an depuis le 1er janvier 1860 jusqu'aux dates du paiement desdits sanad, comme suit :

Francs

2.305.125	*du 15 janvier 1863 au 8 décembre 1863, répartis en neuf paiements chacun de 256.125 francs ;*
4.314.305,96	*du 15 janvier 1864 au 8 décembre 1864, répartis en neuf paiements chacun de 479.367 fr. 33 ;*
4.314.305,96	*du 15 janvier 1865 au 8 décembre 1865, répartis en neuf paiements chacun de 479.367 fr. 33 ;*
4.314.305,96	*du 15 janvier 1866 au 8 décembre 1866, répartis en neuf paiements chacun de 479.367 fr. 33.*

15.248.042,88

ART. 3. — Les sanad-talab (*obligations*) sus-mentionnés seront acceptés par la Compagnie comme numéraire, et par conséquent leur montant sera passé au crédit du compte courant de Son Altesse à partir du 1er janvier 1860.

ART. 4. — Le montant des deux premiers dixièmes des actions sus-énoncées se trouvant ainsi soldé, un intérêt de 5 0/0 l'an sera passé au crédit de S. A. le vice-roi, à partir du 1er janvier 1860, et réglé par semestres au 1er janvier et au 1er juillet. Le produit de cet intérêt sera déduit du 10 0/0 d'intérêt à calculer sur le montant des sanad dont il est fait mention à l'article 2.

ART. 5. — Conformément aux articles qui précèdent, la Compagnie doit livrer à S. A. le vice-roi des actions équivalentes au montant des sommes ainsi payées par Elle.

ART. 6. — Les huit dixièmes restants du montant des actions ci-dessus indiquées ne seront payés par S. A. le vice-roi qu'à partir du 1er janvier 1867 et jusqu'au 15 janvier 1875, par huitième chaque année à répartir également sur chaque mois de l'année. Le paiement de ces huit dixièmes sera réglé par des sanad-talab (*obligations*) sur le Trésor égyptien aux échéances indiquées dans le présent article, portant un intérêt égal à celui que doivent porter les actions dont elles sont l'équivalent, de telle sorte qu'il y ait compensation d'intérêts des deux côtés.

Fait double à Alexandrie, le 18 moharrem 1277 (6 août 1860).

Signé :

Cachet du *Ministre des Finances, Ragheb Pacha.*
Pour légalisation du cachet du Ministre des Finances :

Le Ministre des Affaires étrangères :
SHÉRIF-PACHA.

Pour M. Ferd. de Lesseps
et par procuration :

Les administrateurs délégués :
DE CHANCEL, GÉRARDIN.

Francs

Les 300 francs par action, appelés jusqu'à ce jour, consti-
tuent, pour ce nombre d'actions, un débit total de..... 53.292.600 »
d'où il y a lieu de déduire :
1° Le montant des avances faites par le
    Trésor égyptien pour études, travaux
    préparatoires, achats de matériel et
    toutes dépenses antérieures à la forma-
    tion de la Société, suivant compte
    arrêté au 1er janvier 1860.......... 2.516.157,12
2° Les intérêts à 5 0/0 de ladite somme,
    du 1er janvier 1860 au 1er janvier 1863
    pour les coupons semestriels acquis aux
    versements que cette somme représente
    à titre d'acompte sur le premier appel
    de fonds de 100 francs fait à l'époque
    de la souscription, soit trois ans..... 377.423,55
3° Le montant en capital des obligations
    déjà remises à la Compagnie (valeur du
    1er janvier 1860) pour solde du premier
    appel de fonds de 100 francs par
    action, ci..................... 15.248.042,10   18.141.622,77

Reste au débit du Gouvernement égyptien, à la date du
    1er janvier 1860 (les intérêts dus pour ce capital étant
    compensés par les coupons semestriels des actions qu'ils
    représentent), la somme nette, sauf erreur ou omission, de. 35.150.977,23

Considérant qu'il y a lieu de satisfaire à deux intérêts :
le premier, de libérer le Gouvernement égyptien envers la
Compagnie, suivant les ressources et la convenance de son
Trésor, en le plaçant dans une position égale à celle de tous
les autres actionnaires, de telle sorte qu'il puisse avoir la libre
disposition de ses titres ; le second, de mettre la Compagnie
à même de réaliser son capital suivant ses besoins.

Il a été convenu et stipulé,

Entre S. E. Nubar-Bey, agissant au nom du Gouverne-
ment égyptien, en vertu des pouvoirs qui lui ont été confé-
rés par ordre de Son Altesse, en date de ce jour,

D'une part,

Et M. F. de Lesseps, président-fondateur de la Compagnie

universelle du canal maritime de Suez agissant en vertu des pouvoirs spéciaux dont il est investi au nom de ladite Compagnie,

D'autre part :

Convention

ARTICLE PREMIER. — *La Compagnie conserve, avec la faculté d'en opérer la coupure et d'en faire la négociation à sa convenance, la libre disposition des obligations du Trésor égyptien qui lui ont déjà été remises, conformément à la convention du 6 août 1860.*

ART. 2. — *Pour effectuer le solde des deuxième et troisième versements de 100 francs, exigibles sur les 177.642 actions dont il est souscripteur, et qui s'élèvent, suivant le compte établi ci-dessus, au 1er janvier 1863, au capital de 35.150.977 fr. 23, le Gouvernement égyptien s'engage à payer à la Compagnie, à dater du 1er janvier 1864, et de mois en mois jusqu'à complète libération, la somme de 1.500.000 francs par mois.*

Il est bien entendu que, conformément aux conventions antérieures, les sommes payées par le Trésor égyptien seront, au fur et à mesure de leur encaissement par la Compagnie, passées au crédit du compte des souscriptions ouvert à Son Altesse, et porteront les intérêts à 5 0/0 l'an acquis aux coupons semestriels dus sur les actions, les intérêts dus réciproquement pour le surplus étant compensés.

ART. 3. — *Le Gouvernement égyptien se réserve la faculté, lorsque les convenances de son Trésor le réclameront, de remettre à la Compagnie le montant des paiements mensuels stipulés ci-dessus en bons du Trésor négociables, et sous les conditions ci-après:*

1° Les frais d'escompte et de négociation seront au compte du Gouvernement égyptien, de telle sorte que la Compagnie touche toujours intégralement et en espèces le montant des paiements auxquels elle a droit;

2° *Les bons seront remis à la Compagnie, aux mains de l'administrateur Agent Supérieur en Égypte, un mois au moins avant la date du paiement qu'ils auront pour objet de représenter, à défaut de quoi le paiement sera exigible par la Compagnie à sa date et en espèces.*

. ART. 4. — *Pour les deux autres cinquièmes, le Gouvernement égyptien se réserve le droit, lorsque la Compagnie en fera l'appel à ses actionnaires, de prendre, d'accord avec elle, tels arrangements qui conviendront à l'état de son Trésor.*

Fait double au Caire, le 20 mars 1863.

Signé : N. NUBAR.

FERD. DE LESSEPS.

NOTE DE LA SUBLIME PORTE SUR LES CONDITIONS
DE SA RATIFICATION A L'ACTE DE CONCESSION

(6 AVRIL 1863)

La Sublime Porte, sollicitée en vain depuis le début de l'affaire de ratifier les actes de concession, n'avait pas encore fait connaître officiellement les motifs qui l'empêchaient, nonobstant les sympathies exprimées par elle à diverses reprises pour l'œuvre elle-même, de donner la ratification sollicitée. Sur les instances du nouveau vice-roi d'Égypte demandant à être bien fixé au sujet des véritables intentions de son suzerain, le Gouvernement turc adressa, le 6 avril 1863, aux Gouvernements de France et d'Angleterre, une note très explicite sur les conditions auxquelles il croyait devoir subordonner sa ratification des actes de concession.

Le Moniteur universel, dans son numéro du 12 mai, formula au sujet de cette note l'observation suivante :

« Par une indiscrétion regrettable, la dépêche adressée aux ambassadeurs de S. M. le Sultan à Londres et à Paris, au sujet de l'entreprise de l'isthme de Suez, a été prématurément livrée à la publicité. On égarerait gravement l'opinion publique si l'on voulait tirer de la connaissance de ce document des conséquences nécessairement contraires à l'entreprise dans laquelle sont engagés des intérêts considérables. La communication de la Turquie n'a d'autre objet et ne saurait avoir d'autre portée que de provoquer, de la part de la France et de l'Angleterre, l'examen de certaines questions dont la solution n'a rien assurément d'incompatible avec les intérêts d'une œuvre qui mérite à un si haut degré les sympathies de toutes les Puissances, y compris la Turquie elle-même. »

Voici d'ailleurs quel était le texte même de la note en question :

Monsieur l'ambassadeur, lorsque, il y a quelques années, la Sublime Porte fut saisie de la question du canal de Suez, elle se réserva de poser ses conditions sur les autres parties du projet de contrat qui lui fut soumis, et déclara qu'elle désirerait voir une entente établie au préalable entre les deux grandes Puissances maritimes sur les garanties extérieures que l'ouverture d'une voie de cette importance exigeait. Cette entente n'a pas eu lieu jusqu'ici, et le nouveau gouverneur général de l'Égypte, S. A. Ismaïl-Pacha, ayant adressé au Gouvernement de S. M. I. le Sultan la demande officielle par une lettre au grand-vizir, de régulariser sa position à cet égard et de lui donner des instructions nettes et précises sur ce qu'il devra faire et dire, nous nous sommes trouvés en devoir de lui faire connaître toutes les conditions auxquelles l'autorisation de la Sublime Porte a été toujours subordonnée, conditions que, par l'ordre de notre auguste Maître, nous soumettons à l'appréciation équitable et bienveillante des augustes alliés de Sa Majesté Impériale.

Nous nous sentons d'autant plus obligés de nous prononcer sans plus de retard, que nous avons le regret de voir les travaux de plus en plus avancer sans la solution préalable des importantes questions qui s'y rattachent. Force nous a été donc de dire franchement ce que, considérée sous le point de vue des intérêts de l'Empire, il faudra pour que cette œuvre puisse devenir réalisable avec l'autorisation du souverain du pays.

Il n'entre pas dans la pensée de la Porte de vouloir empêcher la réalisation d'une entreprise qui pourrait être d'utilité générale, mais elle ne saurait y consentir : 1° qu'avec la certitude d'avoir des stipulations internationales qui en garantiraient, à l'instar des Dardanelles et du Bosphore, la neutralité complète ; 2° qu'à des conditions de nature à sauvegarder et à assurer les importants intérêts qu'elle est appelée à protéger.

Or le projet actuel n'offre aucune des garanties indispensables.

Il y a surtout deux faits qui ont, dès l'origine, attiré notre attention la plus sérieuse. Les voici :

1° Malgré l'abolition, dans l'Empire, de la corvée, malgré le dernier décret du vice-roi établissant la même prohibition, les travaux préparatoires ne s'effectuent que par le seul concours de ce régime. L'Administration égyptienne contraint 20.000 hommes par mois à abandonner leurs labours et leurs familles pour aller travailler au canal. Ces gens sont obligés de retourner dans leurs foyers à leurs propres frais, et la plupart d'entre eux ayant une distance très considérable à parcourir, sans compter les pertes qu'ils éprouvent de l'abandon forcé de leurs

intérêts. Le nombre des bras ainsi distraits de l'agriculture, de l'industrie et du commerce, ne se borne pas à 20.000. Tandis que 20.000 ouvriers
travaillent, 40.000 sont en chemin ou occupés à se préparer pour s'y
rendre, de sorte que 60.000 hommes sont continuellement enlevés à
leurs foyers et à leurs affaires.

Je crois superflu de m'étendre sur les effets désastreux d'un pareil
système. Ces inconvénients sautent aux yeux. La Sublime Porte se voit
dans l'impossibilité de sanctionner la pratique d'une telle mesure en
Égypte, tandis qu'elle ne la permettrait pas dans les autres parties de
l'Empire.

2° Le second des deux faits dont je parle plus haut est celui qui consiste à concéder à la Compagnie, avec des canaux d'eau douce, tout le
territoire qui les environne. Selon le projet de contrat, partout où les
canaux en question s'étendraient, la Compagnie aurait le droit de reven-
diquer, en toute propriété, les terrains qui les bordent. De cette manière, .
les villes de Suez, de Timsah et de Port-Saïd, ainsi que toute la frontière
de la Syrie, passeraient naturellement et forcément dans les mains
d'une Compagnie anonyme, composée en grande partie d'étrangers
soumis aux juridictions et aux autorités de leurs pays respectifs. Il ne
tiendrait donc qu'à la Compagnie de créer, sur des points importants
du territoire de l'Empire Ottoman, des colonies presque indépendantes
de cet Empire.

Nous pensons qu'il n'y a pas un Gouvernement, ayant quelque sentiment de son indépendance et de ses devoirs, qui puisse souscrire à
une transaction de cette nature.

Par conséquent, la Sublime Porte manquerait à tous ses devoirs,
perdrait l'estime de tous ses amis et laisserait s'établir un état de choses
destiné à amener de continuels conflits, si elle ne déclarait pas que
cette clause n'aura jamais sa sanction.

En résumé, le consentement de la Sublime Porte est et doit être
indissolublement lié à la solution préalable des trois questions suivantes,
savoir : la stipulation de la neutralité du canal, l'abolition du travail
forcé, et l'abandon par la Compagnie de la clause qui concerne les
canaux d'eau douce et la concession des terrains environnants. Une
fois ces trois points décidés, le Gouvernement de S. M. le Sultan, d'accord avec S. A. Ismaïl-Pacha, s'empressera de prendre en sérieuse
considération chacun des autres articles du projet de contrat.

Quant à l'ensemble du contrat en question, il n'existe qu'en état de
projet. Vous savez qu'il n'a jamais été approuvé par la Sublime Porte.
La Compagnie elle-même ne saurait dire qu'elle ignorait la nécessité
d'obtenir, au préalable, la sanction de la Sublime Porte, puisque cet
article figure dans le projet de contrat comme une des conditions fondamentales de sa concession. On sait, en outre, que, plus tard, quand
M. de Lesseps demandait des nouvelles faveurs au défunt vice-roi pour

la Compagnie, il s'engageait par contrat d'obtenir cette franchise dans un terme de dix-huit mois, engagement qui n'a jamais été rempli.

Or la Sublime Porte s'adresse en particulier et avec la plus grande confiance à ses deux plus sincères alliés pour leur demander ce qu'ils auraient fait dans une circonstance semblable. Devons-nous laisser une Société anonyme s'établir sur le territoire de l'Empire, s'y arroger des droits que la Sublime Porte ne pourra lui reconnaître, par suite d'une concession promise par le haut personnage qui gouverne ce territoire, sous la souveraineté du Sultan, à la condition expresse d'obtenir la confirmation du souverain territorial?

Tout ce qu'il nous reste à faire pour donner une nouvelle preuve de la bonne volonté dont notre auguste maître se trouve animé, c'est de répéter encore une fois que, malgré les infractions dont nous avons à nous plaindre, une fois les clauses inadmissibles que je signale ci-dessus retirées, nous serons prêts à examiner les autres dispositions du contrat sans la moindre prévention. Selon la plus stricte équité, la Compagnie n'aurait pas le droit de dire qu'elle a fait déjà des dépenses.

Elle savait qu'une des principales conditions du contrat n'était pas remplie; elle faisait ses dépenses à ses risques et périls. Cependant, disposée à prendre en considération les intérêts privés qui se trouvent engagés dans cette entreprise, la Sublime Porte tâchera, conjointement avec S. A. Ismaïl-Pacha, de combiner les moyens nécessaires pour rendre l'argent que la Compagnie aura dépensé, dans le cas où elle ne voudrait pas continuer les travaux sans des avantages qui ne pourraient pas lui être concédés, et alors ladite Compagnie devra naturellement céder les ouvrages qu'elle a déjà commencés et tous les terrains qu'elle retient comme propriété.

Nous devons ajouter aussi que, dans l'hypothèse prévue plus haut où la Compagnie renoncerait à la poursuite de l'œuvre projetée, la Sublime Porte, sincèrement désireuse de faire tout ce qui dépend d'elle pour faciliter les communications, et toujours de concert avec le vice-roi, adopterait les mesures les plus propres à en réaliser l'exécution.

Nous sommes certains, monsieur l'Ambassadeur, que les explications franches et loyales qui précèdent ne manqueront pas de rencontrer l'entière approbation du cabinet de S. M. l'Empereur. En conséquence, je vous invite à lire cette dépêche à M. le Ministre des Affaires étrangères et à lui en laisser copie.

SENTENCE ARBITRALE DE L'EMPEREUR DES FRANÇAIS SUR LES DIFFÉRENDS EXISTANT ENTRE LE GOUVERNE-MENT ÉGYPTIEN ET LA COMPAGNIE.

(6 juillet 1864)

Nota. — La sentence arbitrale rendue par l'empereur Napoléon, le 6 juillet 1864, ayant servi de base à une nouvelle convention, qui fut passée un peu plus tard, entre le Gouvernement égyptien et la Compagnie, pour régler d'une manière définitive les conditions de la concession de manière à faire disparaître tous motifs d'opposition de la part de la Sublime Porte, et qui reçut finalement, en conséquence, la ratification du Sultan, il est utile de faire connaître avec quelque détail les circonstances qui ont précédé et motivé cette sentence arbitrale.

Dans la première réunion de l'Assemblée générale des actionnaires qui eut lieu, le 15 juillet 1863, à la suite de la note turque du 6 avril, cette note fut naturellement le principal sujet traité par le Président de la Compagnie dans son exposé de la situation générale de l'entreprise. Après avoir cité et longuement discuté la note en question ; après avoir montré que la Sublime Porte, tout en reconnaissant le caractère d'utilité générale de l'œuvre, voulait imposer des conditions qui la rendraient inexécutable, le Président donna l'assurance aux actionnaires qu'il saurait défendre leurs intérêts et ne pas laisser péricliter les droits qui leur avaient été conférés par les actes de concession. En fait, la note du 6 avril paraissait alors oubliée, et c'était en toute sécurité que le Président engageait les actionnaires à partager sa confiance dans l'avenir, et sa ferme espérance que la Compagnie pourrait enfin désormais se livrer exclusivement à ses études et à ses travaux sans avoir à lutter en même temps pour la défense de ses droits et de ses intérêts.

Mais cette sécurité ne fut pas de longue durée. Une lettre vizirielle fut en effet adressée au vice-roi, le 1er août 1863, contenant la conclusion suivante :

« Il reste maintenant à établir que Votre Altesse s'empressera de décider promptement avec la Compagnie la rétrocession des canaux d'eau douce ouverts ou à ouvrir, et de tous les terrains qu'elle possède ou qu'elle devrait posséder selon les termes originaux du *projet* de contrat, afin que les principes franchement exprimés par la Sublime Porte soient strictement maintenus sur ce point, ainsi que sur le travail forcé qui sera aboli et devra cesser le plus tôt possible. Il est à espérer qu'avant l'expiration d'un délai de six mois, à partir d'aujourd'hui, tous les arrangements, soit en ce qui concerne les canaux d'eau douce, soit pour ce qui regarde la corvée, seront définitivement arrêtés et conclus.

Dès que les questions des canaux d'eau douce, des terrains qu'ils arrosent ou devront arroser, et du travail forcé, auront reçu, *par rapport à l'intérieur*, une solution conforme à ce qui précède, il sera alors procédé, *par rapport à l'extérieur*, à la négociation des conventions qui auront pour objet la destination exclusive du canal maritime à la marine marchande en général. Mais, pour obtenir toutes les sécurités matérielles exigées par la neutralisation de ce canal, où les bâtiments de guerre de haut bord ne puissent point entrer, Son Altesse voudra bien faire effectuer, par des ingénieurs compétents, les études techniques nécessaires afin de déterminer la largeur et la profondeur du canal, qui devront être proportionnées au passage des bâtiments de commerce seulement. »

Le 1ᵉʳ septembre, le Président de la Compagnie adressa au vice-roi un mémorandum tendant à prouver, à la fois par des considérations politiques et par des considérations tirées de l'obligation du respect des contrats, que les conditions posées par la Sublime Porte dans la dernière dépêche vizirielle, ravivant et aggravant encore la note du 6 avril, ne pouvaient être acceptées ni par le Gouvernement égyptien ni par la Compagnie.

A la suite de la lettre vizirielle du 1ᵉʳ août, Nubar-Pacha avait été envoyé par le vice-roi en mission à Paris. S'étant adressé d'abord infructueusement au Gouvernement français pour obtenir de lui qu'il exerçât son action sur la Compagnie dans le sens de la lettre vizirielle, Nubar-Pacha se décida à formuler directement auprès du Conseil d'administration de la Compagnie, par lettres des 12 et 28 octobre, les demandes du Gouvernement égyptien, qui se résumaient ainsi qu'il suit :

1° Réduction à 6.000 hommes des 20.000 ouvriers dont le vice-roi donnait le concours pour les travaux ;

2° Augmentation du salaire, qui serait porté à 2 francs par jour ;

3° Suppression de la concession de tous les terrains, avec offre, comme compensation, de prendre pour compte du Gouvernement égyptien tout le canal d'eau douce, en remboursant à la Compagnie les dépenses faites par elle pour ce canal, et de le terminer jusqu'à Suez.

Le Conseil d'administration, dans sa séance du 29 octobre, prit à l'unanimité, au sujet de cette communication, la décision suivante :

Sur la question de réduction du nombre des ouvriers et de l'augmentation des salaires ;

Qu'il n'y avait pas lieu de déroger aux stipulations du règlement relatif à l'organisation du travail dans l'isthme en date du 20 juillet 1856 ;

Sur la question du canal d'eau douce dit d'alimentation, et des terrains susceptibles d'être fécondés par la Compagnie ;

Que la dernière Assemblée générale des actionnaires ayant approuvé le traité passé entre la Compagnie et S. A. Ismaïl-Pacha, vice-roi d'Égypte, le 18 mars 1863, il y avait lieu de s'en tenir aux conditions réciproques de ce traité confirmatif des actes de concession.

Le Conseil chargea d'ailleurs, d'une manière toute spéciale, le Président, déjà muni des pleins pouvoirs des assemblées générales, de maintenir l'exécution des conventions qui liaient la Compagnie envers le Gouvernement égyptien et le Gouvernement envers la Compagnie.

Cette décision du Conseil fut aussitôt portée à la connaissance de Nubar-Pacha.

Peu après l'échange de ces communications, des adversaires du canal ayant donné la plus grande publicité à une consultation de trois avocats, en date du 30 novembre, contestant la réalité du mandat donné à M. de Lesseps pour constituer la Compagnie universelle du Canal maritime de Suez et la légalité de l'existence même de cette Compagnie, il fut répondu à cette attaque par une consultation du Conseil judiciaire de la Compagnie, qui reçut l'adhésion d'un grand nombre d'avocats du barreau de Paris.

Le 6 janvier 1864, le Conseil d'administration adressa à l'Empereur la pétition suivante :

Sire, la Compagnie du Canal de Suez poursuivait paisiblement le cours de ses opérations.

Elle avait ouvert un canal maritime navigable de 75 kilomètres entre la Méditerranée et le lac Timsah.

Elle terminait son canal d'eau douce, également navigable, qui, en fécondant le désert, devait lui permettre de réaliser bientôt jusqu'à la mer Rouge le creusement de la tranchée maritime, et dont l'achèvement, aujourd'hui effectué, assure déjà une petite navigation directe de Port-Saïd à Suez.

D'éminents ingénieurs du corps impérial des Ponts et Chaussées venaient d'arrêter [sur les lieux le programme des travaux restant à accomplir pour l'ouverture à la grande navigation du canal des deux mers.

La Compagnie passait des traités importants à l'effet d'assurer l'exécution complète de son entreprise dans un délai de quatre années.

Ces résultats étaient dus à la protection de Votre Majesté qui, en 1859, lorsque la Compagnie commençait ses travaux, avait empêché qu'ils ne fussent suspendus par un ordre irrégulier de la Porte Ottomane.

La Compagnie ne devait point avoir d'inquiétudes parce que, si elle était liée envers le Gouvernement égyptien, le Gouvernement égyptien l'était envers elle-même par des contrats publics, contrats que le nouveau vice-roi d'Égypte avait solennellement confirmés dans deux conventions spéciales des 18 et 20 mars 1863.

Nous n'avions pas à nous occuper des questions internationales et politiques de ratification ou de traité de neutralité qui étaient du ressort du Gouvernement.

Telle était la situation lorsque, sous le prétexte persistant de la ratification à donner à l'Égypte par la Sublime Porte, une lettre récente du grand-vizir est venue mettre le vice-roi d'Égypte en demeure de réclamer de la Compagnie l'abandon de ses droits *sans aucune espèce de compensation*.

Le Conseil d'administration a expliqué, dans une résolution du 29 octobre 1863, pourquoi il lui était impossible d'admettre cet abandon, et il a convoqué l'Assemblée générale des actionnaires pour le 1ᵉʳ mars prochain, afin que les intéressés soient appelés à statuer sur les questions relatives à la résolution de leur Conseil.

Il nous a paru urgent de faire connaître à Votre Majesté que les attaques sans cesse renouvelées des adversaires du canal de Suez n'ont, dans le présent, et ne pourront avoir, dans l'avenir, d'autres points d'appui que la question de la ratification du Sultan. Les négociations et la solution diplomatique ne dépendent pas de la Compagnie qui, par sa constitution et par les termes de sa concession, est exclusivement commerciale et industrielle.

Il dépend de Votre Majesté d'appeler, sur la question de ratification du Sultan, liée à celle de la neutralité du canal, l'attention de son Ministre des Affaires étrangères et de décider, dans sa haute sagesse, si le moment n'est pas venu de la faire résoudre, afin que des intérêts français, appelés et réunis de bonne foi dans une entreprise d'utilité générale et nationale ne soient pas exposés à être compromis par des conflits politiques.

En attendant la décision qu'il plaira à Votre Majesté de prendre sur un sujet étranger aux attributions du Conseil d'administration, les soussignés, ayant appris que des ordres de la Sublime Porte étaient dans ce moment préparés pour enjoindre au vice-roi d'Égypte de faire suspendre les travaux du canal de Suez, supplient respectueusement Votre Majesté de faire envoyer des instructions à ses représentants à Constantinople et à Alexandrie, afin que des capitaux français engagés pour des sommes considérables ne soient pas atteints par une violation des contrats.

De même, qu'en 1859, Votre Majesté a empêché que des ordres officiellement donnés dans le but de nuire à ces capitaux reçussent leur exécution, les soussignés osent espérer que, cette fois encore et à plus forte raison, la volonté de l'Empereur ne permettra pas l'accomplissement des intentions hostiles manifestées contre la Compagnie, et qu'elle daignera protéger les actionnaires français du canal de Suez aussi bien que le Gouvernement de l'Égypte lui-même, dont l'indépendance administrative est l'œuvre de la politique française formellement consacrée par les conventions de 1841.

L'Empereur voulut bien accueillir les justes demandes du Conseil, et il chargea son Ministre des Affaires étrangères [1], de suivre la réclamation de la Compagnie tant sous le point de vue politique que sous le point de vue contentieux. En conséquence, le Président de la Compagnie s'empressa de remettre au Ministre les contre-propositions du Conseil pour arriver d'un commun accord à la solution des difficultés pendantes.

En faisant connaître à l'Assemblée générale des actionnaires, dans sa réunion du 1er mars 1864, tous les faits et incidents qui s'étaient produits depuis la dernière réunion, et la situation actuelle des choses, le Président peut faire en même temps l'importante communication suivante :

---

1. M. Drouyn de Lhuys.

Il était autorisé, dit-il, à annoncer : « Qu'en réponse aux communications qui lui avaient été faites, le vice-roi avait déclaré qu'il s'en rapportait complètement à l'empereur pour régler amiablement et définitivement toutes les questions en litige, et que Sa Majesté avait daigné se charger personnellement de la suprême décision de toutes ces questions.

L'Assemblée générale, sur la proposition du Président, déclara :

1° Approuver spécialement la décision prise par le Conseil dans sa séance du 29 octobre 1863 par laquelle il avait justement repoussé des propositions inacceptables parce qu'elles n'offraient à la Compagnie aucune espèce de compensation ;

2° Donner au Conseil tout pouvoir à l'effet de conclure les négociations pendantes, les modifications aux actes ou contrats constitutifs de la Société qu'il pouvait être utile d'adopter en vue d'une conciliation de tous les intérêts devant assurer à la Compagnie de justes compensations.

Dès le 3 mars, le Ministre des Affaires étrangères adressa à l'empereur un rapport où, après avoir rappelé que Sa Majesté, sur le désir exprimé par le vice-roi, ayant consenti à se charger de prononcer sur les questions pendantes entre le Gouvernement égyptien et la Compagnie, et résolu, en même temps, de faire préalablement examiner ces questions par une commission offrant toutes les garanties d'impartialité et de lumières, il proposa pour faire partie de ladite Commission, savoir :

MM. Thouvenel, sénateur, président;
 Mallet, sénateur;
 Suin, sénateur;
 Gouin, député au Corps législatif;
 Duvergier, conseiller d'État.

Cette proposition ayant reçu la haute sanction impériale, la Commission se trouva dès lors constituée. Après avoir consacré de longues et nombreuses séances à entendre les parties, puis à discuter elle-même les questions, la Commission formula son opinion dans un rapport qui servit de base à la sentence arbitrale dont on trouvera le texte ci-après.

Enfin, l'exposé de la situation de l'Empire présenté aux Chambres françaises à l'ouverture de la session de 1865, fit mention de la sentence arbitrale de l'empereur en donnant, au sujet de la situation spéciale de l'entreprise du canal de Suez, les renseignements suivants :

Le Gouvernement du Sultan ayant fait connaître sous quelles conditions il était disposé à sanctionner la concession primitivement faite par Saïd-Pacha, des négociations se sont ouvertes entre le Gouvernement du vice-roi et la Compagnie universelle de l'isthme de Suez, à l'effet de mettre la concession en harmonie avec les demandes de la Porte. Comme l'accord n'avait pu s'établir sur certains points, les deux parties sont convenues d'exprimer à l'empereur le vœu que ces difficultés fussent déférées à son arbitrage. Sa Majesté désirant répondre à l'appel du vice-roi et voulant en même temps donner à la Compagnie un nouveau témoignage de son intérêt pour la grande œuvre qu'elle poursuit, a daigné accueillir cette demande; les deux parties ont alors signé un compromis, et l'Empereur a rendu une sentence arbitrale qui leur a été notifiée. Le Gouvernement égyptien et la Compagnie ont déjà exécuté celles des clauses de cet acte qui étaient immédiatement applicables.

La sentence de Sa Majesté a été portée à la connaissance du Gouvernement ottoman. La Sublime Porte n'a fait aucune difficulté pour reconnaître que, par cet acte, les diverses conditions à l'accomplissement desquelles la Turquie avait subordonné sa sanction se trouvaient remplies.

Voici maintenant le texte même de la sentence arbitrale de l'Empereur :

SENTENCE ARBITRALE

NAPOLÉON, *par la grâce de Dieu et la volonté nationale, Empereur des Français,*

A tous ceux qui ces présentes lettres verront, salut ;

Vu le compromis signé le vingt et un avril 1864 par :

S. Exc. NUBAR-PACHA, *mandataire spécial de Son Altesse le* VICE-ROI *d'Égypte,*

Et M. FERDINAND DE LESSEPS, *au nom et comme président-fondateur de la Compagnie universelle du Canal maritime de Suez,*

Dont l'article 2 est ainsi conçu :

Sa Majesté est suppliée de prononcer sur les questions ainsi formulées :

1° La suppression de la corvée étant acceptée en principe, quelle est la nature et la valeur du règlement du 20 juillet 1856, sur l'emploi des ouvriers indigènes ?

2° Quelle serait l'indemnité à laquelle l'annulation de ce règlement peut donner lieu ? Le fondé de pouvoirs du Vice-Roi se déclarant autorisé à promettre que la clause stipulée en l'article 2 du second acte de concession et cahier des charges du 5 janvier 1856 sera rapportée.

3° La portion du canal d'eau douce non rétrocédée au Vice-Roi par la convention du 18 mars 1863, doit-elle continuer d'appartenir à la Compagnie pendant la durée déterminée par l'acte de concession comme une annexe indispensable du canal maritime ? Dans le cas contraire, quelles sont les conditions auxquelles la rétrocession pourrait en être opérée, et que les parties s'engagent dès à présent à accepter ?

4° Les cartes et plans qui, aux termes de l'article 8 de l'acte de concession du 30 novembre 1854, et de l'article 11 de celui du 4 janvier 1856, devaient être dressés ne l'ayant pas été, quelle est l'étendue des terrains nécessaires à la construction et à l'exploitation du canal maritime (et du canal d'eau douce, s'il est conservé à la Compagnie) dans les conditions propres à assurer la prospérité de l'entreprise ?

5° Quelle est l'indemnité due à la Compagnie, à raison de la rétrocession acceptée en principe des terrains dont il est fait mention dans les articles 7 et 8 de l'acte de concession de 1854 et dans les articles 10, 11 et 12 de celui de 1856 ?

Vu le rapport de la Commission instituée par notre décision, en date du 3 mars 1864 ;

Considérant sur la première question, *que, pour apprécier la pensée qui a présidé au règlement du 20 juillet 1856, et le caractère de cet acte, il convient de rapprocher les dispositions qu'il renferme de celles qui sont contenues dans les deux firmans de concession, en date des 30 novembre 1854 et 5 janvier 1856 ;*

Que celles-ci, après avoir autorisé la constitution de la Compagnie, indiquent le but pour lequel elle doit être établie, déterminent les charges et les obligations qui lui sont imposées et lui assurent les avantages dont elle doit jouir;

Que ces stipulations ont créé pour la Compagnie et pour le Gouvernement du Vice-Roi des engagements réciproques, de l'exécution desquels il ne leur a pas été permis de s'affranchir;

Que, notamment, l'article 2 du deuxième firman, en laissant à la Compagnie la faculté d'exécuter les travaux dont elle est chargée, par elle-même ou par des entrepreneurs, exige que les quatre cinquièmes au moins des ouvriers employés à ces travaux soient égyptiens ;

Qu'au moment où cette condition a été imposée par le Vice-Roi, et acceptée par la Compagnie, il a nécessairement été entendu, par l'un et par l'autre, que les ouvriers égyptiens nécessaires pour composer les quatre cinquièmes de ceux qui seraient employés aux travaux seraient mis, par le Vice-Roi, à la disposition de la Compagnie ;

Que celle-ci n'aurait pas consenti à se soumettre à une semblable condition si, de son côté, le Vice-Roi ne lui avait pas assuré les moyens de l'accomplir ;

Que cette pensée, sous-entendue dans le second firman de concession, a été formellement exprimée dans l'article 1er du règlement du 20 juillet 1856, portant :

Les ouvriers qui seront employés aux travaux de la Compagnie SERONT FOURNIS par le Gouvernement égyptien, d'après les demandes des ingénieurs en chef et suivant les besoins ;

Que cet article a par lui-même un sens très clair; que d'ailleurs, lorsqu'on le rapproche des stipulations des deux firmans, on aperçoit le lien étroit qui les unit, et l'on reconnaît que la disposition du règlement n'est que le corollaire de celles qui l'ont précédée; qu'elle a le même caractère, la même force obligatoire;

· Que toutes les autres parties du règlement sont en harmonie parfaite avec l'article 1er, et confirment l'interprétation qui vient de lui être donnée;

Qu'en effet, immédiatement après la promesse du Gouvernement égyptien de fournir les ouvriers, l'acte constate l'engagement corrélatif de la Compagnie de leur payer le prix de leur travail, de leur fournir les vivres nécessaires, de leur procurer des habitations convenables, d'entretenir un hôpital et des ambulances, de traiter les malades à ses frais, de payer également les frais de voyage, depuis le lieu du départ jusqu'à l'arrivée sur les chantiers; enfin, de rembourser au Gouvernement égyptien, au prix de revient, les couffes nécessaires pour le transport des terres et la poudre pour l'exploitation des carrières que celui-ci devait fournir;

Que ces diverses obligations détaillées avec soin dans le règlement n'étaient, pour la Compagnie, que la contre-partie de celles qu'avait prises le Gouvernement égyptien; qu'ainsi elles présentaient, dans leur ensemble, les éléments d'un véritable contrat;

Que l'intitulé de l'acte n'est point incompatible avec le caractère conventionnel qui lui est attribué par la nature des stipulations qu'il renferme;

Qu'à la vérité, c'est du Vice-Roi seul que le règlement est émané, mais que les deux firmans de concession ont été faits dans la même forme, et que cependant leur caractère contractuel n'a pas été et ne saurait être sérieusement contesté;

Qu'enfin le Vice-Roi dit expressément dans le préambule de l'acte, que c'est de CONCERT avec M. de Lesseps qu'il en a établi les dispositions; que cette expression n'indique pas seulement qu'un avis a été demandé au directeur de la Compagnie; qu'il exprime que le CONCOURS DE SA VOLONTÉ a paru nécessaire et a été obtenu; qu'il est bien évident que, sans ce concours, il eût été impossible d'assujettir la Compagnie aux obligations multipliées qui lui ont été imposées et qu'elle a ensuite exécutées;

Que, de ce qui précède, il résulte que le règlement du 20 juillet 1856, notamment dans la disposition de l'article 1er, a les caractères et l'autorité d'un contrat;

Considérant, sur la seconde question, que lorsque des conventions ont été librement formées par le consentement de parties capables et éclairées, elles doivent être fidèlement exécutées; que celle des parties contractantes qui refuse ou néglige d'accomplir ses engagements, est tenue de réparer le dommage qui résulte de son infraction à la loi qu'elle s'est volontairement imposée; qu'en général, et sauf à tenir compte des circonstances et des motifs de l'infraction, la réparation consiste dans une indemnité représentant la perte qu'éprouve l'autre partie et le bénéfice dont elle est privée;

Que, sans méconnaître la force et la vérité de ces principes, on a fait remarquer, au nom du Gouvernement égyptien, que, par une réserve expresse insérée à la fin de chacun des firmans de concession, le commencement des travaux, c'est-à-dire l'exécution des conventions, était subordonné à l'autorisation de la Sublime Porte; qu'en fait, cette autorisation n'ayant jamais été accordée, l'inexécution des conventions ne peut être légitimement reprochée au Vice-Roi d'Égypte, et ne saurait justifier une demande en dommages-intérêts dirigée contre lui;

Qu'il est incontestable que la clause suspensive de l'exécution de la convention aurait dû produire l'effet qui a été indiqué au nom du Vice-Roi si les choses étaient restées entières; mais que les faits accomplis depuis la date des firmans, et auxquels le Vice-Roi a concouru, au moins avec autant d'activité et de détermination que la Compagnie, ont profondément modifié les situations respectives;

Que la Compagnie s'est engagée dans l'exécution des travaux non seulement avec l'assentiment du Vice-Roi, mais même en obéissant à l'impulsion qu'elle a reçue de lui;

Qu'il serait souverainement injuste que les conséquences fâcheuses d'une résolution prise et suivie de concert fussent entièrement laissées à la charge de l'un des intéressés;

Que d'ailleurs les stipulations qui ont réglé les rapports du Gouvernement égyptien et de la Compagnie, considérées dans leur ensemble, constituent la concession d'un grand travail d'utilité publique, en vue duquel ont été accordés des avantages formant une subvention sans laquelle l'entreprise n'aurait pas eu lieu;

Que, lorsque, par suite d'un événement que les deux parties contractantes ont dû prévoir, et dont elles ont, d'un commun accord, consenti à courir les chances, le Gouvernement se trouve hors d'état de procurer à la Compagnie les avantages qu'il lui avait assurés, et que celle-ci continue néanmoins les importants travaux dont le pays tout entier doit profiter, il est juste que des indemnités représentatives des avantages inhérents à la concession soient allouées par le Gouvernement égyptien à la Compagnie;

Que ces bases étant posées, pour parvenir à déterminer le montant de l'indemnité due en raison de la substitution des machines ou des ouvriers européens aux ouvriers égyptiens, il faut comparer la somme à laquelle se seraient élevées les dépenses des travaux s'ils avaient été exécutés par les ouvriers égyptiens, aux conditions énoncées dans le règlement du 20 juillet 1856, et la somme que coûteront les travaux qui devront être exécutés par les moyens que la Compagnie est désormais obligée d'employer;

Que le cube des terrains à extraire peut être déterminé très approximativement d'après la configuration des lieux, *telle qu'elle est établie par les plans et d'après les dimensions qui ont été assignées au canal;*

Que, déduction faite des travaux qui sont déjà exécutés, il reste 23.700.000 mètres cubes à extraire à sec, et 32.000.000 de mètres cubes à draguer;

Que, d'un autre côté, le changement des moyens d'exécution aura pour résultat d'augmenter le prix du mètre à sec de 1 fr. 19 et celui du mètre cube à draguer de 0 fr. 15;

Qu'en multipliant 23.700.500 mètres par 1 fr. 19 et 32.000.000 par 0 fr. 15, on trouve que :

```
L'accroissement de la dépense, pour les
    travaux à sec, sera de..................   28.200.000
Et pour les terrains à draguer, de......    4.800.000
                    ENSEMBLE.........    33.000.000
```

Que des calculs analogues, appliqués aux travaux d'art, démontrent que la Compagnie sera obligée de supporter de ce chef un surcroît de dépenses s'élevant à 5.000.000 de francs;

Que c'est donc à une somme totale de 38.000.000 de francs que doit s'élever cette partie de l'indemnité;

Que, dans le cours des débats, on a fait remarquer avec raison que la Compagnie n'était pas autorisée à prétendre que les salaires et le prix des denrées n'éprouveraient aucune augmentation pendant la durée des travaux, ou que du moins, d'après les termes du règlement, elle n'aurait pas à supporter les conséquences de la hausse qui pourrait survenir;

Que, pour justifier une pareille prétention, il n'eût fallu rien moins qu'une stipulation formelle, et que le règlement ne la contient pas;

Qu'en tenant compte de l'augmentation qui a déjà eu lieu, et en appréciant les éventualités de l'avenir, le prix de la journée qui, en moyenne, était, aux termes du règlement, de 0 fr. 86, doit être évalué à 1 fr. 05;

Mais que cette élévation du prix de la journée a été l'un des éléments des calculs qui ont fait adopter le chiffre de 38.000.000 de francs; qu'ainsi cette fixation ne doit pas être modifiée;

Qu'en second lieu, au nom du Gouvernement égyptien, il a été allégué que, depuis le commencement des travaux, les salaires qui ont été payés aux ouvriers et les rations qui leur ont été fournies ne l'ont pas toujours été au taux déterminé par le règlement, et l'on a soutenu que la Compagnie doit imputer sur l'indemnité les sommes dont elle a pu profiter par l'effet de cette inexécution partielle de sa convention, alors même qu'elle aurait été, comme tout porte à le penser, le résultat d'une erreur;

Que cette réclamation est bien fondée; que la Compagnie ne peut demander, à titre d'indemnité, que ce qui sera effectivement déboursé par elle en excédant des prévisions qu'autorisait le règlement du 20 juillet 1856; qu'en exigeant la réparation des pertes que peut lui causer l'inexécution du contrat de la part du Vice-Roi, elle doit tenir compte des avantages qui ont pu résulter pour elle des infractions qui lui sont personnelles;

Qu'une somme de 4.500.000 francs a été réellement-payée en moins sur les salaires ou sur la fourniture des rations; qu'elle doit être défalquée du montant de l'indemnité, qui se trouverait ainsi réduite à 33.500.000 francs;

Mais qu'une réclamation a été formée par la Compagnie; qu'elle a demandé qu'une somme de 9.000.000 de francs lui fût allouée pour les intérêts d'une année des capitaux engagés dans l'opération, temps durant lequel ces travaux seront prolongés;

Que cette demande devrait être accueillie en entier, si la prolongation de la durée des travaux pouvait être imputée au Gouvernement égyptien; mais qu'en réalité, les conditions imposées par la Sublime Porte sont un fait indépendant de la volonté du Vice-Roi; que c'est par un événement de force majeure que les travaux auront une durée plus longue que celle qui leur avait été assignée; que dès lors, soit en raison même de la nature de l'événement, soit en raison des rapports qui continuent à subsister entre le Vice-Roi et la Compagnie, il est équitable qu'ils supportent par moitié la somme de 9.000.000, c'est-à-dire 4.500.000 francs chacun;

Que cette somme de...................... 4.500.000
Ajoutée à celle de...................... 33.500.000

Porte l'indemnité, pour l'objet spécial
qui vient d'être examiné à............. 38.000.000

Considérant, sur la troisième question, *que les firmans du 30 novembre 1854 et 5 janvier 1856, en faisant à la Compagnie la concession du canal d'eau douce, lui assuraient des avantages et lui donnaient des garanties qui ont dû être considérées par elle comme essentielles pour le succès de son entreprise;*

Que, dans l'origine et aux termes des firmans, le canal d'eau douce devait prendre naissance à proximité de la ville du Caire, joindre le Nil au canal maritime et s'étendre par des branches d'alimentation, d'irrigation et même de navigation dans les deux directions de Péluse et de Suez; mais que, par une convention, en date du 18 mars 1863, les conditions de la concession ont été gravement modifiées; que, notamment, la Compagnie a renoncé au droit qui lui avait été conféré d'exécuter par elle-même la portion du canal entre le Caire et le canal du Ouady déjà ouvert à la navigation;

Que, d'ailleurs, la Sublime Porte a prétendu que la rétrocession du canal d'eau douce était la conséquence nécessaire de la rétrocession des terrains;

Que, dans cette situation, il convient, tout en reconnaissant les droits des parties, de chercher à concilier leurs intérêts;

Que la concession du canal d'eau douce, au moment où elle a été faite, offrait à la Compagnie un triple avantage : elle lui assurait la libre disposition de l'eau nécessaire à la mise en mouvement des machines employées au creusement du canal maritime et à l'alimentation des ouvriers ; elle devait lui fournir le moyen d'arroser les terres qui lui étaient concédées ; et, enfin, elle devait lui procurer les bénéfices résultant des droits à établir sur la navigation et d'autres taxes de même nature ;

Que le maintien de la concession, dans toute son étendue et avec toutes ses conséquences, ne pourrait être utilement accordé à la Compagnie qu'autant que la Sublime Porte consentirait à donner son approbation ;

Que ce qui, dans la situation où est placée aujourd'hui la Compagnie, a pour elle un intérêt capital, c'est que le canal soit terminé promptement et dans des conditions telles qu'il fournisse toujours toute l'eau nécessaire à l'exécution des travaux et à l'alimentation des ouvriers ;

Que, pour atteindre ce but, il n'est pas absolument indispensable que la concession soit maintenue dans les termes et pour la durée qui araient été fixés par les firmans ; qu'il suffit de confier à la Compagnie l'achèvement du canal et de lui en laisser la jouissance et l'entretien ;

Que, dans ce nouvel état de choses, les travaux que la Compagnie a déjà faits et ceux qu'elle aura à exécuter pour l'achèvement du canal, seront à la charge du Gouvernement égyptien ;

Que, par conséquent, celui-ci devra rembourser le prix des uns et des autres, en outre payer les frais d'entretien ;

Que, satisfaction étant ainsi donnée à ce premier intérêt, il ne restera plus qu'à régler les indemnités qui peuvent être dues en raison de la privation des autres avantages que la concession devait produire pour la Compagnie ;

Qu'avant de s'occuper de cette fixation, il convient de déterminer les sommes dont la Compagnie est dès aujourd'hui créancière pour les travaux faits, et celles qu'elle aura à réclamer ultérieurement pour les travaux qui restent à faire ;

Qu'il résulte des documents produits par les parties et des explications qu'elles ont données contradictoirement, que la dépense des ouvrages déjà exécutés s'élève à 7.500.000 francs ;

Que, dans cette somme, est comprise celle de 3.750.000 fr. représentant : 1° la portion des frais généraux de l'entreprise qui doit être supportée par les travaux du canal d'eau douce, et 2° l'intérêt des capitaux engagés dans l'opération pendant le temps durant lequel les travaux seront prolongés ;

Que ces deux causes réunies justifient la demande formée par la Compagnie de la somme sus-énoncée de 3.750.000 fr. ;

Que, pour les travaux qui ne sont pas terminés, la dépense s'élèvera à la somme de 2.500.000 francs, qui, réunie à celle de 7.500.000 francs, donnera un total de dix millions ;

Que les droits de navigation et les péages de différente nature, dont la jouissance était assurée à la Compagnie par les firmans de concession, et dont elle se trouvera dépouillée, doivent être évalués, afin que l'indemnité due de ce chef soit également allouée ;

Que, déduction faite des frais d'entretien, charge naturelle de la jouissance du canal, la valeur de cette jouissance doit être fixée à 6.000.000 de francs ;

Considérant, sur la quatrième question, que la Compagnie en cessant d'être concessionnaire du canal d'eau douce doit, ainsi qu'il vient d'être dit, rester chargée de son achèvement et de son entretien ; qu'en conséquence, il est nécessaire de déterminer pour le canal d'eau douce, comme pour le canal maritime, l'étendue de terrain qu'exigent l'établissement et l'exploitation ; que les termes mêmes du compromis indiquent clairement dans quel esprit doit être examinée cette question ;

Qu'il y est dit, en effet, que l'étendue des terrains devra

être fixée DANS DES CONDITIONS PROPRES A ASSURER LA PROSPÉRITÉ
DE L'ENTREPRISE ;

*Qu'elle ne doit pas être restreinte à l'espace qui sera maté-
riellement occupé par les canaux mêmes, par leurs francs-
bords et par les chemins de halage ;*

*Que, pour donner aux besoins de l'exploitation une entière
et complète satisfaction, il faut que la Compagnie puisse
établir, à proximité des canaux, des dépôts, des magasins,
des ateliers, des ports dans les lieux où leur utilité sera reconnue, et, enfin, des habitations convenables pour les gardiens,
les surveillants, les ouvriers chargés des travaux d'entretien
et pour tous les préposés à l'administration ;*

*Qu'il est, en outre, convenable d'accorder comme accessoires
des habitations, des terrains qui puissent être cultivés en jardins et fournir des approvisionnements dans des lieux privés
de toutes ressources de ce genre ;*

*Qu'enfin il est indispensable que la Compagnie puisse dis-
poser de terrains suffisants pour y faire les plantations et les
travaux destinés à protéger les canaux contre l'invasion des
sables et à assurer leur conservation ;*

*Mais qu'il ne doit rien être alloué au delà de ce qui est
nécessaire pour pourvoir amplement aux divers services qui
viennent d'être indiqués ; que la Compagnie ne peut avoir la
prétention d'obtenir, dans des vues de spéculation, une étendue quelconque de terrains soit pour les livrer à la culture,
soit pour y élever des constructions, soit pour les céder lorsque
la population aura augmenté ;*

*Que c'est en se renfermant dans ces limites qu'a dû être
déterminé, sur tout le parcours des canaux, le périmètre des
terrains dont la jouissance, pendant la durée de la concession,
est nécessaire à leur établissement, à leur exploitation et à
leur conservation ;*

*Considérant, sur la cinquième question, que la rétrocession
des terrains concédés à la Compagnie n'a pu être consentie*

qu'avec l'intention réciproque d'obtenir et d'accorder une indemnité ;

Que la Compagnie n'a dû renoncer aux avantages de la concession qu'en comptant sur la compensation de ces avantages, et que le Gouvernement égyptien n'a pu avoir la pensée de profiter de la valeur qu'auront les terrains, lorsqu'ils seront fécondés par l'irrigation, sans en donner l'équivalent ;

Qu'il ne faut pas perdre de vue que la concession des terrains était une des conditions essentielles de l'entreprise, une partie importante de la rémunération des travaux ;

Que, par conséquent, la Compagnie, en y renonçant, a droit d'en exiger la représentation ;

Que, soit que l'on consulte les termes des firmans, soit que l'on s'attache aux diverses publications qui ont été faites pendant le cours des travaux, on est conduit à reconnaître que le Gouvernement égyptien n'a point entendu concéder, et que la Compagnie n'a pas eu la pensée d'acquérir une étendue illimitée de terrains ;

Que la commune intention, clairement manifestée, a été de borner l'étendue de la concession aux terrains à l'irrigation desquels pourrait pourvoir l'eau prise dans le canal d'eau douce ;

Qu'il est dès lors facile d'en fixer, avec certitude, le périmètre ;

Qu'en effet, d'une part, on connaît le volume d'eau que le canal peut, en raison de ses dimensions et les besoins de la navigation satisfaits, fournir pour l'irrigation des terres ;

Que, d'autre part, on sait la quantité d'eau qui est nécessaire pour l'irrigation de chaque hectare ;

Que, d'après ces données, la concession doit comprendre 63.000 hectares, sur lesquels doivent être déduits 3.000 hectares qui font partie des emplacements affectés aux besoins de l'exploitation du canal maritime ;

Que cette fixation est en harmonie avec celle qui avait été arrêtée entre les représentants de la Compagnie et ceux du

Vice-Roi, dans les cartes cadastrales dressées en exécution de l'article 8 du firman du 30 novembre 1854 et de l'article 11 du firman du 5 janvier 1856 ; que, si ces cartes ont plus tard, en 1858, été anéanties d'un commun accord, la difficulté qui a déterminé à les annuler ne portait point sur l'étendue des terrains qui devaient être compris dans la concession comme susceptibles d'être arrosés ;

Que l'estimation des 60.000 hectares qui sont, en définitive, rétrocédés au Gouvernement égyptien, présente sans doute de sérieuses difficultés, puisque ce n'est point d'après leur état actuel que les terrains doivent être appréciés ; et qu'en recherchant quelle sera leur valeur dans l'avenir, on se trouve en présence de chances fort diverses et de nombreuses éventualités ; que, cependant, il y existe certains éléments de calculs auxquels on peut accorder une grande confiance ; que, notamment, la quotité de l'impôt des terres cultivées peut servir à déterminer le revenu, lequel, capitalisé comme il doit l'être, eu égard à la situation économique et financière de l'Égypte, indique la valeur vénale de la terre ;

Qu'en calculant d'après ces données, le prix de l'hectare doit être fixé à 500 francs ;

Que si cette évaluation a été contestée, elle n'a point cependant paru aux parties intéressées elles-mêmes s'éloigner beaucoup de la vérité ;

Qu'elle n'a d'ailleurs été adoptée qu'après avoir pris en sérieuse considération, d'une part, les sommes qui devront être dépensées pour la mise en valeur des terres et, de l'autre, l'augmentation de prix que doit produire l'exploitation du canal maritime, et, en outre, celle qui peut résulter de l'introduction de nouvelles cultures ;

Qu'en résumé, l'indemnité due par le Gouvernement égyptien, par suite de la rétrocession des terrains, s'élève à la somme de 30 millions.

Considérant, qu'après avoir apprécié les divers éléments

dont doit se composer l'indemnité, il n'est pas possible de les assimiler en ce qui touche les époques d'exigibilité ;

Que les uns représentent des sommes déjà dépensées, les autres des avances qui doivent être faites à des époques assez rapprochées, et que certaines allocations qu'il a été juste d'accorder à la Compagnie sont pour elle la compensation d'avantages ou de bénéfices qui ne devaient se réaliser que dans un avenir éloigné et qui étaient subordonnés à l'exécution de travaux dispendieux ;

Que, par exemple, dans la première catégorie est comprise la somme de 7.500.000 francs qui a été dépensée pour la partie du canal d'eau douce qui est déjà exécutée ;

Que, dans la dernière, au contraire, doivent évidemment figurer les 30 millions représentant la valeur d'avenir des terrains rétrocédés ;

Que, c'est en tenant compte de ces différences qu'ont été fixées la quotité et l'échéance des annuités qui, réunies, composent l'indemnité totale de 84 millions mise à la charge du Gouvernement égyptien.

Par ces motifs, nous avons décidé et décidons ce qui suit :

SUR LA PREMIÈRE QUESTION

Le règlement du 20 juillet 1856 a les caractères d'un contrat ; il contient des engagements réciproques qui devaient être exécutés par le Vice-Roi et par la Compagnie.

SUR LA SECONDE QUESTION

L'indemnité à laquelle donne lieu l'annulation du règlement du 20 juillet 1856 est fixée à trente-huit millions de francs (38.000.000fr.).

SUR LA TROISIÈME QUESTION

La rétrocession du canal d'eau douce est faite dans les termes et avec les garanties ci-après :

1° La partie du canal comprise entre le Ouady, Timsah et Suez est rétrocédée, comme la première partie, au Gouvernement égyptien ; mais la jouissance exclusive en sera laissée à la Compagnie jusqu'à l'entier achèvement du canal maritime, sans qu'il puisse être pratiqué aucune prise d'eau sans le consentement de la Compagnie ;

2° Le Gouvernement égyptien maintiendra l'alimentation de ce canal par celui de Zagazig ; il exécutera, en outre, les travaux de la partie qui lui a déjà été rétrocédée, conformément à la convention du 18 mars 1863, et mettra cette première section en communication avec la seconde au point de jonction du Ouady, pour assurer en tout temps son alimentation ;

3° La Compagnie sera tenue de terminer les travaux restant à faire pour mettre le canal du Ouady à Suez dans toutes les dimensions convenues, et en état de réception ;

4° Pendant toute la durée de la concession du canal maritime, la Compagnie sera chargée d'entretenir le canal d'eau douce en parfait état, depuis le Ouady jusqu'à Suez ; mais l'entretien sera aux frais du Gouvernement égyptien, qui devra indemniser la Compagnie au moyen d'un abonnement annuel de 300.000 francs, si mieux il n'aime payer les frais d'entretien sur mémoires ; il sera tenu de faire connaître son opinion à la Compagnie dans l'année qui commencera à courir du jour de la livraison du canal. La Compagnie devra garnir les digues de plantations pour prévenir les éboulements et l'effet de la mobilité des sables ;

L'abonnement de 300.000 francs recevra son application au fur et à mesure de l'avancement des travaux et au prorata de la longueur de chacune des parties achevées ; il sera revisé tous les six ans ;

5° *La hauteur des eaux sera maintenue dans le canal :*

```
Dans les hautes eaux du Nil, à..............  2ᵐ,50
A l'étiage moyen, à.......................... 2    »
Au plus bas étiage, au minimum de.........  1    »
```

6° *La Compagnie prélèvera sur le débit du canal soixante-dix mille mètres cubes d'eau (70.000 mètres cubes) par jour, pour l'alimentation des populations établies sur le parcours des canaux, l'arrosage des jardins, le fonctionnement des machines destinées à l'entretien des canaux et de celles des établissements industriels se rattachant à leur exploitation, l'irrigation des semis et plantations pratiqués sur les dunes et autres terrains non naturellement irrigables compris dans les zones réservées le long des canaux; enfin l'approvisionnement des navires traversant le canal maritime;*

La Compagnie aura la servitude de passage sur les terrains que devront traverser les rigoles et conduites d'eau nécessaires au prélèvement des 70.000 mètres :

7° *A partir de l'entier achèvement du canal maritime, la Compagnie n'aura plus sur le canal d'eau douce que la jouissance appartenant aux sujets égyptiens, sans toutefois que jamais les barques et bâtiments puissent être soumis à aucun droit de navigation; l'alimentation d'eau douce, en ligne directe, à Port-Saïd, sera toujours amenée par les moyens que la Compagnie jugera convenable d'employer à ses frais;*

8° *La Compagnie cesse d'avoir les droits de cession de prises d'eau, de navigation, de pilotage, remorquage, halage, ou stationnement à elles accordés sur le canal d'eau douce par les articles 8 et 17 de l'acte de concession du 5 janvier 1856;*

9° *En dehors des écluses en construction à Ismaïlia et à Suez, et des trois autres écluses sur la dérivation de Suez, il ne pourra être établi aucun ouvrage fixe ou mobile sur le canal d'eau douce et ses dépendances que d'un commun accord entre le Gouvernement égyptien et la Compagnie;*

10° *Le Gouvernement égyptien payera à la Compagnie une somme de dix millions de francs (10.000.000), savoir : sept millions cinq cent mille francs (7.500.000) pour les travaux exécutés, la portion des frais généraux et les intérêts des avances, et deux millions cinq cent mille francs (2.500.000) pour les travaux qui restent à exécuter;*

11° *Le Gouvernement égyptien payera à la Compagnie une somme de six millions de francs (6.000.000) en compensation des droits de navigation et autres redevances dont la Compagnie est privée.*

SUR LA QUATRIÈME QUESTION

Le périmètre des terrains nécessaires à l'établissement, l'exploitation et la conservation du canal d'eau douce et du canal maritime, est fixé à dix mille deux cent soixante-quatre hectares (10.264 hectares) pour le canal maritime, et à neuf mille six cents hectares (9.600 hectares) pour le canal d'eau douce, lesquels sont répartis ainsi qu'il suit :

CANAL MARITIME

Numéros	AFRIQUE hectares	ASIE hectares
1. Port-Saïd	400	»
2. De Port-Saïd à Eld-Ferdane	1.152	1.152
3. Raz-el-Eche	30	30
4. Kantara	100	100
5. D'El-Ferdane à Timsah	1.350	270
6. Canal de jonction avec le canal d'eau douce	200	»
7. Ville d'Ismaïlia	450	»
8. Port d'Ismaïlia dans le lac Timsah, canal en Asie	450	120
9. Du lac Timsah aux lacs Amers	850	340
10. Traversée des lacs Amers	700	700
11. Des lacs Amers aux lagunes de Suez	1.000	400
12. Traversée des lagunes de Suez	60	60
13. Chenal du port de Suez	150	200
TOTAUX	6.892	3.372

CANAL D'EAU DOUCE

Numéros	NORD hectares	SUD hectares
1. De l'extrémité du canal à construire par le Gouvernement égyptien jusqu'à Raz-el-Ouady..........	500	»
2. Du Raz-el-Ouady à l'extrémité du lac Maxamah.................	200	3.000
3. Du lac Maxamah à Néfiché.......	420	2.100
4. De Néfiché à Ismaïlia...........	300	»
TOTAUX...........	1.420	5.100

SUITE DU CANAL D'EAU DOUCE

	EST hectares	OUEST hectares
5. De Néfiché aux lacs Amers.......	»	2.500
6 et 7. Contours des lacs Amers.....	300	200
8. Gare de Suez....................	30	50
TOTAUX..........	330	2.750

SUR LA CINQUIÈME QUESTION

L'indemnité due à la Compagnie à raison de la rétrocession des terrains est fixée à trente millions de francs (30.000.000).

RÉSUMÉ

L'indemnité totale due à la Compagnie et s'élevant à la somme de quatre-vingt-quatre millions de francs (84.000.000) lui sera payée par le Gouvernement égyptien par annuités, ainsi qu'il suit :

La première somme allouée de trente-huit millions sera payée en six annuités divisibles par semestres. Les huit premiers semestres seront de trois millions deux cent cinquante mille francs chacun, et les quatre derniers de trois millions chacun. Le premier semestre sera exigible le premier no-

*vembre mil huit cent soixante-quatre, et les payements con-
tinueront, de semestre en semestre, jusqu'à l'entière libération
de la somme de trente-huit millions.*

*La somme de trente millions allouée pour l'indemnité
des terrains rétrocédés sera divisée en dix annuités de trois
millions chacune. La première annuité sera exigible seulement après l'entière libération de la somme de trente-huit
millions ci-dessus, c'est-à-dire le premier novembre mil huit
cent soixante-dix, et les payements continueront, d'année en
année, jusqu'à l'entière libération de la somme de trente
millions.*

*La somme de six millions, allouée pour l'indemnité des
droits sur le canal d'eau douce, sera divisée en dix annuités
de six cent mille francs chacune, payables aux mêmes
échéances que les annuités ci-dessus fixées pour l'indemnité
des trente millions.*

*Enfin, la somme de dix millions allouée pour les travaux
exécutés et à exécuter au canal d'eau douce, sera payée dans
l'année de la livraison dudit canal.*

Le tout conformément au tableau ci-après :

Années	INDEMNITÉS				TOTAL 84 MILLIONS
	38 MILLIONS Indemnité pour la substitution des machines et des ouvriers européens aux ouvriers égyptiens	30 MILLIONS Indemnité pour rétrocession des terrains	6 MILLIONS Indemnité pour les droits à percevoir sur le canal d'eau douce	10 MILLIONS Remboursement des sommes dépensées pour les travaux faits ou à faire au canal d'eau douce	ÉCHÉANCES
	Francs	Francs	Francs	Francs	
1	6.500.000	»	»	»	1er novembre 1864. 1er mai 1865.
2	6.500.000	»	»	»	1er novembre 1865. 1er mai 1866.
3	6.500.000	»	»	»	1er novembre 1866. 1er mai 1867.
4	6.500.000	»	»	»	1er novembre 1867. 1er mai 1868.
5	6.500.000	»	»	»	1er novembre 1868. 1er mai 1869.
6	6.500.000	»	»	»	1er novembre 1869. 1er mai 1870.
7	»	3.000.000	600.000	»	1er novembre 1870.
8	»	3.000.000	600.000	»	1er novembre 1871.
9	»	3.000.000	600.000	»	1er novembre 1872.
10	»	3.000.000	600.000	»	1er novembre 1873.
11	»	3.000.000	600.000	»	1er novembre 1874.
12	»	3.000.000	600.000	»	1er novembre 1875.
13	»	3.000.000	600.000	»	1er novembre 1876.
14	»	3.000.000	600.000	»	1er novembre 1877.
15	»	3.000.000	600.000	»	1er novembre 1878.
16	»	3.000.000	600.000	»	1er novembre 1879.
	38.000.000	30.000.000	6.000.000		
A ajouter	»	»	»	10.000.000	dans l'année de la livraison du canal.

TOTAL GÉNÉRAL...... 84.000.000

Fait à Fontainebleau, le 6 juillet mil huit cent soixante-quatre.

Signé : NAPOLÉON.

Certifié conforme à l'original déposé aux archives du ministère des Affaires étrangères,

Le ministre des Affaires étrangères,

Signé : DROUYN DE LHUYS.

CONVENTION MODIFICATIVE
DE LA SENTENCE ARBITRALE

(30 janvier 1866)

Après avoir exprimé au Gouvernement français sa satisfaction des solutions proposées par la haute justice de
l'Empereur, la Sublime Porte témoigna le désir de donner
son adhésion à cet acte, c'est-à-dire sa sanction à la concession vice-royale sous une forme particulière. Dans ce but,
une convention conforme à la sentence devait être conclue
et signée d'abord par le Vice-Roi et par le Président de la
Compagnie pour être approuvée ensuite par le Sultan. Un
premier projet fut donc rédigé par la Compagnie et soumis au
vice-roi ; un second projet, émané du Gouvernement ottoman,
fut apporté de Constantinople au Caire par Nubar-Pacha. Ces
deux projets différaient par des points essentiels qui ne permirent pas l'accord immédiat de s'établir entre les parties.

Le différend tenait à ce que la sentence arbitrale renfermait certaines dispositions donnant lieu encore à objection
de la part de la Porte-Ottomane. Ainsi, en premier lieu, la
sentence avait conservé à la Compagnie l'entretien du canal
d'eau douce et la jouissance de 9.600 hectares de terrain
jugés nécessaires pour assurer la conservation de ce canal ; en
second lieu, elle n'avait stipulé aucune réserve, au point de
vue des intérêts et des droits du Gouvernement égyptien,
quant aux 10.264 hectares de terrain laissés à la disposition
de la Compagnie pour l'exploitation du canal maritime.

Le Gouvernement égyptien et la Compagnie, animés d'un
égal esprit de conciliation, parvinrent à s'entendre pour la
modification des dispositions ci-dessus dans le sens des
désirs de la Sublime Porte, moyennant compensation, accordée à la Compagnie pour la restriction de ses droits, sous
forme d'une notable réduction dans les délais des époques

de payements de l'indemnité due par le Gouvernement égyptien en vertu de la sentence arbitrale.

D'un autre côté, par les mêmes motifs qui avaient précédemment déterminé la Compagnie à acquérir le domaine du Ouady lorsqu'elle avait la propriété du canal d'eau douce, le vice-roi jugeait à son tour que la possession de ce domaine était devenue nécessaire au Gouvernement pour pouvoir, à la fois, donner à l'alimentation d'eau douce de la ville de Suez et à la culture des terrains irrigables, tous les développements possibles, et avoir toutes facilités pour établir un nouveau réseau de chemins de fer propre à desservir la province de l'Isthme. Or le but que s'était proposé la Compagnie d'appeler la vie et l'activité autour de ses établissements se trouvant atteint, et la rétrocession des terrains du canal d'eau douce stipulée par la sentence arbitrale devenant un fait accompli, la propriété du Ouady n'était plus pour la Compagnie qu'un gage ; et dès lors, il ne s'agissait plus pour elle que de stipuler pour la cession de ce gage, très notablement amélioré entre ses mains, les conditions les plus favorables à ses intérêts. Sous ce rapport, et en faisant même la part la plus large à l'accroissement des revenus de la propriété et à la satisfaction des convenances du Gouvernement égyptien, le vice-roi montra incontestablement les dispositions les plus conciliantes, puisqu'il consentit à payer 10 millions (art. 6 de la nouvelle convention) un domaine qui avait été cédé à la Compagnie quelques années auparavant (août 1861) pour le prix d'un peu moins de 2 millions de francs [1].

---

1. Le bénéfice résultant pour la Compagnie du fait de la rétrocession du Domaine de l'Ouady a été en définitive le suivant :

		Francs
Prix de la cession		10.000.000
A déduire :		
Principal de l'acquisition	1.997.537,37	
Valeur du mobilier, du matériel et des constructions du fait de la Compagnie et indemnités de licenciement du personnel	409.110,64	2.406.648,01
Bénéfice		7.593.351,99

Bref, l'accord intervenu sur les divers points qui, seuls, retardaient encore la haute sanction de la Sublime Porte, fit l'objet de la nouvelle convention dont le texte suit :

CONVENTION DU 30 JUILLET 1866

Entre S. Exc. Nubar-Pacha, *ministre des Affaires étrangères, agissant au nom et en délégation de Son Altesse le Vice-Roi d'Égypte,* D'une part,

Et M. Ferdinand de Lesseps, *président-fondateur de la Compagnie de Suez, agissant au nom et en délégation du Conseil d'administration de ladite Compagnie,* D'autre part,

A été convenu ce qui suit :

Article premier. — *Le Gouvernement égyptien occupera, dans le périmètre des terrains réservés comme dépendances du canal maritime, toute position ou tout point stratégique qu'il jugera nécessaires à la défense du pays; cette occupation ne devra pas faire obstacle à la navigation et respectera les servitudes attachées aux francs-bords du canal.*

Art. 2. — *Le Gouvernement égyptien, sous les mêmes réserves, pourra également occuper, pour ses services administratifs (postes, douanes, casernes, etc.), tout emplacement disponible qu'il jugera convenable, en tenant compte des nécessités de l'exploitation des services de la Compagnie.*

Le Gouvernement remboursera, quand il y aura lieu, à la Compagnie, les sommes que celle-ci aura dépensées pour créer ou approprier les terrains dont il voudra disposer.

Art. 3. — *Dans l'intérêt du commerce, de l'industrie ou de la prospère exploitation du canal, tout particulier aura la faculté, moyennant l'autorisation préalable du Gouvernement et en se soumettant aux règlements administratifs ou municipaux de l'autorité locale, ainsi qu'aux lois, usages et impôts du pays, de s'établir soit le long du canal maritime, soit dans les villes élevées sur son parcours; réserve faite des francs-bords, berges et chemins de halage, ces derniers devant rester ouverts à la libre circulation sous l'empire des règlements qui en détermineront l'usage.*

Ces établissements ne pourront du reste avoir lieu que sur les emplacements que les ingénieurs de la Compagnie reconnaîtront n'être pas nécessaires aux services de l'exploitation et à charge par les bénéficiaires de rembourser à la Compagnie les sommes dépensées par elle pour la création ou l'appropriation desdits emplacements.

Art. 4. — *Le Gouvernement égyptien prendra possession du canal d'eau douce, des travaux d'art et des terrains qui en dépendent, aussitôt que la Compagnie se croira en mesure de livrer ledit canal dans les conditions antérieurement stipulées.*

Cette livraison, qui impliquera réception de la part du Gouvernement égyptien, sera opérée contradictoirement entre les ingénieurs du Gouvernement et ceux de la Compagnie et constatée dans un procès-verbal relatant en détail les points par lesquels l'état du canal s'écartera des conditions qu'il devait réaliser.

Le Gouvernement égyptien demeurera, à partir de ce moment, chargé de l'entretien dudit canal, soit :

1° De faire, dans le délai possible, toutes plantations, cultures et travaux de défense nécessaires pour empêcher la dégradation des berges et l'envahissement des sables ;

2° D'assurer, en toutes saisons, la navigation, en maintenant dans le canal un tirant d'eau de $2^m,50$ dans les hautes eaux du Nil, de 2 mètres dans la saison des eaux moyennes et de 1 mètre au minimum, dans les basses eaux ;

3° De fournir, en outre, à la Compagnie un volume de soixante-dix mille mètres cubes d'eau par jour pour l'alimentation des populations établies sur le parcours du canal, l'arrosage des jardins, le fonctionnement des machines destinées à l'entretien du canal et à celles des établissements industriels nécessaires à son exploitation, à l'irrigation des semis et plantations pratiqués sur les dunes et autres terrains non naturellement irrigables compris dans les dépendances du canal, enfin, l'approvisionnement des navires qui passeront par ledit canal;

4° De faire enfin tous curages et travaux nécessaires pour entretenir le canal d'eau douce et ses ouvrages d'art en parfait état.

Le Gouvernement égyptien sera, de ce chef, substitué à la Compagnie en toutes les charges et obligations qui résulteraient pour elle d'un entretien insuffisant, étant tenu compte de l'état dans lequel le canal aura été livré et du délai nécessaire aux travaux que cet état aura pu exiger.

Art. 5. — *Aussitôt après la livraison du canal, le Gouvernement égyptien aura la jouissance et disposera de la faculté d'y établir des prises d'eau; la Compagnie, de son côté, aura, pendant la durée des travaux de construction du canal maritime et au besoin jusqu'à la fin de 1869, la faculté d'établir sur le canal d'eau douce des services de remorqueurs à hélice ou de toueurs pour les besoins de ses transports et de ceux de ses entrepreneurs, et l'exploitation exclusive du transit des marchandises de Port-Saïd à Suez,* et vice versâ.

Après 1869, la Compagnie rentrera dans le droit commun pour l'usage du canal d'eau douce aux conditions antérieurement convenues.

Les bâtiments construits par la Compagnie pour ses services sur le parcours du canal d'eau douce de Zagazig à Suez seront cédés au Gouvernement égyptien au prix de revient. Ceux de ces bâtiments et dépendances qui seront nécessaires à la Compagnie pendant la période ci-dessus indiquée, lui seront loués par le Gouvernement au taux de cinq pour cent l'an du capital remboursé.

Art. 6. — *La Compagnie vend au Gouvernement égyptien la propriété du Ouady telle qu'elle existe actuellement, avec ses bâtiments et dépendances, au prix de dix millions de francs.*

ART. 7. — *Si le canal d'eau douce est remis par la Compagnie au Gouvernement égyptien dans le courant de la présente année, les sommes dues par le Gouvernement égyptien, tant de ce chef, que pour l'acquisition du domaine du Ouady, ensemble vingt millions de francs, seront payées à la Compagnie à dater du 1er juillet jusqu'au 1er décembre 1866, en six payements égaux et mensuels de 3.333.333 fr. 33 opérés le 1er de chaque mois.*

Au cas où l'appel de fonds restant à faire sur les actions serait rendu exigible par la Compagnie dans le courant de la présente année, le montant des sommes dues de ce chef par le Gouvernement égyptien, soit environ et sauf compte à faire 17.5000.000 francs, sera payé à la Compagnie à dater du 1er janvier jusqu'au 1er décembre 1867 en douze payements égaux et mensuels de 1.458.343 francs environ, opérés le 1er de chaque mois.

Les sommes formant le solde de l'indemnité consentie par le Gouvernement égyptien en faveur de la Compagnie, exigibles postérieurement au 1er novembre 1866, soit ensemble cinquante-sept millions sept cent cinquante mille francs, seront payées à la Compagnie à dater du 1er novembre 1867 jusqu'au 1er décembre 1869, en trente-six payements égaux et mensuels de 1.604.166 francs opérés le 1er de chaque mois.

Tous les payements seront faits à la Compagnie en francs effectifs.

Fait en double expédition, au Caire, le 30 janvier 1866.

Signé : FERDIN. DE LESSEPS.

NUBAR-PACHA.

DÉLIMITATION DES TERRAINS RÉSERVÉS
A LA COMPAGNIE

(19 février 1866)

Dans *l'Exposé de la situation de l'Empire* présenté au Sénat et au Corps législatif en janvier 1866, il était rendu compte de la situation spéciale de l'entreprise du canal de Suez dans les termes suivants :

Les négociations relatives à l'entreprise formée pour le percement de l'isthme de Suez ont été poursuivies dans un esprit de conciliation, et elles paraissent toucher à leur terme.

. . . .

Il ne s'agissait donc plus que de rédiger le nouveau contrat qui doit être signé par le vice-roi et la Compagnie et auquel le Sultan a promis de donner sa sanction. L'ambassadeur de l'Empereur à Constantinople, après avoir eu connaissance des obervations des deux parties, a préparé, conformément à ses instructions et de concert avec les ministres ottomans, un projet de nature à satisfaire tous les intérêts. Il a été en même temps convenu que la France, la Turquie, le vice-roi d'Égypte et le Conseil d'administration de la Compagnie universelle désigneraient chacun un commissaire pour déterminer les terrains nécessaires à la bonne exploitation de l'entreprise qui, suivant les dispositions de la sentence, doivent être attribués à la compagnie pendant la durée de la concession. Tout fait espérer que l'accord s'établira aisément entre eux sur les questions techniques qu'ils ont à résoudre. Le vice-roi se montre résolu à seconder l'achèvement de cette entreprise en donnant toute l'activité désirable au canal d'eau douce.

Ainsi que l'annonçait le Gouvernement français dans l'extrait ci-dessus de l'exposé de la situation de l'Empire, des Commissaires furent nommés pour procéder à la délimitation des terrains qui devaient être attribués à la Compagnie. Leurs opérations firent l'objet d'un procès-verbal dont le texte suit :

PROCÈS-VERBAL DES OPÉRATIONS DES DÉLÉGUÉS NOMMÉS A L'EFFET
D'ÉTABLIR LES LIMITES DES TERRAINS NÉCESSAIRES A LA BONNE
EXPLOITATION DE L'ENTREPRISE DU CANAL MARITIME DE SUEZ ET DONT
LA JOUISSANCE DOIT ÊTRE ATTRIBUÉE A LA COMPAGNIE PENDANT LA
DURÉE DE SA CONCESSION.

Les Commissaires soussignés :

LEBASTEUR, *inspecteur général des Ponts et Chaussées,
délégué du Gouvernement français;*

SERVER EFFENDI, *sous-secrétaire d'État au Ministère de
l'Agriculture, du Commerce et des Travaux publics, délégué
du Gouvernement de Sa Majesté Impériale le Sultan;*

ALY BEY MOUBARECK, *colonel du génie, aide de camp de
Son Altesse le Vice-Roi, délégué du Gouvernement égyptien;*

MALLET, *sénateur, délégué de la Compagnie du Canal maritime de Suez,*

*Partis du Caire le 29 janvier 1866, sont arrivés le 30 à
Ismaïlia sur le canal maritime.*

*Le lendemain, 31, remontant le canal vers le nord, après
avoir visité les travaux du seuil d'El-Guisr, ils sont arrivés à
Kantara. Le 1ᵉʳ février, ils étaient à Port-Saïd, dont ils ont
visité les divers chantiers et l'emplacement où doivent être
assis le port et ses dépendances.*

*De retour à Ismaïlia le 3 février, ils ont parcouru l'em-
placement occupé et à occuper par cet établissement.*

*Partant d'Ismaïlia le 5 février, ils se sont dirigés vers
Suez en visitant les chantiers du Sérapéum et de Chalouf.*

*Arrivés à Suez, ils ont visité la rade ; et partout, dans les
diverses localités, l'ingénieur en chef, directeur général des
travaux, a exposé les besoins des établissements qui doivent y
être créés. De retour au Caire, les commissaires se sont réunis en conférence, les 11 février et jours suivants, à l'effet
d'examiner les plans qui leur ont été soumis, d'entendre de*

nouveau les explications du directeur général des travaux et de fixer définitivement les limites des terrains nécessaires à la Compagnie pour l'exploitation de son entreprise.

ARTICLE PREMIER. — Port-Saïd. *Dans la séance du 13 février, M. le directeur général des travaux de la Compagnie a soumis à la Commission un plan de Port-Saïd, indiquant les divers bassins à construire suivant les prévisions actuelles de la Compagnie.*

Un double chenal conduirait de l'avant-port dans le premier bassin, et, entre les deux passes, on conserverait le terre-plein des ateliers où se fabriquent les blocs factices pour la construction des jetées. La question de savoir si l'occupation actuelle de ces terrains doit être seulement temporaire et provisoire, ou si elle doit être considérée comme indispensable à la Compagnie pendant toute la durée de la concession, se présente. Après mûr examen, la Commission est d'avis que l'occupation par la Compagnie dudit terrain ne doit être que temporaire. En conséquence, la durée de cette occupation a été fixée à un laps de dix ans. Si, ultérieurement, ce laps de dix ans venait à être reconnu insuffisant, une entente entre le Gouvernement égyptien et la Compagnie en fixerait la prolongation ; par contre, le Gouvernement rentrera en possession du terrain dont il s'agit au moment même où la Compagnie cessera la fabrication des blocs artificiels. Il est bien entendu que, durant l'occupation dudit terrain par la Compagnie, le Gouvernement égyptien pourra y faire tous les travaux et toutes les constructions qu'il jugera utiles sans nuire aux chantiers de la Compagnie. Il est aussi à remarquer que cet îlot est nécessaire pour abriter l'arrière-port. Cependant comme l'élargissement des passes pourra devenir indispensable, il s'ensuit que la Compagnie pourra toujours, pour opérer cet élargissement, réduire la longueur dudit îlot.

Entre la passe de l'est et l'enracinement de la jetée du même côté, il devra être laissé une voie publique d'accès, depuis la levée extérieure de l'arrière-port jusqu'à la jetée. Il ne sera fait par la Compagnie aucune construction soit le long de la plage, soit sur les levées limitant les bassins du côté de l'est.

Une partie de la plage est réservée, le long de la jetée de l'ouest, pour les besoins de l'exploitation du canal et notamment pour compléter les travaux de la jetée et asseoir les principaux bâtiments d'exploitation; cette partie réservée à la Compagnie aura une largeur de cent cinquante mètres et une longueur maximum de six cents mètres, comptés à partir de l'origine de la jetée; elle n'est accordée que sous les conditions suivantes :

1° La Compagnie laissera libres pour la circulation publique, savoir : un quai de cinquante mètres de largeur entre les bâtiments d'exploitation qu'elle se propose de construire et la jetée; un espace de cinquante mètres de largeur entre l'extrémité de ces constructions et la laisse de la mer; la voie d'accès existant entre la plage et le quai du port ;

2° Toutes les constructions faites par la Compagnie seront soumises, en cas de guerre, aux servitudes militaires, et le Gouvernement pourra faire exécuter tous travaux et toutes démolitions qu'il jugera utiles à la défense du pays, sans être tenu de payer aucune indemnité quelconque à la Compagnie à raison desdits travaux et démolitions;

3° Si, en cas de guerre, le Gouvernement juge utile de construire une batterie dans l'étendue des six cents mètres réservés, l'emplacement de cette batterie formera la limite définitive du terrain concédé.

Sous la réserve de toutes les conditions ci-dessus, la Commission estime qu'une superficie de quatre cent trente hectares de terrain est nécessaire à la Compagnie pour le service et pour l'exploitation complète à Port-Saïd du canal maritime; ces terrains sont désignés au plan coté sous le n° 1[1], signé, paraphé et annexé au présent procès-verbal.

---

1. Planche V.

Cette superficie se répartit ainsi qu'il suit :

	Hectares
Terrains réservés du côté d'Afrique, trois cent dix-neuf hectares.....................	319
Terrains réservés du côté d'Asie, cent onze hectares.	111
Superficie totale à Port-Saïd.....	430

ART. 2. — De la borne n° 3, placée à l'extrémité du port, au kilomètre n° 62, près d'El-Ferdane. *Aucune objection n'est faite à la demande de la Compagnie tendant à obtenir une largeur de deux cents mètres de chaque côté de l'axe du canal ; en conséquence, cette demande lui est accordée.*

ART. 3. — Raz-el-Ech. *La Compagnie demande une zone supplémentaire de trois cents mètres de largeur sur cinq cents mètres de longueur du côté d'Afrique, soit quinze hectares.*

Cette demande est admise.

Le droit de pêche du Gouvernement dans le lac Menzaleh s'exercera toujours jusqu'au remblai exécuté.

ART. 4 — Kantara[1]. *La Compagnie demande, sur le côté d'Asie, une superficie totale de soixante-quatre hectares, se répartissant ainsi qu'il suit :*

	Hectares
Création d'une gare de mille mètres de longueur sur deux cents mètres de largeur, avec terre-plein de deux cents mètres à l'entour pour les établissements destinés au service de la gare, vingt-huit hectares.	28
Emplacement pour le campement de la Compagnie et de l'entreprise, trente-six hectares..............	36
Total, soixante-quatre hectares......	64

Cette demande est admise par la Commission.

ART. 5. — D'El-Ferdane au lac Timsah. *Pour cette partie du canal, qui comprend la traversée du seuil d'El-Guisr, la Compagnie demande deux cents mètres du côté d'Asie et mille mètres du côté d'Afrique.*

Cette demande est motivée, en ce qui concerne le côté

---

1. Planche V.

*d'Afrique, sur ce qu'il est nécessaire d'avoir une grande éten-
due de terrain pour déposer les déblais provenant d'une tranchée qui atteint à son point culminant une hauteur de dix-
neuf mètres, non compris la profondeur du canal, qui est de
huit mètres, ce qui porte le total des déblais à vingt-sept
mètres, et, en outre, sur la nécessité d'exécuter des travaux
pour fixer les sables mobiles qui pourraient, sur certains points,
envahir la tranchée.*

*Par ces motifs, la Commission admet la demande de la
Compagnie.*

Art. 6. — Canal de jonction avec le canal d'eau douce.
*La Compagnie ayant à faire des travaux importants pour
fixer les sables mobiles et empêcher l'envahissement du canal
d'eau douce, une superficie de cent soixante hectares lui est
accordée par la Commission.*

*Cette superficie est indiquée sur le plan d'ensemble d'Is-
maïlia, coté sous le n° 2[1], signé, paraphé et annexé au présent
procès-verbal. Aucune construction autre que les postes de
gardiens, travaux d'éclairage des deux canaux et logement des
proposés de ce service, ne pourra être faite par la Compagnie
sur une surface de quinze cents mètres de rayon, dont le centre
sera le point d'intersection de l'axe du bief actuel de jonction
avec le canal d'eau douce et de l'axe du canal maritime.*

Art. 7. — Ismaïlia. *Le plan d'Ismaïlia ci-dessus énoncé
indique également le périmètre des terrains nécessaires pour
les établissements de la Compagnie dans la ville d'Ismaïlia;
d'après ce plan, une surface de cent quatre-vingt-treize hectares, s'étendant au nord du canal d'eau douce, serait nécessaire; la Compagnie demande donc cette superficie,
laquelle lui est accordée par la Commission.*

Art. 8. — Port d'Ismaïlia. Traversée du lac Timsah. Canal de service. *Le port d'Ismaïlia, sur le lac Timsah, indiqué
sur le plan coté n° 2, est séparé de la ville par le canal d'eau*

[1]. Planche VI.

*douce, les communications entre la ville et le port sont éta-
blies par des ponts-levis construits sur les deux écluses. Ces
deux ponts doivent être conservés. La Commission décide, en
outre, que le long du canal d'eau douce, entre les deux écluses
jusqu'à la gare des ateliers de réparations que se propose de
construire la Compagnie, il sera réservé pour les besoins
dudit canal une bande de soixante mètres de largeur comp-
tée à partir de l'axe. Le Gouvernement pourra faire construire sur cette bande tout bâtiment de service qu'il jugera
nécessaire, en laissant le long du canal un passage libre, de
vingt mètres de largeur.*

*Dans l'étendue de la gare, la digue du canal sera con-
tinuée par la Compagnie et aura, au sommet, dix mètres de
largeur. Au passage des canaux de communication, entre le
canal et la gare, il sera établi, pour l'usage du public, des
ponts mobiles ayant une largeur de quatre mètres. Le long
du quai du port, sur le lac Timsah, on laissera un espace libre de
cinquante mètres de largeur. Une bande de terrain de cinq
cents mètres de largeur sur quinze cents mètres de longueur,
soit soixante-quinze hectares à l'ouest du lac, est distraite de
la concession demandée, pour les besoins du Gouvernement
égyptien, qui pourra, s'il le juge convenable, établir sur le
lac Timsah un port dont les quais feront un retour d'équerre
par rapport à ceux de la Compagnie. La superficie des terrains accordés pour l'établissement du port d'Ismaïlia du
côté d'Afrique est fixée, par suite de la réduction ci-dessus,
à cinq cent huit hectares. Il est, en outre, accordé pour l'ouverture du canal dans la traversée du lac Timsah une zone
de deux cents mètres de chaque côté de l'axe.*

*Un canal de service conduisant à une carrière située à
l'est du canal maritime, ainsi que la carrière elle-même,
restent réservés à la Compagnie conformément à la concession qui lui en a été faite. Le tout comporte une supercifie de
soixante-quatorze hectares.*

ART. 9. — Du lac Timsah aux lacs Amers. *Cette portion*

du canal de dix-sept kilomètres de longueur comprend la tranchée du Sérapéum, un peu moins profonde que celle d'El-Guisr, mais présentant les mêmes difficultés. Pour les motifs indiqués à l'article 5, la Compagnie demande, du côté d'Afrique, une largeur de huit cents mètres et de deux cents mètres du côté d'Asie. Cette demande lui est accordée par la Commission.

ART. 10. — Traversée des lacs Amers. *M. le directeur général des travaux, appelé à donner des explications sur le projet de la Compagnie, fait connaître qu'elle a l'intention de s'établir dans les lacs mêmes, en opérant, s'il y a lieu, les dragages nécessaires ; cependant, il prévoit le cas où il y aurait dans la nappe d'eau des lacs une agitation ou des courants gênants pour la navigation ; on se reporterait alors à la limite des lacs du côté d'Asie, et on les contournerait en établissant une voie séparée des lacs et protégée contre l'action des vents et de la marée. La superficie à occuper dans l'un ou l'autre cas serait sensiblement la même, et la zone concédée peut être calculée à raison de deux cents mètres de chaque côté de l'axe de la voie suivie par la navigation. Quand la Compagnie sera complètement fixée sur la ligne à adopter, la concession se bornera aux terrains situés sur cette ligne.*

La Commission accorde donc la zone de deux cents mètres de chaque côté de l'axe de la voie adoptée par la Compagnie. De plus, la Commission accorde à la Compagnie une surface supplémentaire de vingt hectares au seuil de séparation des deux lacs, pour divers travaux ayant pour objet de diriger les eaux sur ces points et d'empêcher, au moyen d'épis ou d'enrochements, la transmission des lames et les dégradations que les courants pourraient occasionner.

ART. 11. — Des lacs Amers aux lagunes de Suez. *La Compagnie demande deux cents mètres de largeur de chaque côté de l'axe, plus, pour le campement de Chalouf, une zone supplémentaire de trois cents mètres de largeur sur une longueur de mille mètres, soit trente hectares. Elle réclame aussi une surperficie égale pour le campement de la plaine comprenant des bassins et un canal de service pour l'alimentation du campement.*

La Commission accorde ces différents chefs de demande à la Compagnie.

Art. 12. — Traversée des lagunes de Suez. Aucune objection n'étant faite à la demande de la Compagnie qui réclame deux cents mètres de chaque côté de l'axe du canal, et, en outre, une zone supplémentaire de vingt-sept hectares pour le campement de la quarantaine et la voie d'accès qui y conduit, plus treize hectares pour le petit établissement à former à l'entrée du canal, à son point de jonction avec le chenal conduisant à la rade de Suez ; en conséquence, ces différents chefs sont également accordés.

Art. 13. — Port de Suez. Après une discussion approfondie sur les moyens d'assurer l'exploitation facile et complète du canal maritime, la Commission accorde à la Compagnie la superficie des terrains qu'elle demande, tels qu'ils sont figurés au plan coté sous le n° 3[1], signé, paraphé et annexé au présent procès-verbal. Cette allocation est faite sous les réserves et sous les conditions suivantes :

1° Le chenal faisant partie du port de Suez n'est pas compris dans les terrains réservés à la Compagnie ; toutefois, il demeure bien entendu que, conformément à la concession, la Compagnie a le droit de faire dans le chenal tous les travaux que comporte l'exécution de ses projets, sous la réserve de laisser toujours un passage libre à la navigation entre le fond du port et la rade, de sorte que la navigation ne soit jamais arrêtée ni entravée.

2° Le halage sera libre sur les quais que doit construire la Compagnie. Toutefois, le droit de haler ne devra pas gêner la formation des trains.

La formation des trains est interdite le long de la jetée

---

1. Planche VII.

extérieure. et sur une longueur de cent mètres à l'extrémité
du terre-plein. La portion du quai suivante, jusqu'au petit
bassin, est affectée à la formation des trains ; en dehors des
navires destinés à entrer dans le canal, aucun navire ne
pourra y stationner ni s'y amarrer.

La circulation pour le public sera constamment libre sur les
quais.

Si la Compagnie prolonge la levée au delà de l'extrémité
du terre-plein, en vue de former une jetée d'abri, cette jetée
extérieure sera et restera consacrée au public pour les besoins
généraux de halage.

3° La chaîne de touage que doit établir la Compagnie
sera placée à cent mètres au moins de distance de la levée,
mesure prise au niveau moyen des eaux, et la Compagnie
aura la faculté de la prolonger en ligne droite jusqu'aux
fonds naturels de neuf mètres. La Compagnie sera tenue
d'élargir le chenal, si les besoins de la navigation locale le
rendent nécessaire, et elle reculera alors, en même temps, la
chaîne de touage.

4° Le chenal devant rester libre pour tous les navires,
aucun bâtiment n'y pourra mouiller.

5° La moitié de la largeur du terre-plein à créer entre la
levée formant la rive nord du chenal d'avant-port et le quai
du bassin de radoub sera comprise dans les zones réservées à
l'exploitation du canal maritime, sous la condition, pour la
Compagnie, de laisser au quai, le long de la levée, une
largeur de quarante mètres.

La Compagnie n'aura à sa charge que la dépense afférente
à l'exécution des travaux dans la largeur de la zone qui lui
est réservée.

L'enrochement qui doit protéger le terre-plein du côté de
la rade sera construit simultanément par le Gouvernement
et par la Compagnie.

6° Les fortifications qui pourront être construites à l'extrémité sud-ouest du terre-plein seront disposées de manière

que l'on puisse communiquer entre ce terre-plein et la rade.

La partie extérieure correspondant à la bande réservée à la Compagnie sera affectée à l'accostage et au stationnement de ses embarcations de service et à l'établissement de ses embarcadères.

7° La partie du terre-plein réservée à la Compagnie le long du chenal du port de Suez, en retour vers le nord, aura une longueur de mille mètres, à partir de l'entrée du petit bassin projeté pour le remisage du matériel d'exploitation du canal maritime. Le terre-plein s'étendra en largeur jusqu'à une ligne parallèle au chemin de fer à cinquante mètres en arrière de l'axe de la voie. Les navires étrangers à l'exploitation du canal maritime pourront se haler, mais non décharger ni s'amarrer le long de ce terre-plein.

8° Les constructions qui seront élevées par la Compagnie dans l'étendue de la zone réservée à l'exploitation du canal maritime, seront soumises, en cas de guerre, aux servitudes militaires.

Une zone de cent mètres de largeur est réservée à l'extrémité du terre-plein pour les besoins du Gouvernement. Aucune construction ne pourra être érigée sur cette zone de terrain par la Compagnie.

Aucune des énonciations du présent procès-verbal ne pourra être prise ou considérée par la Compagnie comme l'affranchissant des règlements de port; en conséquence, tous les navires généralement quelconques se dirigeant dans le canal maritime resteront, à l'instar des autres navires, soumis aux règlements faits ou à faire par le Gouvernement égyptien pour assurer la libre circulation dans les ports de son territoire.

En conséquence, et se résumant, les Commissaires soussignés arrêtent ainsi qu'il suit l'état des terrains concédés à la Compagnie pour l'établissement, l'exploitation et la conservation du canal maritime de Suez (Voir le plan du canal, pièce annexe n° 4[1]).

---

1. Planche VIII.

ÉTAT DES TERRAINS NÉCESSAIRES A L'ÉTABLISSEMENT, L'EXPLOITATION
ET LA CONSERVATION DU CANAL MARITIME DE SUEZ

NUMÉROS D'ORDRE	DÉSIGNATION DES PARTIES DU CANAL, DES PORTS ET DES ÉTABLISSEMENTS	LONGUEURS en kilomètres	LARGEURS MESURÉES à partir de l'axe du canal		SUPERFICIES	
			CÔTÉ AFRIQUE	CÔTÉ ASIE	CÔTÉ AFRIQUE	CÔTÉ ASIE
		Kilomètres	Mètres	Mètres	Hectares	Hectares
I	Port-Saïd.................... *Le périmètre des terrains réservés à la Compagnie est figuré par un liséré vermillon sur le plan joint au présent état (Pièce annexe n° 1[1]).................*	3	»	»	319	111
II	De Port-Saïd à El-Ferdane. *Du kilom. 3 au kilom. 62 du canal maritime................*	59	200	200	1.180	1.180
III	Raz-el-Ech. *Zone supplémentaire, côté Afrique, d'une largeur de 300 mètres sur une longueur de 500 mètres.*	»	»	»	15	»
IV	Kantara. *Le périmètre des terrains réservés est figuré par un liséré vermillon sur le plan joint au présent état (Pièce annexe n° 1 bis[2]).....*	»	»	»	»	64
V	D'El-Ferdane au lac Timsah. *Du kilomètre 62 au point kilométrique 75[km],5 du canal maritime*	13,5	1.000	200	1.350	270
VI	Canal de jonction avec le canal d'eau douce. *Longueur moyenne de 2.000 mètres sur une largeur moyenne de 800 mètres, conformément au plan joint au présent état (Pièce annexe n° 2[3]).................*	»	»	»	160	»
VII	Ismaïlia. *Le périmètre des terrains réservés est figuré par un liséré vermillon sur la même pièce annexe n° 2...*	»	»	»	193	»

1. Planche V. — 2. Planche V. — 3. Planche VI.

NUMÉROS D'ORDRE	DÉSIGNATION DES PARTIES DU CANAL, DES PORTS ET DES ÉTABLISSEMENTS	LONGUEURS en kilomètres	LARGEURS MESURÉES à partir de l'axe du canal		SUPERFICIES	
			CÔTÉ AFRIQUE	CÔTÉ ASIE	CÔTÉ AFRIQUE	CÔTÉ ASIE
		Kilomètres	Mètres	Mètres	Hectares	Hectares
VIII	Port d'Ismaïlia, traversée du lac Timsah, canal de service.					
	Le périmètre des terrains réservés est figuré par un liséré vermillon sur la pièce annexe n° 2[1].					
	Port d'Ismaïlia	»	»	»	508	»
	Traversée du lac Timsah.					
	Du kilom. 75^{km},5 *au kilom.* 81.	5, 5	200	200	110	110
	Canal de service	»	»	»	»	74
IX	Du lac Timsah aux lacs Amers.					
	Du kilom. 81 *au kilom.* 98	17	800	200	1.360	340
X	Traversée des lacs Amers.					
	Du kilom. 98 *au kilom.* 133 . . .	35	200	200	700	700
	Campement du seuil de séparation des deux bassins, 500 *mètres sur* 400 *mètres*	»	»	»	20	»
XI	Des lacs Amers aux lagunes de Suez.					
	Du kilom. 133 *au kilom.* 151 . .	18	200	200	360	360
	Campement de Chalouf, zone supplémentaire de 300 *mètres de largeur sur une longueur de* 1.000 *mètres*	»	»	»	30	»
	Campement de la plaine, bassins et canal de service	»	»	»	30	»
XII	Traversée des lagunes de Suez.					
	Du kilom. 151 *au kilom.* 159 . .	8	200	200	160	160
	Campement de la quarantaine et chemin d'accès	»	»	»	27	»
	Etablissement à l'entrée du canal	»	»	»	13	»
XIII	Port de Suez.					
	Le périmètre des terrains réservés est figuré par un liséré vermillon sur le plan joint au présent état (Pièce annexe n° 3[2])	2	»	»	130	180
	Totaux	161	»	»	6.665	3.549

1. Planche VI. — 2. Planche VII.

Le présent état de superficie montant, savoir :

	Hectares
Pour le côté d'Afrique, à	6.655
Pour le côté d'Asie, à	3.549
Total général de la superficie des terrains con-cédés, dix mille deux cent quatorze hectares..	10.214

Fait au Caire en quadruple expédition, le dix-neuf février mil huit cent soixante-six de l'ère chrétienne, soit le cinq chatval mil deux cent quatre-vingt-deux de l'hégire.

Signé : Lebasteur,
Server,
Aly-Moubareck-Bey,
Mallet.

CONVENTION ÉTABLISSANT
LES CONDITIONS DÉFINITIVES DE LA CONCESSION

(22 février 1866)

Par suite de la convention du 30 janvier 1866 entre le Gouvernement égyptien et la Compagnie, et de l'accord intervenu sur la délimitation des terrains qui devaient rester attribués à la Compagnie, toutes les objections précédemment soulevées par la Sublime Porte contre certaines dispositions de la concession primitive se trouvaient complètement résolues. Il ne restait donc plus, pour régulariser enfin la situation des parties, qu'à reproduire toutes les conditions définitivement arrêtées d'un commun accord dans un acte unique qui recevrait la sanction, désormais assurée, de la Sublime Porte.

C'est ce qui fut fait par une nouvelle convention passée le 22 février 1866 entre S. A. le vice-roi d'Égypte et le Président de la Compagnie, laquelle convention reçut l'approbation du Sultan par firman du 19 mars suivant et fut ensuite finalement approuvée par l'Assemblée générale des actionnaires du 1ᵉʳ août 1866.

Nous donnons ci-dessous le texte de ces deux documents :

CONVENTION DU 22 FÉVRIER 1866

Entre S. A. Ismaïl-Pacha, *vice-roi d'Égypte,*

D'une part ;

Et la Compagnie universelle du Canal maritime de Suez, représentée par M. Ferdinand de Lesseps, *son président-fondateur, autorisé à cet effet par les assemblées générales des actionnaires des 1ᵉʳ mars et 6 août 1864 et par décision spéciale du Conseil d'administration de ladite Compagnie, en date du 13 septembre 1864,*   *D'autre part ;*

A été exposé et stipulé ce qui suit :

Un premier acte de concession provisoire, en date du 30 novembre 1854, a autorisé M. de Lesseps à former une Compagnie financière pour l'exécution du canal maritime de Suez.

Un second acte de concession, en date du 5 janvier 1856, a déterminé le cahier des charges pour procéder à la formation de la Compagnie financière chargée d'exécuter les travaux du canal, et a donné l'autorisation d'exécuter les travaux du percement de l'isthme dès que la ratification de la Sublime Porte serait obtenue. A cet acte étaient annexés les statuts de la Compagnie universelle, revêtus de l'approbation du vice-roi.

Un décret-règlement, en date du 20 juillet 1856, a déterminé l'emploi des ouvriers fellahs aux travaux du canal de Suez.

Une convention intervenue entre le vice-roi et la Compagnie, le 18 mars 1863, a rétrocédé au Gouvernement égyptien la première section du canal d'eau douce, entre le Caire et le Ouady.

Une autre convention, datée du 20 mars 1863, a réglé la participation financière du Gouvernement égyptien dans l'entreprise.

Enfin, une dernière convention, en date du 30 janvier 1866, a réglé :

1° L'usage des terrains réservés à la Compagnie comme dépendances du canal maritime ;

2° La cession du canal d'eau douce, des terrains, ouvrages d'art et constructions en dépendant, et la reprise par le Gouvernement de l'entretien dudit canal ;

3° La vente du domaine du Ouady, au prix de 10.000.000 de francs ;

4° Les échéances des termes fixés pour le payement des sommes dues à la Compagnie.

La Sublime Porte, sollicitée conformément à l'acte de

concession du 5 janvier 1856, de donner sa ratification à la concession de l'entreprise du canal, a formulé, par une note en date du 6 avril 1863, les conditions auxquelles cette ratification était subordonnée.

Pour donner pleine satisfaction à cet égard à la Sublime Porte, il s'est établi entre le vice-roi et la Compagnie une entente qu'ils ont consacrée et formulée dans la convention dont les clauses et stipulations suivent :

ARTICLE PREMIER. — *Est et demeure abrogé, dans son entier, le règlement en date du 20 juillet 1856 relatif à l'emploi des fellahs aux travaux du canal de Suez.*

Est, en conséquence, déclarée nulle et caduque la disposition de l'article 2 de l'acte de concesssion du 5 janvier 1856, ainsi conçue : « Dans tous les cas, les quatre cinquièmes au moins des ouvriers employés aux travaux seront Égyptiens. »

Le Gouvernement égyptien payera à la Compagnie, à titre d'indemnité et en raison de l'annulation du règlement du 20 juillet 1856 et des avantages qu'il comportait, une somme de 38.000.000 de francs.

La Compagnie se procurera désormais, suivant le droit commun, sans privilèges comme sans entraves, les ouvriers nécessaires aux travaux de l'entreprise.

ART. 2. — *La Compagnie renonce au bénéfice des articles 7 et 8 de l'acte de concession du 30 novembre 1854 et des articles 10, 11 et 12 de celui du 5 janvier 1856.*

L'étendue des terrains susceptibles d'irrigation concédés à la Compagnie par ces mêmes actes de 1854 et rétrocédés au Gouvernement, a été reconnue et fixée d'un commun accord à 63.000 hectares, sur lesquels doivent être déduits 3.000 hectares qui font partie des emplacements affectés aux besoins du canal maritime.

ART. 3. — *Les articles 7 et 8 de l'acte de concession de 1854 et les articles 10, 11 et 12 de celui de 1856, demeurant abrogés, comme il est dit dans l'article 2, l'indemnité due à la Compagnie par le Gouvernement égyptien, par suite de la rétrocession des terrains, s'élève à la somme de 30 millions de francs, le prix de l'hectare étant fixé à 500 francs.*

ART. 4. — *Considérant qu'il est nécessaire de déterminer, pour le canal maritime, l'étendue des terrains qu'exigent son établissement et son exploitation, dans des conditions propres à assurer la prospérité de l'entreprise ; que cette étendue ne doit pas être restreinte à l'espace qui sera matériellement occupé par le canal même, par ses francs-bords et par les chemins de halage ; considérant que pour donner aux besoins de l'exploitation une entière et complète satisfaction, il faut que la Compagnie puisse établir, à proximité du canal maritime, des dépôts, des magasins, des ateliers, des ports dans les lieux où leur utilité sera reconnue, et enfin des habitations convenables pour les gardiens, surveillants, les ouvriers chargés des travaux d'entretien et pour tous les préposés de l'administration ; qu'il est, en outre, convenable d'accorder, comme accessoires des habitations, des terrains qui puissent être cultivés en jardins et fournir quelques approvisionnements dans des lieux privés de toute ressource de ce genre ; qu'enfin il est indispensable que la Compagnie puisse disposer de terrains suffisants pour y faire les plantations et les travaux destinés à protéger le canal maritime contre l'invasion des sables et assurer sa conservation ; mais qu'il ne doit rien être alloué, au delà de ce qui est nécessaire pour pourvoir amplement aux divers services qui viennent d'être indiqués ; que la Compagnie ne peut avoir la prétention d'obtenir, dans des vues de spéculation, une étendue quelconque de terrains, soit pour les livrer à la culture, soit pour y élever des constructions, soit pour les céder lorsque la population aura augmenté ;*

Les deux parties intéressées se renfermant dans ces limites pour déterminer, sur tout le parcours du canal maritime, le périmètre des terrains dont la jouissance, pendant la durée de la concession, est nécessaire à l'établissement, à l'exploitation et à la conservation de ce canal ;

Sont, d'un commun accord, convenues que la quantité de terrains nécessaires à l'établissement, l'exploitation et la conservation dudit canal, est fixée conformément aux plans et tableaux dressés, arrêtés, signés et annexés à cet effet aux présentes[1].

ART. 5. — *La Compagnie rétrocède au Gouvernement égyptien la seconde partie du canal d'eau douce située entre le Ouady, Ismaïlia et Suez, ainsi qu'elle lui avait déjà rétrocédé la première partie du canal située entre le Caire et le domaine du Ouady par la convention du 18 mars 1863.*

La rétrocession de cette seconde partie du canal d'eau douce est faite dans les termes et sous les conditions qui suivent :

1° La Compagnie est tenue de terminer les travaux restant à faire pour mettre le canal du Ouady, Ismaïlia et Suez dans les dimensions convenues et en état de réception.

2° Le Gouvernement égyptien prendra possession du canal d'eau douce, des travaux d'art et des terrains qui en dépendent, aussitôt que la Compagnie se croira en mesure de livrer ledit canal dans les conditions ci-dessus indiquées. Cette livraison, qui impliquera réception de la part du Gouvernement égyptien, sera opérée contradictoirement entre les ingénieurs du Gouvernement et ceux de la Compagnie, et constatée dans un procès-verbal relatant en détail les points par lesquels l'état du canal s'écartera des conditions qu'il devait réaliser ;

3° Le Gouvernement égyptien demeurera, à partir de la livraison, chargé de l'entretien dudit canal, soit :

I. — De faire, dans le délai possible, toutes plantations, cultures et travaux de défense nécessaires pour empêcher la dégradation des berges et l'envahissement des sables, et de maintenir l'alimentation du canal par celui de Zagazig, jusqu'à ce que cette alimentation soit assurée directement par la prise d'eau du Caire ;

---

1. Voir ci-dessus, le procès-verbal de délimitation.

II. — *D'exécuter les travaux de la partie qui lui a été rétrocédée par la convention du 18 mars 1863 et de mettre cette première section en communication avec la seconde, au point de jonction du Ouady;*

III. — *D'assurer en toute saison la navigation, en maintenant dans le canal une hauteur d'eau de 2 mètres 50 centimètres dans les hautes eaux du Nil, de 2 mètres à l'étiage moyen, et de 1 mètre, au minimum, au plus bas étiage;*

IV. — *De fournir, en outre, à la Compagnie un volume de 70.000 mètres cubes d'eau par jour pour l'alimentation des populations établies sur le parcours du canal maritime, l'arrosage des jardins, le fonctionnement des machines destinées à l'entretien du canal maritime et de celles des établissements industriels se rattachant à son exploitation; l'irrigation des semis et des plantations pratiqués sur les dunes et autres terrains non naturellement irrigables compris dans les dépendances du canal maritime; enfin l'approvisionnement des navires qui passent par ledit canal;*

V. — *De faire tout curage et travaux nécessaires pour entretenir le canal d'eau douce et ses ouvrages d'art en parfait état. Le Gouvernement égyptien sera de ce chef substitué à la Compagnie en toutes les charges et obligations qui résulteraient pour elle d'un entretien insuffisant, étant tenu compte de l'état dans lequel le canal aura été livré et du délai nécessaire aux travaux que cet état aura pu exiger.*

Art. 6. — *La Compagnie aura la servitude de passage sur les terrains que devront traverser les rigoles et conduites d'eau nécessaires au prélèvement des 70.000 mètres cubes d'eau dont il s'agit ci-dessus.*

Art. 7. — *Aussitôt après la livraison du canal d'eau douce, le Gouvernement égyptien en aura la jouissance et disposera de la faculté d'y établir des prises d'eau; la Compagnie, de son côté, aura pendant la durée des travaux de construction du canal maritime et, au besoin, jusqu'à la fin de 1869, la faculté d'établir sur le canal d'eau douce des services de remorqueurs à hélice ou de toueurs pour les besoins de ses transports ou de ceux de ses entrepreneurs, et l'exploitation exclusive du transit des marchandises de Port-Saïd à Suez, et* vice versâ.

Après 1869, la Compagnie rentrera dans le droit commun pour l'usage du canal d'eau douce; elle n'aura plus sur ce canal que la jouissance appartenant aux Égyptiens, sans toutefois que jamais ses barques et bâtiments puissent être soumis à aucun droit de navigation.

L'alimentation d'eau douce en ligne directe à Port-Saïd sera toujours amenée par les moyens que la Compagnie jugera convenable d'employer à ses frais.

La Compagnie cesse d'avoir le droit de cession de prise d'eau, de navigation, de pilotage, de remorquage, de halage, ou stationnement à elle accordés sur le canal d'eau douce par les articles 8 et 17 de l'acte de concession du 5 janvier 1856.

Les bâtiments construits par la Compagnie pour ses services sur le parcours du canal d'eau douce de Zagazig à Suez sont cédés au Gouvernement égyptien au prix de revient; ceux de ces bâtiments et dépendances qui seront nécessaires à la Compagnie pendant la période ci-dessus indiquée lui seront loués par le Gouvernement au taux de 5 0/0 l'an du capital remboursé.

Le canal d'eau douce ayant été ainsi complètement rétrocédé au Gouvernement égyptien, son entretien étant à la charge dudit Gouvernement, il pourra établir sur ledit canal et ses dépendances tels ouvrages fixes ou mobiles qu'il jugera convenables; d'un autre côté, il devient inutile de déterminer, ainsi qu'on l'a fait pour le canal maritime, aucune étendue de terrain pour son entretien et pour sa conservation.

Art. 8[1]. — *L'indemnité totale due à la Compagnie, s'éle-*

---

1. Voir à la suite du tableau annexé à la convention, un tableau indiquant de quelle manière, en réalité, le Gouvernement égyptien s'est libéré envers la Compagnie.

vant à la somme de 84.000.000 de francs, lui sera payée par le Gouvernement égyptien, ensemble avec le restant du montant des actions du Gouvernement, au cas où la Compagnie ferait un appel de fonds la présente année, et les 10.000.000 de francs, prix de la vente du Ouady, de la manière indiquée au tableau dressé à cet effet, signé et annexé aux présentes.

ART. 9[1]. — Le canal maritime et toutes ses dépendances restent soumis à la police égyptienne, qui s'exercera librement comme sur tout autre point du territoire, de façon à assurer

---

1. D'un commun accord intervenu, en 1895, entre le Gouvernement égyptien et la Compagnie, l'interprétation définitive suivante a été donnée à cet article de la Convention :

D'une part, pour tout ce qui concerne la circulation, le transit et le stationnement dans le canal des navires et embarcations du Gouvernement égyptien autres que ses bâtiments de guerre :

Les bateaux à vapeur, à voiles ou à rames employés à assurer le long du canal tous les services du Gouvernement, pourvu que le tonnage brut de chacun d'eux ne soit pas supérieur à 100 tonnes, peuvent librement circuler, transiter ou stationner dans le canal, sans être astreints au paiement d'un droit ou d'une taxe quelconque. La Compagnie devra délivrer des permis de circulation à la réquisition de l'Administration intéressée.

Il demeure entendu que l'ensemble du tonnage net total des bateaux auxquels cette exemption est reconnue, ne pourra dépasser, à un moment quelconque, le chiffre de 1.500 tonnes.

Quant aux croiseurs gardes-côtes ou autres navires des services du Gouvernement égyptien jaugeant plus de 100 tonneaux bruts, ils sont exempts de tous droits de transit entre Port-Saïd et Suez jusqu'à concurrence de 2.000 tonnes par an; mais ils devront se conformer à l'obligation de prendre à leur bord un pilote de la Compagnie et ne pourront changer de direction qu'à Ismaïlia ou dans les lacs Amers.

Il est entendu que chacun de ces bateaux, s'il transite plusieurs fois dans la même année, entrera le même nombre de fois dans ce total pour son tonnage net, quel que soit le sens du transit effectué.

L'allée d'un port d'entrée du canal à Ismaïlia et *vice versâ* comptera comme un transit complet, ainsi que l'allée de Port-Thewfik aux lacs Amers et *vice versâ;* tandis que l'allée de Port-Saïd aux lacs Amers et le retour à Port-Saïd compteront comme un double transit.

Ces mêmes navires sont exemptés du paiement des droits de stationnement dans les ports dépendant du canal jusqu'à concurrence de cinq cents jours de stationnement gratuit par an, indépendamment de la gratuité de stationnement pour une durée de vingt-quatre heures reconnue à tous les navires. Ces cinq cents jours de stationnement s'appliquent à l'ensemble de ces navires, étant entendu que chacun de ces navires aura droit, en outre, comme il vient d'être dit, à la gratuité du stationnement pour une durée de vingt-quatre heures.

Enfin, il a été entendu que les croiseurs, navires ou canots dont il vient d'être question, ne transporteront en aucun cas, ni passagers, ni marchandises

le bon ordre, la sécurité publique et l'exécution des lois et règlements du pays.

Le Gouvernement égyptien jouira de la servitude de passage à travers le canal. maritime sur les points qu'il jugera nécessaires, tant pour ses propres communications que pour la libre circulation du commerce et du public, sans que la Compagnie puisse percevoir aucun droit de péage ou autre redevance sous quelque prétexte que ce soit.

Art. 10 [1]. — *Le Gouvernement égyptien occupera, dans le périmètre des terrains réservés comme dépendance du canal maritime, toute position ou tout point stratégique qu'il jugera nécessaire à la défense du pays. Cette occupation ne devra pas faire obstacle à la navigation et respectera les servitudes attachées aux francs-bords du canal.*

Art. 11 [1]. — *Le Gouvernement égyptien, sous les mêmes réserves, pourra occuper, pour ses services administratifs (poste, douane, caserne. etc.), tout emplacement disponible qu'il jugera convenable, en tenant compte des nécessités de l'exploitation des services de la Compagnie; dans ce cas, le Gouvernement remboursera, quand il y aura lieu, à la Compagnie les sommes que celle-ci aura dépensées pour créer ou approprier les terrains dont il voudra disposer.*

---

et demeureront soumis à toutes les prescriptions du Règlement de navigation auxquelles il n'est pas dérogé par le présent.

D'autre part, en ce qui concerne les bâtiments de guerre :

Il a été reconnu également d'un commun accord, que, pour ces bâtiments, la question ne se trouvait ni directement ni indirectement préjugée par les arrangements précédents et restait, au contraire, absolument entière et formellement réservée.

1. Par une nouvelle convention de 23 avril 1869 (Voir plus loin), le Gouvernement égyptien et la Compagnie se sont entendus (art. 4 de ladite convention) pour constituer en fonds commun des terrains dont la Compagnie avait la jouissance en vertu de la convention du 22 février 1866 et qui ne se trouveraient à aucune époque nécessaires à l'exploitation du canal maritime; et une autre convention du même jour a organisé l'exploitation de ce domaine commun.

Plus tard, une deuxième convention du 5 décembre 1891 (Voir au tome II) a réglé les conditions d'occupation de terrains du domaine commun par le Gouvernement égyptien pour les besoins de ses services publics.

Art. 12[1]. — *Dans l'intérêt du commerce, de l'industrie ou de la prospère exploitation du canal, tout particulier aura la faculté, moyennant l'autorisation préalable du Gouvernement et en se soumettant aux règlements administratifs ou municipaux de l'autorité locale, ainsi qu'aux lois, usages et impôts du pays, de s'établir soit le long du canal maritime, soit dans les villes élevées sur son parcours, réserve faite des francs-bords, berges et chemins de halage ; ces derniers devant rester ouverts à la libre circulation, sous l'empire des règlements qui en détermineront l'usage.*

Ces établissements, du reste, ne pourront avoir lieu que sur les emplacements que les ingénieurs de la Compagnie reconnaîtront n'être pas nécessaires aux services de l'exploitation, et à charge par les bénéficiaires de rembourser à la Compagnie les sommes dépensées par elle pour la création et l'appropriation desdits emplacements.

Art. 13. — *Il est entendu que l'établissement des services de douane ne devra porter aucune atteinte aux franchises douanières dont doit jouir le transit général s'effectuant à travers le canal par les bâtiments de toutes les nations, sans aucune distinction, exclusion ni préférence de personne ou de nationalité.*

Art. 14. — *Le Gouvernement égyptien, pour assurer la fidèle exécution des conventions mutuelles entre lui et la Compagnie, aura le droit d'entretenir à ses frais, auprès de la Compagnie et sur le lieu des travaux, un commissaire spécial.*

Art. 15. — *Il est déclaré, à titre d'interprétation, qu'à l'expiration des quatre-vingt-dix-neuf ans de la concession du canal de Suez et à défaut de nouvelle entente entre le Gouvernement égyptien et la Compagnie, la concession prendra fin de plein droit.*

Art. 16[2]. — *La Compagnie universelle du Canal mari-*

---

1. Voir la note 1 de la page 262.
2 Quelques-unes des dispositions de cet article ont été modifiées par le Règlement d'organisation judiciaire pour les procès mixtes en Egypte édicté

time de Suez étant égyptienne, elle est régie par les lois et usages du pays; toutefois, en ce qui regarde sa constitution comme Société et les rapports des associés entre eux, elle est, par une convention spéciale, réglée par les lois qui, en France, régissent les sociétés anonymes. Il est convenu que toutes les contestations de ce chef seront jugées en France, par des arbitres avec appel comme surarbitre à la Cour impériale de Paris.

Les différends en Égypte entre la Compagnie et les particuliers, à quelque nationalité qu'ils appartiennent, seront jugés par les tribunaux locaux suivant les formes consacrées par les lois et usages du pays et les traités.

Les contestations qui viendraient à surgir entre le Gouvernement égyptien et la Compagnie seront également soumises aux tribunaux locaux et résolues suivant les lois du pays.

Les préposés, ouvriers et autres personnes appartenant à l'administration de la Compagnie, seront jugés par les tribunaux locaux, suivant les lois locales et les traités, pour tous délits et contestations dans lesquels les parties ou l'une d'elles seraient indigènes.

Si toutes les parties sont étrangères, il sera procédé entre elles conformément aux règles établies.

Toute signification à la Compagnie par une partie intéressée quelconque en Égypte sera valablement faite au siège de l'administration à Alexandrie.

Art. 17. — *Tous les actes antérieurs, concessions, conventions et statuts sont maintenus dans toutes celles de leurs dispositions qui ne sont point en contradiction avec la présente convention.*

Fait double au Caire, le vingt-deux février mil huit cent soixante-six.

Signé : Ismaïl.   *Signé :* Ferd. de Lesseps.

---

en 1875 par le Gouvernement égyptien, avec l'adhésion de toutes les Puissances européennes, et mis en vigueur au commencement de 1876.

(Voir, à ce sujet, la note de la page 284 ci-après.)

TABLEAU DES PAYEMENTS STIPULÉS EN FAVEUR DE LA COMPAGNIE DANS LA CONVENTION DU 22 FÉVRIER 1866 POUR Y ÊTRE ANNEXÉ, SAUF COMPTE SPÉCIAL A ARRÊTER, EN CE QUI CONCERNE LE MONTANT DES VERSEMENTS DES ACTIONS ET LES PAYEMENTS DÉJA EFFECTUÉS [1].

DATES DES PAYEMENTS	MONTANT DES PAYEMENTS	Par an
1864 — 1er novembre	3.250.000 »	3.250.000 »
1865 — 1er mai	3.250.000 »	6.500.000 »
1er novembre	3.250.000 »	
1866 — 1er mai	3.250.000 »	
1er juillet	3.333.334,33	
1er août	3.333.333,33	
1er septembre	3.333.333,33	26.500.000 »
1er octobre	3.333.333,33	
1er novembre	6.588.333,33	
1er décembre	3.333.333,33	
1867 — 1er janvier	3.062.500 »	
1er février	3.062.500 »	
1er mars	3.062.500 »	
1er avril	3.062.500 »	
1er mai	3.062.500 »	
1er juin	3.062.500 »	
1er juillet	3.062.500 »	36.750.000 »
1er août	3.062.500 »	
1er septembre	3.062.500 »	
1er octobre	3.062.500 »	
1er novembre	3.062.500 »	
1er décembre	3.062.500 »	
1868 — 1er janvier	1.604.166,67	
1er février	1.604.166,67	
1er mars	1.604.166,67	
1er avril	1.604.166,67	
1er mai	1.604.166,67	
1er juin	1.604.166,67	
1er juillet	1.604.166,67	19.250.000 »
1er août	1.604.166,67	
1er septembre	1.604.166,67	
1er octobre	1.604.166,67	
1er novembre	1.604.166,67	
1er décembre	1.604.166,63	
1869 — 1er janvier	1.604.166,67	
1er février	1.604.166,67	
1er mars	1.604.166,67	
1er avril	1.604.166,67	
1er mai	1.604.166,67	
1er juin	1.604.166,67	
1er juillet	1.604.166,67	19.250.000 »
1er août	1.604.166,67	
1er septembre	1.604.166,67	
1er octobre	1.604.166,67	
1er novembre	1.604.166,67	
1er décembre	1.604.166,63	
	111.500.000 »	
A déduire les sommes payées	9.750.000 »	
Reste dû	101.750.000 »	

1. Voir, ci-contre, un tableau indiquant de quelle manière, en réalité, le Gouvernement égyptien s'est libéré envers la Compagnie des paiements qu'il avait à lui faire, non seulement en vertu de la convention du 22 février 1866, mais aussi pour la libération des 177.642 actions souscrites par lui et pour la cession par la Compagnie du domaine de l'Ouady.

TABLEAU DES REMISES FAITES PAR LE

1° Pour la libération des 176.642
2° Pour le paiement de l'indemnité de 84 millions,
3° Pour le paiement de la somme de 10 millions,

DATES DES REMISES	NATURE DES REMISES	OBJETS DES REMISES
1860.	Sommes passées au crédit de S. A. le Vice-Roi pour capital et intérêts des paiements faits à la Compagnie par l'entremise de la maison Ruyssenaërs frères........................ Intérêts dus à S. A. sur les sommes payées par Elle au 31 décembre 1869.......................................	Convention du 6 août 1860.
29 août.	Remise de 36 obligations « Sanud Tabab » aux écheances de 1863 à 1866...	
1864. — 1er janvier.	Intérêts dus au Gouvernement Égyptien, acceptés comme capital...	Convention du 20 mars 1863.
1er janvier au 1er décembre.	12 versements espèces de chacun 1.500.000 fr..............	
1er novembre.	1 versement espèces de 3.250.000 fr......................	Exécution de la sentence arbitrale.
1865. — 1er janvier au 1er novembre.	11 versements espèces de chacun 1.500.000 fr..............	Convention du 20 mars 1863.
1er décembre.	1 versement espèces de 525.168 fr. 60....................	
1er mai et 1er novembre.	2 versements espèces de chacun 3.250.000 fr...............	Exécution de la sentence arbitrale.
1866. — 1er mai.	1 versement espèces de 3.250.000 fr.....................	
1er novembre.	1 versement espèce de 1.500.000 fr......................	Convention du 22 février 1866
1er novembre.	Remise de 1 bon du Trésor de 1.750.000 fr. en capital......	
1er juillet au 1er décembre.	6 versements espèces de chacun 629.000 fr................	Libération des actions à 400 fr.
1er juillet au 1er décembre.	4 versements espèces, ensemble 9.145.399 fr. 65............	
1er septembre au 1er décembre.	Remise de 4 bons du Trésor, ensemble 10.851.600 fr. 35 en capital..	Convention du 22 février 1866
1867. — 1er janvier au 1er juin.	5 versements espèces de chacun 629.000 fr. et 1 de 630.996 fr. 08...	Libération des actions à 400 fr.
1er janvier.	Coupons de 11 à 17 des actions du Vice-Roi et intérêts dûs...	
1er janvier au 1er février.	2 versements espèces de chacun 1.500.000 fr..............	
1er janvier au 1er décembre.	Remise de 2 bons du Trésor de 1.562.500 fr. et de 10 bons de 3.062.500 fr...	Convention du 22 février 1866
31 décembre.	Complément de la libération à 500 fr. de 176.602 actions du Vice-Roi, la Convention de 1866 n'ayant prévu, par erreur. que 175.000 actions...................................	Complément de libération des actions à 500 fr.
1868. — 1er janvier au 1er décembre.	Remise de 12 bons du Trésor de chacun 1.604.166 fr. 67....	Convention du 22 février 1866
1869. — 1er janvier au 1er décembre.	Remise de 12 bons du Trésor de chacun 1.604.616 fr. 67....	

Sⁿᵉˢ DES REMISES	NATURE DES REMISES	OBJETS DES REMISES	CHIFFRES DU TABLEAU ANNEXÉ A LA CONVENTION du 22 février 1866		MONTANT DES REMISES — En espèces ou en compte	MONTANT DES REMISES — En bons ou obligations du Trésor égyptien	APPLICATION DES REMISES — LIBÉRATION DES ACTIONS		APPLICATION DES REMISES — INDEMNITÉ de 84 millions
			Francs	Francs	Francs	Francs	Francs	Francs	Francs
	Sommes passées au crédit de S. A. le Vice-Roi pour capital et intérêts des paiements faits à la Compagnie par l'entremise de la maison Ruyssenaërs frères............	Convention du 6 août 1860.	»	»	»	»	»		»
it.	Intérêts dus à S. A. sur les sommes payées par Elle au 31 décembre 1869............		»	»	2.394.914,52	»	2.394.914,52		»
— 1ᵉʳ janvier.	Remise de 36 obligations « Sanud Tabab » aux échéances de 1868 à 1866............		»	»	121.242,60	»	121.242,60	17.764.200	»
vier au 1ᵉʳ décem-	Intérêts dus au Gouvernement Égyptien, acceptés comme capital............	Convention du 20 mars 1863.	»	»	»	15.248.042,88	15.248.042,88		»
cembre.	12 versements espèces de chacun 1.500.000 fr............		»	»	503.231,40	»	503.231,40		»
— 1ᵉʳ janvier au novembre.	1 versement espèces de 3.250.000 fr............	Exécution de la sentence arbitrale.	»	»	18.000.000	»	18.000.000		»
embre.	11 versements espèces de chacun 1.500.000 fr............	Convention du 20 mars 1863.	»	3.250.000	3.250.000	»	»	35.528.400	3.250.000
i et 1ᵉʳ novembre.	1 versement espèces de 525.168 fr. 60............		»	»	16.500.000	»	16.500.000		»
— 1ᵉʳ mai.	2 versements espèces de chacun 3.250.000 fr............	Exécution de la sentence arbitrale.	»	»	525.168,60	»	525.168,60		»
rembre.	1 versement espèces de 3.250.000 fr............		»	6.500.000	6.500.000	»	»		6.500.000
rembre.	1 versement espèce de 1.500.000 fr............	Convention du 22 février 1866	3.250.000	»	3.250.000	»	»		3.250.000
	Remise de 1 Bon du Trésor de 1.750.000 fr. en capital............		1.500.000	»	1.500.000	»	»		1.500.000
llet au 1ᵉʳ décembre.	6 versements espèces de chacun 629.000 fr............	Libération des actions à 400 fr.	1.750.000	»	»	1.750.000	»		1.750.000
let au 1ᵉʳ décembre.	4 versements espèces, ensemble 9.145.399 fr. 05............		»	26.500.000	3.774.000	»	3.774.000		»
ptembre au 1ᵉʳ dé- bre.	Remise de 4 Bons du Trésor, ensemble 10.854.600 fr. 35 en capital............	Convention du 22 février 1866	9.145.399,65		9.145.399,65	»	»		»
— 1ᵉʳ janvier au juin.	5 versements espèces de chacun 629.000 fr. et 1 de 630.996 fr. 08............	Libération des actions à 400 fr.	10.854.000,33		»	10.854.600,35	»	17.680.200	4.572.690,82
vier.	Coupons de 11 à 17 des actions du Vice-Roi et intérêts dûs............		»	»	3.775.996,08	»	3.775.996,08		5.427.300,18
vier au 1ᵉʳ février.	2 versements espèces de chacun 1.500.000 fr............	Convention du 22 février 1866	3.000.000	»	10.110.203,92	»	10.110.203,92		»
vier au 1ᵉʳ décem-	Remise de 2 bons du Trésor de 1.562.500 fr. et de 10 bons de 3.062.500 fr............		33.750.000	36.750.000	3.000.000	»	2.910.005,67		83.333,33
embre.	Complément de la libération à 500 fr. de 176.692 actions du Vice-Roi, la Convention de 1863 n'ayant prévu, par erreur, que 175.000 actions............	Complément de libération des actions à 500 fr.			»	33.750.000	14.583.333,33	17.660.200	19.166.666,67
— 1ᵉʳ janvier au décembre.	Remise de 12 bons du Trésor de chacun 1.604.166 fr. 67............		»	»	160.200	»	160.200		»
— 1ᵉʳ janvier au décembre.	Remise de 12 bons du Trésor de chacun 1.604.010 fr. 67............	Convention du 22 février 1866	»	19.250.000	»	19.250.000	»		19.250.000
			»	19.250.000	»	19.250.000	»		19.250.000
			111.500.000	82.510.356,77	100.102.643,23			88.613.000	84.000.000 » 10.

182.613.000

182.613.000

OUVERNEMENT ÉGYPTIEN A LA COMPAGNIE

CTIONS DE SA SOUSCRIPTION ;
IXÉE PAR LA SENTENCE ARBITRALE DU 6 JUILLET 1864 ;
RIX CONVENU DE LA CESSION DU DOMAINE DE L'OUADY.

CHIFFRES DU TABLEAU ANNEXÉ À LA CONVENTION du 22 février 1866		MONTANT DES REMISES		APPLICATION DES REMISES			
Francs	Francs	En espèces ou en compte	En bons ou obligations du Trésor égyptien	LIBÉRATION DES ACTIONS		INDEMNITÉ de 84 millions	PRIX de cession de l'Ouady
Francs	Francs	Francs	Francs	Francs	Francs	Francs	Francs
»	»	2.394.914,52	»	2.394.914,52		»	»
»	»	121.242,60	»	121.242,60	17.764.200	»	»
»	»	»	15.248.042,88	15.248.042,88		»	»
»	»	503.231,40	»	503.231,40		»	»
»	»	18.000.000 »	»	18.000.000 »		»	»
»	3.250.000	3.250.000 »	»		35.528.400	3.250.000 »	»
»	»	16.500.000 »	»	16.500.000 »		»	»
»	»	525.168,60	»	525.168,60		»	»
»	6.500.000	6.500.000 »	»		»	6.500.000 »	»
.250.000 »		3.250.000 »	»		»	3.250.000 »	»
.500.000 »		1.500.000 »	»		»	1.500.000 »	»
.750.000 »		»	1.750.000 »		»	1.750.000 »	»
»	26.500.000	3.774.000 »	»	3.774.000 »		»	»
.145.300,65		9.145.399,65	»			4.572.699,82	4.572.699,83
.854.600,35		»	10.854.600,35		17.660.200	5.427.300,18	5.427.300,17
»	»	3.775.996,08	»	3.775.996,08		»	
»	»	10.110.203,92	»	10.110.203,92		»	
.000.000 »	36.750.000	3.000.000 »	»	2.916.666,67		83.333,33	
.750.000		»	33.750.000 »	14.583.333,33	17.660.200	10.166.666,67	»
»	»	160.200 »	»	160.200 »		»	»
»	19.250.000	»	19.250.000 »		»	19.250.000 »	»
»	19.250.000	»	19.250.000 »		»	19.250.000 »	»
	111.500.000	82.510.356,77	100.102.643,23		88.618.000¹	84.000.000 »	10.000.000 »

182.613.000   182.613.000

¹ Libération de 177.642 actions, à 300 fr...................... 53.292.000 francs.
  —   de 176.602 actions, de 300 à 500 fr.............. 35.320.400 —
                                                         88.613.000 —

FIRMAN DE S. M. I. LE SULTAN

(19 MARS 1866)

Mon illustre vizir, Ismaïl-Pacha, vice-roi d'Égypte, ayant rang de grand-vizir, décoré de l'Osmanié et du Medjidieh de première classe, en brillants :

La réalisation du grand œuvre destiné à donner de nouvelles facilités au commerce et à la navigation par le percement d'un canal entre la Méditerranée et la mer Rouge étant l'un des événements les plus désirables de ce siècle de science et de progrès, des conférences ont eu lieu depuis un certain temps avec la Compagnie qui demande à exécuter ce travail, et elles viennent d'aboutir d'une façon conforme, pour le présent et pour l'avenir, aux droits sacrés de la Porte, comme à ceux du Gouvernement égyptien.

Le contrat, dont ci-après la teneur des articles en traduction, a été dressé et signé par le Gouvernement égyptien conjointement avec le représentant de la Compagnie ; il a été soumis à notre sanction impériale, et après l'avoir lu, nous lui avons donné notre acceptation.

(Suit le contrat in extenso *signé au Caire le 22 février 1866.)*

Le présent firman, émané de notre divan impérial, est rendu à cet effet que nous donnons notre autorisation souveraine à l'exécution du canal par ladite Compagnie, aux conditions stipulées dans ce contrat, comme aussi au règlement de tous les accessoires selon ce contrat et les actes et conventions y incrits et désignés qui en font partie intégrante.

Donné le 2 zilqydjé 1282.

(19 mars 1866.)

EMPRUNT DE 100 MILLIONS
333.333 OBLIGATIONS 5 0/0 A LOTS, ÉMISES A 300 FRANCS
(SEPTEMBRE 1867 ET JUILLET 1868)

Dans la séance de l'Assemblée générale des actionnaires du 1ᵉʳ août 1867, le Président fit connaître la nécessité où se trouvait la Compagnie de contracter un emprunt de 100 millions pour pouvoir achever les travaux et continuer à servir les intérêts du capital d'émission jusqu'à la mise en exploitation du canal.

L'insuffisance constatée du capital social augmenté de l'indemnité du Gouvernement égyptien était due à trois causes principales : d'une part, à ce que, en cours d'exécution, on avait rencontré, sur un grand nombre de points du canal, des terrains durs inattaquables à la drague et pour l'extraction desquels il avait fallu accorder de notables augmentations de prix aux entrepreneurs ; d'autre part, à ce que la Compagnie avait à couvrir les frais d'achat d'un matériel spécial pour l'installation qui avait été jugée utile, d'un service provisoire de transit ; en troisième lieu, enfin, à ce que les prévisions relatives au paiement des intérêts des actionnaires et aux frais généraux avaient été considérablement dépassées par suite des retards d'exécution que les circonstances avaient imposés à la Compagnie.

Une évaluation aussi approximative que possible des travaux restant à exécuter et des dépenses de toute nature à faire pour le complet achèvement du canal, permettait d'espérer qu'un emprunt de 100 millions suffirait pour mener l'œuvre à bonne fin.

En conséquence, l'Assemblée adopta, sur la proposition du Président, la résolution suivante :

Tous pouvoirs sont donnés au Conseil d'administration d'émettre, pour le compte et sous la responsabilité de la Compagnie universelle du

Canal maritime de Suez, le nombre de titres suffisant pour produire la somme de cent millions de francs destinée à couvrir le surplus des dépenses nécessaires à l'achèvement du canal maritime. Le Conseil d'administration est chargé de déterminer l'époque, le mode, les garanties et les conditions de cette opération.

En exécution de la décision de l'Assemblée générale des actionnaires du 1er août 1867, une souscription publique fut ouverte pour le placement des 333.333 obligations qui étaient créées par la Compagnie aux conditions suivantes :

D'une part, les obligations émises étaient garanties par la propriété du canal maritime de Suez et de tout son matériel, par les revenus généraux de l'entreprise, enfin, par la valeur et le produit des terrains de la Compagnie .

D'autre part, ces obligations seraient au porteur et cotées à la Bourse de Paris; elles étaient émises au prix de 300 francs, jouissance du 1er octobre 1867 [1]: elles produiraient un intérêt annuel de 25 francs payable par semestres, les 1er avril et 1er octobre de chaque année, sans charge ni retenue; enfin elles seraient remboursables à 500 francs, en cinquante années, par voie de tirages au sort trimestriels dont le premier aurait lieu le 15 septembre 1868.

La souscription publique resta ouverte pendant cinq jours, du 26 au 30 septembre 1867. Après la clôture, les souscriptions continuèrent à être acceptées aux guichets et chez les correspondants de la Compagnie.

Dans la séance de l'Assemblée générale de l'année suivante, le 2 juin 1868, le Président de la Compagnie annonça

---

1. Les dates des versements étaient les suivantes :

	francs
En souscrivant	25
A la répartition	25
Du 5 au 15 novembre 1867	75
Du 1er au 18 janvier 1868	50
Du 1er au 10 avril 1868, sous déduction du coupon de 12 fr. 50	50
Du 1er au 10 juillet 1868	75
	300

Les obligations libérées ont été admises à la cote de la Bourse de Paris le 15 juillet 1868.

aux actionnaires que la souscription, ouverte dans des circonstances peu favorables, n'ayant encore réalisé à ladite date que le placement de 108.393 obligations, le Conseil d'administration avait dû rechercher les moyens les plus propres à assurer la rentrée du solde de l'emprunt; et que, à la suite d'une requête tendant à obtenir du Gouvernement français l'autorisation nécessaire pour émettre des obligations avec lots, le Conseil d'État, « en considération du caractère exceptionnel de l'entreprise et de l'intérêt que la France portait à l'œuvre du canal de Suez, » avait, dans sa séance du 11 mai 1868, revêtu de son approbation un projet de loi donnant satisfaction à la demande de la Compagnie et qui avait été ensuite présenté au Corps législatif par décret impérial du 28 du même mois. Le Président ajoutait que le Conseil d'administration avait reconnu qu'il serait équitable, si la Compagnie obtenait la faveur sollicitée, de faire participer les premiers souscripteurs venus spontanément lui apporter leurs fonds aux avantages jugés maintenant nécessaires pour assurer le placement du solde de l'emprunt.

Voici quel était le projet de loi dont il est question ci-dessus :

PROJET DE LOI TENDANT A AUTORISER LA COMPAGNIE DU CANAL MARITIME DE SUEZ A FAIRE UNE ÉMISSION DE TITRES REMBOURSABLES AVEC LOTS PAR LA VOIE DU SORT.

ARTICLE UNIQUE. — La Compagnie du Canal maritime de Suez est autorisée à faire en France une émission de titre remboursables avec lots par la voie du sort aux conditions suivantes :

1º L'opération n'entraînera l'aliénation d'aucune portion du capital engagé, et les titres émis jouiront d'un intérêt annuel dont le taux ne pourra être inférieur à 3 0/0 du capital nominal;

2º La somme totale annuelle des bénéfices aléatoires attribués sous forme de lots ne pourra, en aucun cas, excéder 1 0/0 du capital.

3º La valeur nominale des titres émis ne pourra être inférieur à 500 francs. Le fractionnement ultérieur des titres émis est interdit.

L'Assemblée générale des actionnaires ratifia par son vote les mesures prises par le Président et par le Conseil d'administration.

Quant au projet de loi, il fut adopté par le Corps législatif, dans sa séance du 16 juin 1868, par 179 voix contre 8 ; et, ensuite, sanctionné par le Sénat, dans la séance du 30 du même mois, à l'unanimité de 82 votants. La loi elle-même fut promulguée le 4 juillet 1868.

En exécution de la décision prise le 1er août 1867 par l'Assemblée générale des actionnaires, et en vertu de la loi spéciale du 4 juillet 1868, la Compagnie annonça publiquement, dès le 6 du même mois de juillet, l'émission de 200.000 obligations avec lots pour le complément de son emprunt de 100 millions. La souscription devait être close dès que les demandes excéderaient le nombre de titres restés disponibles, les réductions ne devant porter que sur les demandes de la dernière journée.

Les conditions de la nouvelle émission furent les suivantes :

Les obligations étaient au porteur ou nominatives, et elles seraient cotées à la Bourse ;

Elles étaient émises au prix de 300 francs, jouissance du 1er octobre 1868 [1] ;

Elles produiraient un intérêt annuel de 25 francs, payable par semestres, le 1er avril et le 1er octobre de chaque année ;

Enfin, elles seraient remboursables en quarante années, par tirages au sort trimestriels dont le premier aurait lieu le 15 septembre 1868, à 500 francs ou par l'un des lots ci-après, savoir :

Le 1er numéro sortant, remboursé par 150.000 fr.		Ensemble
Le 2e et le 3e, par 25.000 fr. chacun, par 50.000 »		250.000 fr.
Le 4e et le 5e, par 5.000 fr. chacun, par 10.000 »		tous
Et les 20 suivants, par 2.000 fr. chacun, par 40.000 »		les trois mois

Soit, en lots : un million de francs par an.

---

1. Les dates des versements étaient les suivantes :
100 francs en souscrivant ;

Une note du prospectus mentionnait d'ailleurs que les obligations souscrites antérieurement et entièrement libérées participeraient aux bénéfices résultant des lots.

La souscription, ouverte le 6 juillet, dut être close le 9, toutes les obligations disponibles ayant été placées [1].

La Compagnie avait donc désormais à sa disposition la totalité de son emprunt de 100 millions.

---

100 francs du 1er au 10 novembre 1868 ;
100 francs du 20 au 31 mars 1869.

Les obligations libérées de cette deuxième émission ont été, comme celles de la première émission, admises à la cote officielle de la Bourse le 15 juillet 1868.

1. D'après le *Journal de la Compagnie* du 15-18 juillet 1868, la répartition des 333.333 obligations a été la suivante :

PREMIÈRE ÉMISSION

Obligations souscrites du 26 septembre 1867 au 3 juillet 1868.   125.080

DEUXIÈME ÉMISSION

Par les grands établissements financiers de Paris	11.424	
Par les agents de change de Paris	45.375	
Par les agents de change de Lyon	2.450	
Par les banquiers, changeurs, commissionnaires	38.256	
Par les correspondants de la Compagnie en France et à l'Étranger	32.613	
Réservé à la souscription d'Égypte	10.000	
Souscriptions reçues aux guichets de la Compagnie pendant les journées des 6, 7, 8 et 9 juillet	68.135	208.253
Nombre total d'obligations		333.333

A la suite de cette répartition, le *Journal de la Compagnie* faisait remarquer que les obligations réservées à la souscription d'Egypte présentaient primitivement un chiffre plus élevé ; mais que, dans le but de ne réduire aucun de ses souscripteurs français, l'Administration qui ne connaissait d'ailleurs pas encore l'importance de la souscription égyptienne, avait cru devoir réduire la quantité qui, d'après les correspondances, lui avait été d'abord attribuée.

Le *Journal* faisait remarquer encore qu'une des circonstances les plus remarquables de la souscription, couverte avec une si grande rapidité, c'était le fait qu'en même temps elle se distribuait et se classait d'une manière définitive, puisqu'il résultait du nombre des récépissés individuels qui avaient été délivrés que la moyenne des obligations souscrites était, au maximum, de 12 par souscripteur.

NOUVELLES CONVENTIONS ENTRE LE GOUVERNEMENT ÉGYPTIEN ET LA COMPAGNIE

(23 AVRIL 1869)

La convention du 22 février 1866, approuvée par le Sultan, qui réglait les conditions définitives de la concession du canal maritime, renfermait encore certaines dispositions dont les parties contractantes, animées d'ailleurs d'un égal esprit de bonne entente, désiraient respectivement la revision. Les modifications à apporter à l'acte définitif de concession devaient, dans l'intention réciproque des parties, satisfaire à un double but : d'une part, elles devaient donner satisfaction à l'autorité territoriale moyennant l'entier abandon par la Compagnie de certains droits et privilèges que la dernière convention avait encore maintenus en sa faveur, sans que cet abandon, toutefois, put nuire à la bonne marche de la future exploitation du canal maritime ; d'autre part, la Compagnie devait obtenir, en échange, certaines compensations pécuniaires et autres qui eussent pour résultat d'améliorer et fortifier sa position financière.

C'est dans ce double ordre d'idées que furent passées entre le Gouvernement égyptien et la Compagnie, à la date du 23 avril 1869, deux conventions nouvelles dont le texte, donné ci-dessous, est suivi de l'exposé et de l'explication des motifs des principales dispositions que renferment ces nouvelles conventions.

CONVENTIONS DU 23 AVRIL 1869

Première Convention

Entre Son Altesse le Khédive d'Égypte,

Et M. Ferdinand de Lesseps, président-directeur de la Compagnie universelle du Canal maritime de Suez, agissant

*au nom et pour compte de ladite Compagnie, en vertu des
pleins pouvoirs qui lui sont délégués,*

A été convenu ce qui suit :

ARTICLE PREMIER. — *A partir du 1ᵉʳ octobre 1869, les importations que fera la Compagnie pour ses besoins, ainsi que
pour ceux de ses entrepreneurs, ouvriers et employés, payeront les mêmes droits que toutes les importations faites en
Égypte par tout sujet égyptien. La Compagnie renonce, par
conséquent, aux franchises douanières exprimées dans l'article 13 de l'acte de concession du 5 janvier 1856, telles
qu'elles ont été interprétées et réglementées par la décision
rendue le 5 mars dernier par la Commission réunie au Caire
à cet effet ; et elle sera soumise, en ce qui concerne les douanes
ou octrois, à tous les impôts, taxes ou règlements décrétés
ou à décréter par le Gouvernement.*

*La Compagnie continuera à jouir de la faculté, qu'ont,
d'ailleurs, tous les sujets égyptiens, d'extraire des carrières
appartenant au domaine public, sans payer aucun droit, les
pierres, la chaux et le plâtre nécessaires à la construction ou
à l'entretien des travaux.*

ART. 2. — *Les barques ou bâtiments de la Compagnie
naviguant sur le canal d'eau douce antérieurement rétrocédé
au Gouvernement, seront traités comme tous les autres bâtiments ou barques du pays. Ils seront soumis à tous les droits,
taxes, impôts ou règlements établis ou à établir. Il est entendu
que la Compagnie n'aura, à l'avenir, à formuler aucune
prétention particulière relativement audit canal d'eau douce.*

ART. 3. — *Du consentement des deux parties, il est entendu que la Compagnie n'a pas d'autre objet que l'exploitation, l'entretien et l'augmentation du canal maritime. Elle
rentre, par conséquent, dans le droit commun et renonce à
toute exception, faculté ou privilège spécial. Ainsi le Gouvernement fera désormais exclusivement le service de la poste
et du télégraphe pour la Compagnie comme pour le public.*

La Compagnie conservera, toutefois, la faculté d'avoir son télégraphe spécial pour son service des travaux et du transit des navires dans le canal maritime.

Le droit de pêche dans les eaux du canal maritime et dans les lacs qu'il traverse appartiendra exclusivement au Gouvernement. Les barques de pêche devront seulement se conformer aux règlements de navigation dans le canal maritime publiés par la Compagnie.

Elles n'auront à payer à la Compagnie aucune taxe ou redevance pour leur stationnement ou leur navigation, mais elles devront s'abstenir de tout transport de passagers ou de marchandises, excepté du poisson pêché.

ART. 4. — L'usage des terrains dépendant du canal maritime (soit les 10.214 hectares limités par la convention de février 1866, plus 300 hectares à ajouter à la superficie de Port-Saïd et 200 hectares à ajouter à la superficie d'Ismaïlia) sera réglé par un arrangement spécial. Toutefois, les parties contractantes établissent ici :

1° Que les terrains dont la vente aura été décidée, seront divisés par lots dans les bureaux de vente des différentes villes du canal ;

2° Que le prix de vente sera partagé entre le Gouvernement et la Compagnie dans la proportion de 50 0/0 du produit net ;

3° Que les acquéreurs ne pourront recevoir la délivrance de leurs lots et être considérés comme propriétaires qu'après avoir reçu les hodjets ou titres de propriété délivrés au mehkemet, après payement du prix total de leur achat et sur la présentation de la quittance définitive ;

4° Que les acquéreurs des terrains seront placés exactement dans les mêmes conditions que les autres habitants de l'Égypte.

ART. 5. — La Compagnie renonce vis-à-vis du Gouvernement égyptien à toute réclamation ou indemnité quelconque, tant pour son compte que pour celui de ses entrepreneurs, pour lesquels elle se porte fort, pour tous faits ou prétendus préjudices antérieurs à la date de la présente convention.

Art. 6. — *Les avantages résultant pour le Gouvernement des articles précédents sont évalués d'un commun accord à une somme de 20 millions de francs.*

Art. 7. — *La Compagnie cède au Gouvernement pour une somme de 10 millions de francs :*

1° Tous les hôpitaux construits dans l'isthme, avec leur matériel ;

2° Toutes les maisons et constructions appartenant à la Compagnie, à Ras-el-Ech, au kilomètre 34, à Kantara, au lac Ballah, à Ferdane, à El-Guisr, au chantier 6, à Gebel Mariam, à Toussoum, au Sérapéum, à Geneffé, à Chalouf, au kilomètre 84 de la plaine de Suez ;

3° La carrière et le port du Mex avec le matériel d'exploitation ;

4° Les magasins et établissements de Boulac et de Damiette.

Art. 8. — *La Compagnie s'engage à livrer au Gouvernement les immeubles qui font l'objet de la présente cession libres de tout litige ou location.*

Art. 9. — *Dans les constructions cédées ci-dessus au Gouvernement dans l'isthme, par la Compagnie, celle-ci pourra occuper les logements nécessaires à ses services d'exploitation. L'inventaire en sera dressé, d'accord avec le Gouvernement, par l'agent supérieur de la Compagnie. La Compagnie payera annuellement au Gouvernement une somme égale à 5 0/0 de la valeur desdites constructions, sur l'estimation, faite d'un commun accord, ainsi que cela a été fait pour les constructions du canal d'eau douce. Quand le besoin qui les aura fait occuper aura cessé, la Compagnie les rendra au Gouvernement, dans le même état où elle en aura pris livraison.*

Art. 10. — *Le payement des 30 millions de francs stipulés dans les articles 6 et 7 s'effectuera, par le Gouvernement à la Compagnie du Canal de Suez, par la remise immédiate d'autant de coupons d'intérêts d'actions de ladite Compagnie qu'il en faudra pour acquitter cette somme, en capital et intérêts, à raison de 10 0/0 l'an, et détachés des 176.602 actions de la Compagnie du Canal de Suez dont le Gouvernement est propriétaire* [1].

Les coupons à remettre seront ceux qui commenceront à échoir le 1er janvier 1870.

Moyennant cet abandon des coupons ainsi qu'il vient d'être exprimé, le président-directeur donne dès à présent, au nom de la Compagnie, bonne et valable quittance au khédive de ladite somme de 30 millions de francs.

Deuxième Convention

Entre Son Altesse Ismaïl-Pacha, khédive d'Egypte,

Et M. Ferdinand de Lesseps, président-directeur de la Compagnie du Canal maritime de Suez, agissant au nom et pour le compte de ladite Compagnie, en vertu des pleins pouvoirs qui lui sont délégués,

A été convenu ce qui suit :

ARTICLE PREMIER. — *Pourront être mis en vente les terrains à bâtir réservés à la Compagnie universelle le long du canal maritime par la convention de février 1866, propres à la construction des villes, stations et établissements privés, et autres que ceux qui seront jugés nécessaires à l'exploitation du canal maritime.*

A ces terrains seront adjoints 300 hectares à Port-Saïd et 200 hectares à Ismaïlia, qui seront déterminés par le Gou-

---

1. On a vu, au relevé de la souscription publique ouverte du 5 au 30 novembre 1858, que la souscription du Gouvernement égyptien y figure pour 177.642 actions; et c'est également ce nombre d'actions qui est indiqué dans les conventions financières avec le vice-roi des 6 août 1860 et 20 mars 1863.

On voit, d'un autre côté, par la convention actuelle (du 23 avril 1869) que le Gouvernement ne se déclare plus propriétaire que de 176.602 actions.

Le Gouvernement égyptien a donc, dans l'intervalle de 1863 à 1869, disposé, soit par dons, soit par des ventes, des 1.040 actions de sa souscription primitive formant la différence.

*vernement de manière à ne porter aucun préjudice aux né-
cessités de la défense et du service militaire.*

*Lesdites rentes seront autorisées dès que les négociations
pendantes avec les Puissances auront déterminé le mode
de juridiction à établir en Égypte entre étrangers et indigènes*[1].

ART. 2[2]. — *Ces terrains réunis formeront un fonds commun et seront successivement mis en vente, en raison des
demandes et des besoins des populations.*

ART. 3. — *Les produits nets de ces ventes seront également partagés entre le khédive et la Compagnie, comme
il sera dit ci-après.*

ART. 4. — *La distribution des terrains et leur répartition
pour la mise en vente devront être préalablement soumises à
l'approbation du khédive.*

ART. 5. — *A cet effet, une Commission, composée de deux
membres choisis par le khédive et deux membres par la Compagnie, sera déléguée pour déterminer, arrêter, limiter sur
les divers points les plus susceptibles d'agglomération d'habitants les lots qui seront mis en vente dans l'intérêt commun.*

*Le travail de cette Commission sera soumis à l'approba-
tion du khédive.*

ART. 6. — *La Commission dont il est question dans
l'article précédent sera également chargée de l'administration des terrains, de la mise en vente, des adjudications, des*

---

1. Par une décision spontanée de S. A. le khédive, et bien que les questions
concernant la réforme judiciaire en Egypte, tout en paraissant en bonne voie,
ne fussent pas encore définitivement réglées, les ventes de terrain, dans les
conditions de la deuxième convention et de son article additionnel, ont été
autorisées à partir de la fin de mai 1870. — Voir, pour plus amples détails à ce
sujet, à la note de la page 284 ci-après.

2. Ainsi qu'il a déjà été mentionné dans une note relative aux articles 10,
11 et 12 de la convention du 22 février 1866, une nouvelle convention du 5 décembre 1891 (voir au tome II) a réglé les conditions d'occupation de terrains
du domaine commun par le Gouvernement égyptien pour les besoins de ses
services publics.

recouvrements, de la comptabilité et généralement de tout ce qui concerne la conduite de ces terrains.

Toutes les décisions de ladite Commission devront être prises par deux au moins de ses membres, à savoir : par un de ceux choisis par le khédive et par un de ceux choisis par la Compagnie.

.ART. 7. — *Conformément aux dispositions de la convention du 22 février 1866 prohibant dans l'isthme tout établissement colonial d'une nationalité quelconque, les ventes ne pourront être qu'individuelles et destinées exclusivement à des établissements privés. Le maximum pour une famille en est fixé à 1 hectare pour constructions et à 1 hectare pour jardin, s'il y a lieu. Dans les villes, le maximum reste fixé à 1 hectare pour les deux destinations.*

ART. 8. — *Les ventes s'effectueront soit de gré à gré, soit par voie d'adjudication publique au comptant ou à des termes convenus entre l'acheteur et la Commission ; toutes les fois qu'il y aura concurrence d'offres pour un même terrain, la mise en adjudication sera obligatoire.*

Le mode d'adjudication sera déterminé par un règlement d'administration publique arrêté par le khédive.

Dans le cas de vente à terme, la Commission de vente fera les réserves nécessaires pour conserver au Gouvernement et à la Compagnie, jusqu'à complet payement, leur privilège de vendeurs tant sur le terrain que sur les constructions.

ART. 9. — *Tous les frais et dépenses auxquels donneront lieu la création et le fonctionnement de la Commission seront avancés par la Compagnie ; avant tout partage, le montant de ces avances sera prélevé et versé dans la caisse de la Compagnie.*

ART. 10. — *Tous les six mois, un état de situation de la caisse, des sommes dues et du mouvement des ventes sera dressé par la Commission et transmis au Gouvernement comme à la Compagnie.*

ART. 11. — *Après approbation de cet état par le Gouver-*

nement et la Compagnie, les sommes qu'il laissera disponibles seront versées moitié au Trésor égyptien et moitié dans la caisse de la Compagnie.

ARTICLE ADDITIONNEL. — *Il est entendu que les terrains que la Compagnie est autorisée à vendre, conformément aux dispositions de la présente convention, doivent embrasser successivement tous ceux qui sont susceptibles de devenir des centres de population. En conséquence, partout où, d'un bout à l'autre du canal maritime, pourra s'établir un centre de population, les terrains dont la Compagnie a la jouissance, et les terrains appartenant au Gouvernement seront mis en commun et rendus au bénéfice commun.*

EXPLICATIONS SUR LES PRINCIPALES DISPOSITIONS
DES DEUX CONVENTIONS

Pour bien faire comprendre l'esprit et apprécier les conséquences des deux conventions qui précèdent, on donnera ici, comme il est annoncé plus haut, quelques explications sur les principales dispositions qu'elles renferment.

Première convention

ARTICLE PREMIER. — Les actes de concession de 1854 et 1856 comportaient deux ordres très distincts de franchise douanière. D'une part, ils consacraient de la manière la plus absolue le libre transit des navires et des marchandises passant d'une mer à l'autre ; et jamais personne n'avait songé à porter atteinte, soit directement, soit indirectement, à ce principe, condition essentielle de la vie du canal maritime. D'autre part, ils exonéraient la Compagnie de tous droits de douane, d'entrée et autres, pour l'introduction en Égypte de toutes machines et matières quelconques qu'elle ferait venir de l'Étranger pour les besoins de ses divers services en cours de construction ou d'exploitation.

L'abandon par la Compagnie de cette dernière immunité fut l'objet de l'article 1er de la nouvelle convention. Cet abandon se justifiait par les considérations suivantes :

Pandant la durée des travaux, la franchise d'introduction avait été et devait continuer à être entière pour toute la population de l'isthme ; mais elle était contestée après l'achèvement des travaux. La Compagnie, invoquant les termes mêmes de l'acte de concession de 1856 qui étendait le droit de franchise douanière pour les matières quelconques qu'elle aurait à introduire dans l'isthme, non seulement à la durée des travaux, mais encore à celle de l'exploitation, se croyait fondée à réclamer la franchise douanière pour tous objets de consommation devant servir à la population de l'isthme pendant la durée de l'exploitation. Le Gouvernement égyptien soutenait de son côté que les mots « matières quelconques » devaient s'entendre dans un sens limitatif, et que, dans tous les cas, la franchise ne devait appartenir qu'à la Compagnie seule, agissant pour elle-même et par elle-même, pour l'approvisionnement de ses employés, à l'exclusion du commerce et de tout intermédiaire commercial. C'était là incontestablement une question d'interprétation de texte. Une Commission mixte avait été nommée pour juger le différend, et cette Commission s'était prononcée contre la prétention de la Compagnie à laquelle on n'accordait plus la franchise des objets de consommation dans l'isthme que pour ses employés seulement. Avec une telle restriction et les formalités dont elle devait être entourée, l'immunité conservée à la Compagnie lui aurait certainement causé des embarras et occasionné des charges d'entretien d'un personnel spécial. Dans de pareilles conditions, la Compagnie n'avait pu hésiter à renoncer, sous réserve d'indemnité, à ce qui lui avait été laissé de sa franchise douanière par la décision de la Commission mixte.

Art. 2. — L'article 7 de la convention du 22 février 1866 stipulait « qu'après 1869, la Compagnie rentrerait dans le droit commun pour « l'usage du canal d'eau douce ; qu'elle n'aurait sur ce canal que la « jouissance appartenant aux Égyptiens, sans toutefois que ses barques « et bâtiments pussent être soumis à aucun droit de navigation ».

La navigation fluviale laissée accessible à toutes les barques du pays devant servir à l'augmentation du transit par le canal maritime, la Compagnie avait reconnu que, plutôt que de conserver aux dépens du public le privilège que lui assurait le dernier paragraphe de la stipulation ci-dessus, elle avait intérêt à remplacer son droit par une indemnité.

Art. 3. — Le service de la poste et du télégraphe que la Compagnie avait été obligée d'établir dans le désert pour ses propres besoins, devait naturellement, après l'achèvement des travaux, rentrer sous l'administration du pays comme tous autres services publics intéressant la nombreuse population qui s'était établie dans l'isthme.

Quant au droit de pêche sur le parcours du canal maritime et dans les lacs qu'il traverse, aucun texte des actes de concession ne l'avait réservé à la Compagnie. On ne pouvait d'ailleurs contester le droit régalien appartenant à la Souveraineté territoriale. Mais, d'un autre côté, il était juste de tenir compte à la Compagnie d'une certaine proportion des dépenses qu'elle avait faites pour amener l'eau dans le désert. L'acceptation de ce principe avait formé l'un des éléments du chiffre de l'indemnité stipulée par l'article 6.

Art. 4 et *deuxième convention*. La sentence arbitrale de l'Empereur, en déterminant la quantité des terrains dépendant du canal maritime dont la jouissance devait être attribuée à la Compagnie, avait limité ladite jouissance en ces termes : « Il ne doit rien être alloué au delà de « ce qui est nécessaire pour pourvoir amplement aux divers services « qui viennent d'être indiqués. La Compagnie ne peut avoir la préten- « tion d'obtenir dans des vues de spéculation une étendue quelconque « de terrains, soit pour les livrer à la culture, soit pour y élever des « constructions, soit pour les céder lorsque la population aura « augmenté. » Sous ces réserves, les terrains du canal maritime avaient été fixés à 10.214 hectares.

Par la convention du 30 janvier 1866, la situation de la Compagnie, au point de vue du parti à tirer des terrains, s'était améliorée. En effet, par l'article 3 de cette convention, les particuliers pouvaient être autorisés à s'établir sur les terrains attribués à la Compagnie, sous la condition de l'accomplissement de certaines formalités, et « à charge par « les bénéficiaires de rembourser à la Compagnie les sommes dépen- « sées par elle pour la création et l'appropriation des emplacements « occupés ».

Ce nouveau régime des occupations de terrain était pourtant bien loin encore d'être satisfaisant pour la Compagnie puisqu'il ne lui permettait pas de tirer profit de la plus-value considérable donnée aux terrains par ses travaux, et qu'il faisait par contre profiter de cette plus-value, sans aucune compensation suffisante pour elle-même, ceux qui n'avaient participé ni aux peines, ni aux frais, ni aux risques. Une combinaison consistant à considérer comme lui appartenant en commun avec le Gouvernement, parmi les terrains dont la jouissance lui avait été attribuée par la sentence arbitrale, ceux de ces terrains jugés propres à bâtir, pour les aliéner successivement, avec partage égal des produits, devait permettre, au contraire, de réaliser d'importants béné- fices au projet du Trésor égyptien et de la Compagnie. Cette combi- naison avait été adoptée par le vice-roi. Son Altesse avait en même temps reconnu qu'il était équitable de compenser le partage des pro- duits par une certaine extension de la dotation territoriale de la Com- pagnie dans les villes de Port-Saïd et d'Ismaïlia. Elle avait consenti, enfin, à étendre le principe de la vente au profit commun à tous ceux des terrains appartenant au Gouvernement le long du canal maritime qui pourraient servir, concurremment avec ceux de la Compagnie, à l'établissement de centres de population. C'étaient ces diverses disposi- tions qui avaient fait l'objet de la deuxième convention et de son article additionnel.

Le dernier paragraphe de l'article 1er de cette convention contenait, il est vrai, une réserve qui pouvait retarder pour un temps plus ou moins long la possibilité de vente des terrains ; mais cette réserve avait été insérée d'un commun accord dans la convention, la Compagnie ayant trouvé, en ce qui la concernait, qu'il y aurait pour elle de graves inconvénients à faire des concessions de terrains en l'absence d'une juridiction uniforme et protectrice de ses légitimes intérêts [1].

Art. 5. — Une des réclamations auxquelles il est fait allusion dans cet article avait pour objet les pertes et dépenses qui étaient résultées pour la Compagnie de ce fait que, pendant deux années, la hauteur des eaux du canal d'eau douce s'était trouvée au-dessous de la cote réglementaire garantie par le traité de février 1866. Une autre réclamation avait trait à l'escompte de bons du Trésor égyptien qui avaient été donnés en paiement par le Gouvernement à la Compagnie.

Art. 6. — L'indemnité stipulée en faveur de la Compagnie était bien, comme le dit le libellé de l'article, la représentation des avan-

---

1. Dans l'ordre d'idées où elle se trouvait, et au point de vue de ses propres intérêts, la Compagnie ne pouvait que prêter au Gouvernement égyptien l'appui de tout son concours auprès du Gouvernement français pour obtenir une décision favorable aux désirs du vice-roi touchant la réforme judiciaire en Egypte.

Au mois de mai 1870, les négociations entamées à ce sujet par le Gouvernement égyptien auprès des diverses grandes Puissances se trouvaient en assez bonne voie pour faire naître l'espérance fondée d'une prochaine solution favorable. Alors, et sans attendre le règlement définitif d'une question qui avait pourtant toujours à ses yeux la même importance, le vice-roi, animé comme toujours des dispositions les plus bienveillantes pour la Compagnie, décida spontanément que les ventes de terrains seraient désormais autorisées dans les conditions de la deuxième convention et de l'article additionnel.

Le régime réglé par ladite convention est donc entré en vigueur dès le milieu de l'année 1870.

Quant à la réforme judiciaire, les négociations entamées à son sujet se trouvèrent forcément interrompues par les graves événements survenus en Europe pendant la seconde moitié de cette même année 1870. Lorsque ces négociations purent être reprises, le Gouvernement français, à l'encontre de tous les autres Gouvernements européens, ne crut pas pouvoir adhérer, sans de certaines modifications auxquelles il attachait la plus grande importance, au projet de règlement qui avait été préparé et qui était proposé en dernière analyse par le Gouvernement égyptien. Ce n'est qu'en 1875, « à la suite de plusieurs années de négociations qui aboutirent enfin, heureusement, à une complète entente entre le Gouvernement égyptien et le Gouvernement français, qu'a pu être promulgué le règlement d'organisation judiciaire pour les procès mixtes en Egypte ». Ce règlement est d'ailleurs entré en vigueur dès le commencement de l'année 1876.

Il y a lieu de rappeler, à ce sujet, que la convention du 22 février 1866, laquelle, on le sait, a servi de base au firman de concession, avait, par son article 16 fixé la juridiction compétente dans tous les différends pouvant survenir entre la Compagnie, d'une part, et d'autre part, le Gouvernement égyptien et les particuliers à quelque nationalité qu'ils appartiennent. Il ne sera pas sans intérêt, pour permettre de bien juger des modifications apportées aux dispositions de cet article 16 par la réforme judiciaire, de mentionner ici, parmi les dispositions de la nouvelle juridiction mixte, quelques-unes de celles

tages que trouvait le Gouvernement égyptien, tout autant au point de
vue de ses convenances que dans un but fiscal, à faire rentrer désormais la Compagnie d'une manière absolue dans le droit commun ; et
non une compensation impossible à évaluer des sacrifices pécuniaires
qui pouvaient résulter pour la Compagnie de l'abandon, en dehors de
certaines réclamations en indemnités spéciales, de quelques droits ou
privilèges qui lui avaient été conservés par la convention définitive de
concession.

Art. 7. — Le service de santé et les hôpitaux coûtaient à la Compagnie 500.000 francs par an. Il était évidemment de bonne administration de supprimer ce service après l'achèvement des travaux, lais-

---

de ces dispositions qui concernent spécialement la « juridiction en matière
civile et commerciale » et forment l'objet du titre Ier du règlement.

« Chapitre Ier. — Tribunaux de première instance et cour d'appel

« § Ier. — *Institution et composition*

(Par les divers articles de ce paragraphe, il est institué trois tribunaux de
première instance à Alexandrie, au Caire et à Zagazig et une Cour d'appel à
Alexandrie.

Chacun des trois tribunaux est composé de sept juges : quatre étrangers et
trois indigènes.

La Cour d'appel est composée de onze magistrats : sept étrangers et quatre
indigènes.)

« § II. — *Compétence*

« Art. 9. — Ces tribunaux connaîtront seuls de toutes les contestations en
matière civile et commerciale entre indigènes et étrangers et entre étrangers
de nationalités différentes en dehors du statut personnel.

« Ils connaîtront aussi de toutes les actions réelles immobilières entre toutes
personnes, même appartenant à la même nationalité.

« Art. 10. — Le Gouvernement, les administrations, les daïras de S. A. le
Khédive et des membres de sa famille seront justiciables de ces tribunaux dans
les procès avec les étrangers.

« Art. 11. — Ces tribunaux, sans pouvoir statuer sur la propriété du domaine
public ni interpréter ou arrêter l'exécution d'une mesure administrative, pourront juger, dans les cas prévus par le Code civil, les atteintes portées à un droit
acquis d'un étranger par un acte d'administration.

« Art. 12. — Ne sont pas soumises à ces tribunaux les demandes des
étrangers contre un établissement pieux en revendication de la propriété
d'immeubles possédés par cet établissement ; mais ils seront compétents
pour statuer sur la demande intentée sur la question de possession légale,
quel que soit le demandeur ou le défendeur.

« Art. 13. — Le seul fait de la constitution d'une hypothèque en faveur
d'un étranger sur les biens immeubles, quels que soient le possesseur et le propriétaire, rendra ces tribunaux compétents pour tatuer sur la validité de l'hypothèque et sur toutes les conséquences jusques et y compris la vente forcée de
l'immeuble ainsi que la distribution du prix.

« Art. 14. — Les tribunaux délégueront un des magistrats, qui, agissant
en qualité de juge de paix, sera chargé de concilier les parties et de juger les
affaires dont l'importance sera fixée par le Code de procédure. »

sant à l'autorité locale et à l'initiative privée, le soin désormais d'y suppléer.

La carrière et le port du Mex, près d'Alexandrie, devenus inutiles pour la Compagnie, étaient cédés au Gouvernement contre remboursement exact des dépenses ; les magasins de Boulac et de Damiette, pour le prix très rémunérateur d'un million.

Enfin, les maisons et les constructions de la ligne du canal maritime, en dehors des véritables centres de population, n'avaient eu de raison d'être que comme dépendances des chantiers de travaux. Elles eussent été inévitablement destinées à un complet abandon si le Gouvernement n'avait pu les utiliser. La Compagnie avait donc fait évidemment une excellente opération en les lui cédant contre remboursement des dépenses de premier établissement.

ART. 10. — Cet article avait eu pour objet de régler le mode de payement des 30 millions stipulés par les articles 6 et 7 de la convention.

Mais il restait encore à limiter le temps pendant lequel les coupons des 176.602 actions égyptiennes devaient se trouver engagés en exécution de l'article 10. Cette importante question fit l'objet d'une négociation ultérieure dont les résultats sont mentionnés ci-après.

RÉALISATION DE LA SOMME DE 30 MILLIONS DUE PAR LE GOUVERNEMENT ÉGYPTIEN A LA COMPAGNIE EN VERTU DE L'ARTICLE 10 DE LA CONVENTION DU 23 AVRIL 1869.

(AOUT 1869)

Ainsi qu'il a été dit ci-dessus, après la signature des conventions du 23 avril 1869, il restait encore à fixer, d'un commun accord, entre le Gouvernement et la Compagnie, le temps pendant lequel les coupons des 176.602 actions égyptiennes devaient se trouver engagés en exécution de l'article 10 de la première de ces conventions.

Le Président formula les propositions de la Compagnie à ce sujet dans une lettre adressée à Nubar-Pacha le 26 juin 1869. Il annonçait que la Compagnie avait cru devoir s'arrêter à la création de 120.000 titres qui seraient émis à 270 francs et remboursables à 500 francs en vingt-cinq années sur les produits réalisés des coupons du Gouvernement égyptien. Au moyen de cette émission de titres, le payement de la somme de 30 millions de francs stipulée par la convention se trouverait effectué par un forfait, en fixant dores et déjà la limite du remboursement à vingt-cinq années pendant lesquelles les prêteurs de la somme due à la Compagnie auraient la jouissance des intérêts et dividendes affectés aux coupons représentant les 176.602 actions du Gouvernement égyptien[1]. Les 50 premiers coupons, à partir du 1ᵉʳ janvier 1870, seraient détachés des actions, déposés dans les caisses de la Compagnie, et annulés. Il y avait lieu de remarquer d'ailleurs que les 120.000 titres à 270 francs produiraient 32.400.000 francs ; mais que l'excédent par rapport au chiffre de 30 millions représentait, d'une part, un semestre d'intérêts payable le 1ᵉʳ janvier 1870, soit 1.500.000 francs ;

---

1. Voir ci après, p. 289, une note explicative des avantages qui devaient résulter, pour les prêteurs, de la combinaison adoptée.

d'autre part, les frais de négociation et de publicité de l'opération évalués à 900.000 francs.

En réponse à cette communication, le 14 juillet suivant,
Nubar-Pacha fit savoir au Président que Son Altesse approuvait le forfait proposé et allait, en conséquence, donner
l'ordre de détacher les 50 coupons des coupons des actions
du Gouvernement pour les remettre aux mains de la Compagnie. Moyennant cette remise de coupons, la Compagnie
reconnaîtrait que le Gouvernement égyptien était complètement libéré du payement des sommes, intérêts et capital,
dues en vertu de la convention du 23 avril, et, déclarerait
Son Altesse dégagée de toute garantie et de toute responsabilité à l'égard des suites de son opération.

Le Président fit connaître à l'Assemblée générale des
Actionnaires, dans sa séance annuelle du 2 août 1869, les
deux conventions passées le 23 avril avec le Gouvernement
égyptien et les conditions arrêtées d'un commun accord pour
la libération du payement de la somme de 30 millions qui y
était stipulée. En même temps, il soumit à l'approbation de
l'Assemblée la combinaison qui avait été étudiée et qui était
proposée par le Conseil d'administration pour la réalisation
par voie d'emprunt de cette somme de 30 millions, laquelle
combinaison se trouve décrite ci-après dans le prospectus
de l'émission de 120.000 délégations.

L'Assemblée donna son entière approbation aux deux conventions ainsi qu'à la combinaison proposée pour la réalisation des 30 millions.

En conséquence de cette double approbation, l'Administration de la Compagnie publia dès le même jour, 2 août 1869,
le prospectus suivant :

ÉMISSION DE 120.000 DÉLÉGATIONS DE COUPONS D'ACTIONS CRÉÉES EN REPRÉSENTATION DE 8.830.100 COUPONS DÉTACHÉS DES 176.602 ACTIONS APPARTENANT AU GOUVERNEMENT ÉGYPTIEN ET DONT LA COMPAGNIE EST CESSIONNAIRE PENDANT VINGT-CINQ ANS.

Souscription entièrement réservée aux actionnaires

EXPOSÉ

Par conventions en dates des 23 avril et 14 juillet 1869, le Gouvernement égyptien ayant fait remise à la Compagnie universelle du Canal maritime de Suez des coupons de vingt-cinq années afférents aux 176.602 actions qu'il possède dans ladite Compagnie, pour se libérer vis-à-vis d'elle de la somme de 30 millions de francs, formant le prix de diverses cessions, le Conseil d'administration a proposé à l'Assemblée générale des actionnaires du 2 août 1869, qui l'a approuvé, de réaliser ladite somme par la création de 120.000 délégations de coupons qui seront, pendant vingt-cinq ans, substituées purement et simplement, quant à la jouissance et à la perception des revenus, aux droits desdites 176.602 actions.

En exécution de ces conventions, le Gouvernement égyptien a effectué, entre les mains et dans les caisses de la Compagnie, le dépôt des 50 coupons semestriels de ses actions échéant du 1er janvier 1870 inclus au 1er juillet 1894, également inclus, soit, ensemble, 8.830.100 coupons.

MODE DE RÉALISATION

En conséquence :

Il est créé 120.000 délégations de coupons.

Ces titres sont émis à 270 francs.

Ils sont au porteur et pourront être cotés à la Bourse de Paris.

Ils donnent droit pendant vingt-cinq ans aux revenus acquis à ces 176.602 actions, soit aux 2/5 environ du produit du canal [1].

Les produits réalisés seront répartis comme suit, savoir :

---

1. Voir, au sujet de la composition de ces revenus, les articles 62 et 63 des statuts.

On ajoutera ici quelques mots d'explication sur les conséquences de l'application des stipulations desdits articles au point de vue spécial des intérêts des délégataires :

D'après l'article 62 des statuts, il doit être prélevé sur les produits annuels de l'entreprise, après acquittement des dépenses d'exploitation et d'administration et payement des charges résultant des emprunts, mais avant toute répartition de bénéfices, une somme équivalente à 5 0/0 du capital social pour servir aux actions amorties et non amorties un intérêt de 25 francs par action.

D'un autre côté, à l'occasion de l'impossibilité de payement du premier coupon d'intérêts des actions échéant le 1er juillet 1870, le Conseil d'administra-

1° Sous le titre d'intérêts jusqu'à concurrence de 25 francs par chaque délégation ;

2° Sous le titre d'amortissement, au moyen d'un remboursement à 500 francs par titre calculé conformément aux usages.

3° Sous le titre de répartition complémentaire ou de dividende par le payement de tout le surplus du revenu acquis aux 176.602 actions.

Ces distributions de produits auront lieu, par semestre, les 1er janvier et 1er juillet de chaque année, par les soins et dans les bureaux de la Compagnie universelle du canal maritime de Suez.

---

tion de la Compagnie a cru utile de préciser, en tant que de besoin, les droits des actionnaires et des délégataires quant aux coupons d'intérêts, en faisant publier dans le numéro du 30 juin 1870 du journal *le Canal de Suez*, sous la signature du Secrétaire général de la Compagnie, l'extrait suivant du *Journal officiel de l'Empire Français* du 26 du même mois :

« Les produits du canal de Suez, dont l'état a été régulièrement publié par la « Compagnie depuis l'ouverture à la grande navigation, n'offrent pas actuelle- « ment les ressources suffisantes pour subvenir au paiement des 12 fr. 50 « représentant le coupon des actions échéant le 1er juillet 1870.

« En conséquence, le payement de ce coupon, tant pour les actions en cir- « culation dans le public que pour les délégations représentant les droits « des 176.602 actions du Gouvernement égyptien est ajourné. Il aura lieu « ultérieurement sur les produits réalisés, dans les termes de l'article 62 « des statuts, avec antériorité sur tous les intérêts postérieurs et sur toutes « distributions de dividendes et de bénéfices. »

On voit par les explications qui précèdent que, quelque lente que pût être la progression des recettes du canal, c'est-à-dire quelque fut le nombre d'années pendant lequel les actions ne recevraient pas d'intérêts, et, à plus forte raison, de dividendes, les délégataires auraient toujours droit quand même au paiement intégral, plus ou moins tardif il est vrai, de 12 fr. 50 pour cha- cun des coupons détachés des actions du Gouvernement égyptien, — concur- remment, bien entendu, avec les coupons des autres actions, — pour les années de 1870 à 1894, et, en outre, à l'éventualité de distributions de dividendes si les affaires de la Compagnie devenaient assez prospères avant l'expiration des vingt-cinq premières années d'exploitation pour qu'il restât encore un excédent à distribuer après le payement des coupons d'intérêt.

La sécurité et les avantages qui résultaient pour les délégataires des dispo- sitions ci-dessus, étaient d'ailleurs d'autant plus à considérer que, d'après l'article 63 des statuts, les actions n'ont droit, à titre de dividende éventuel, qu'à 71 0/0 du montant des bénéfices nets de l'entreprise.

En résumé, le droit à une partie des revenus du canal stipulé en faveur des nouveaux titres par le prospectus d'émission des 120.000 délégations, pouvait se traduire en chiffres de la manière suivante :

Même en ne comptant que sur l'intérêt à 5 0/0 des actions, c'est-à-dire sans éventualité d'aucuns dividendes, pendant les vingt-cinq premières années d'exploitation, les délégataires seraient sûrs de recevoir, pour intérêts et amor- tissement des 120.000 titres de 270 francs dans un délai pouvant, il est vrai, à juger au pire, dépasser plus ou moins la durée de la première période d'exploitation qui vient d'être indiquée, le montant de 50 coupons de 12 fr. 50 de chacune des 176.602 actions du Gouvernement égyptien, ledit montant s'élevant au chiffre total de 110.376.250 francs, soit une somme moyenne de 919 fr. 80 pour intérêts et amortissement de chaque délégation.

Au fur et à mesure des amortissements, il sera remis, en échange des titres remboursés, de nouveaux titres de jouissance qui profiteront jusqu'à l'expiration des vingt-cinq années (1er juillet 1894) de la répartition complémentaire énoncée au paragraphe 3° ci-dessus.

Les numéros des titres désignés par le sort pour être remboursés seront publiés dans deux journaux de Paris avec l'indication du jour de remboursement.

Les titres étant la représentation d'une négociation particulière qui a pour objet l'acquisition à forfait du revenu des coupons des 176.602 actions du Gouvernement égyptien pendant les vingt-cinq années à courir du 1er juillet 1869 au 30 juin 1894, ne confèrent pas le droit d'assister aux Assemblées générales de la Compagnie universelle du Canal maritime de Suez.

Les chiffres des répartitions à faire entre les 120.000 titres de délégations résulteront donc des produits arrêtés et votés par les Assemblées générales des actionnaires de la Compagnie universelle du Canal maritime de Suez, au profit des 400.000 actions qui représentent le capital social, et dont font partie les 176.602 actions du Gouvernement égyptien, sous déduction toutefois des frais afférents tout spécialement aux 120.000 délégations, tels que impôts de timbre et de transmission, et frais de distribution des produits réalisés.

Les porteurs des délégations se trouveront, par le seul fait de leur possession, entièrement substitués à la Compagnie universelle du Canal maritime de Suez, dans les effets de la cession des coupons consentie directement à son profit, aux termes des conventions précitées des 23 avril et 14 juillet 1869.

CONDITIONS GÉNÉRALES DE LA SOUSCRIPTION

En exécution de la décision prise le 2 août 1869 par l'Assemblée générale des actionnaires, il est ouvert une souscription pour le placement des 120.000 délégations.

Cette souscription est entièrement réservée aux actionnaires.

Le prix de chaque titre, fixé à 270 francs, est payé ainsi qu'il suit, savoir :

180 francs en souscrivant ;

Et 170 francs du 1er au 5 novembre 1869.

Ces titres sont émis, jouissance du 1er juillet 1869, et recevront le 1er janvier 1870 un coupon d'intérêt de 12 fr. 50, compris pour cette fois dans le capital d'émission.

Ce coupon sera reçu en déduction du versement de novembre.

Les actionnaires, ayant un privilège exclusif de souscription, ont droit, sur le dépôt de leurs actions,

Savoir :

1° Sans réduction : à une délégation pour deux actions, et ainsi de suite sans fractionnement :

2° Avec réduction : à la souscription des délégations restant libres après l'exercice du droit ci-dessus. — La liste des souscriptions réductibles sera close dès que le nombre des délégations aura atteint le chiffre de 120.000. — Ces souscriptions seront réduites, s'il y a lieu, au prorata des demandes, et les titres seront répartis sans fractionnements.

Les actions seront frappées d'une ou de deux estampilles, suivant qu'elles auront usé de l'un ou des deux droits ci-dessus énoncés.

La souscription aux délégations irréductibles sera ouverte les 11, 12 et 13 août.

La souscription aux délégations réductibles sera ouverte à partir du 11 août, et sera close dès que le chiffre de 120.000 sera atteint.

On reçoit les souscriptions, savoir :

1° Les souscriptions irréductibles : à Paris, au domicile administratif de la Compagnie ; dans les départements et à l'étranger, chez les correspondants de la Compagnie ;

2° Les souscriptions réductibles : à Paris, seulement, au domicile administratif de la Compagnie.

Les souscriptions ne seront pas admises par lettres.

La souscription a présenté les résultats suivants :

Délégations irréductibles	93.004
Délégations réduites	26.996
Nombre total de délégations	120.000

Les délégations ont été admises à la cote officielle de la Bourse, le 14 août 1869[1].

---

1. Comme on a pu le voir par les conditions d'émission des 120.000 délégations, les revenus de ces titres et, avec eux, le capital même, sauf le remboursement de 500 francs, devaient entièrement disparaître le 1er juillet 1894. Le titre était, en conséquence, destiné à s'amoindrir comme valeur au fur et à mesure que l'on approcherait de la date fatale.

A plusieurs reprises, des porteurs de délégations avaient demandé au Président de la Compagnie de créer, au sein même de la Compagnie, et par les soins du Conseil d'administration, un service d'amortissement des délégations au moyen d'une retenue partielle sur le dividende et du placement, à intérêts composés, du montant de cette retenue.

La Compagnie, par ses traditions, par sa constitution spéciale, n'avait pas paru au Président se trouver en situation de répondre au vœu qui lui était exprimé. Mais il était évident, d'autre part, que, par une sorte d'association mutuelle, les porteurs de délégations devaient obtenir un amortissement de leurs titres dans des conditions plus avantageuses qu'un particulier ne saurait le faire ; et, de là, est née l'idée de l'organisation d'une société sur le fonctionnement de laquelle il ne sera pas sans intérêt de donner ici quelques renseignements.

SOCIÉTÉ MUTUELLE DES PORTEURS DE DÉLÉGATIONS

(4 FÉVRIER 1884)

Cette Société a été légalement constituée le 4 février 1884, avec un Conseil d'administration composé de huit membres, sous la présidence de M. Charles de Lesseps, vice-président de la Compagnie de Suez. Son siège administratif était fixé, pour la comptabilité et les réunions du Conseil à la Société générale de Crédit industriel et commercial ; mais les dépôts de titres (dont il est parlé ci-dessous) devaient être effectués dans les caisses de la Compagnie.

Aux termes mêmes des statuts, le but de la Société était ainsi formulé :

« Grouper les propriétaires de délégations de coupons d'actions de Suez dont les revenus sont temporaires et expireront en 1894, pour leur faciliter la constitution la plus avantageuse d'un capital au moyen d'une partie de ces revenus. »

Les délégataires dont le titre était déjà sorti et qui n'avaient en mains qu'un titre de jouissance pouvaient d'ailleurs profiter également des avantages de la Société mutuelle.

La combinaison et le mode de gestion de la Société étaient principalement définis par les trois articles suivants de ses statuts :

« ART. 32. — Les titres des propriétaires de délégations de coupons d'actions de Suez, ou de délégations, titres de jouissance, qui voudront participer aux avantages de la combinaison offerte par la Société, seront déposés dans les caisses de la Compagnie universelle du Canal maritime de Suez.

« Il sera remis, en échange de ces titres, des certificats de dépôt nominatifs ou au porteur et munis de coupons.

« Ces certificats de dépôt seront de deux catégories :

« Le certificat de dépôt de la première catégorie portera le numéro de la délégation remise et donnera droit :

« A 25 francs d'intérêt annuel payable par moitié le 1er janvier et le 1er juillet de chaque année ;

« Et au capital de 500 francs, lorsque la délégation remise aura été appelée au remboursement.

« Le certificat de dépôt de la deuxième catégorie donnera droit :

« A 40 francs d'intérêt annuel payable par moitié le 1er janvier et 1er juillet de chaque année, à prélever sur le dividende attribué par la Compagnie de Suez aux titres de jouissance ;

« Et, en juillet 1894, à une part proportionnelle du capital qui sera formé par les soins de la Société avec les excédents des revenus des délégations déposées ainsi qu'il est dit à l'article 38.

« Le propriétaire d'une délégation de coupon d'action de Suez recevra, en déposant son titre, un certificat de la première catégorie et un certificat de la deuxième catégorie.

« Le propriétaire d'un titre de jouissance de délégation de Suez recevra un certificat de la deuxième catégorie.

« ART. 33. — Le Conseil d'administration réglera la capitalisation des excédents des revenus, qui ne pourront être employés qu'en délégations de coupons d'actions de Suez, ou en délégations titres de jouissance, ou en certificats de dépôt de la présente Société, ou en rentes sur l'Etat, bons du Trésor ou autres valeurs créées ou garanties par l'Etat, ou en obligations des départements et des communes, du Crédit foncier de France et des Compagnies françaises de chemins de fer auxquelles l'Etat garantit un minimum d'intérêt.

« ART. 38. — A raison de son objet même, la Société ne pourra pas faire de répartitions annuelles de bénéfices.

« A l'expiration de la Société, seulement, les résultats provenant de la capitalisation seront partagés comme suit :

« 90 0/0 aux déposants des délégations ;

« 5 0/0 aux actionnaires comme remboursement à forfait des frais de toute
sorte faits pendant la durée de la Société, y compris la rémunération du capital
employé :

« 5 0/0 aux administrateurs.

« Ces derniers 5 0/0 seront répartis entre les administrateurs, suivant un
règlement de répartition établi par le Conseil. »

Comme on le voit par ce dernier article :

Pour éviter toute incertitude quant aux dépenses d'administration et autres,
la Société prenait en charge à forfait tous les frais quelconques possibles, y
compris la rémunération du capital de la Société constituée, moyennant 5 0/0
des résultats provenant de la capitalisation ;

Et, d'autre part, le Conseil d'administration ne devant recevoir aucune
indemnité annuelle, devait prélever, à l'expiration de la Société, 5 0/0, sur le
résultat de la seule capitalisation ;

En sorte que, en définitive, les porteurs de délégations entrant dans l'Association mutuelle recevraient, indépendamment des 65 francs par an d'intérêt
fixe, 90 0/0 des résultats de la capitalisation.

En résumé, dans la combinaison adoptée par la Société mutuelle, les nouveaux titres substitués aux délégations conservaient naturellement les mêmes
droits que celles-ci ; seulement les revenus étaient distribués d'autre façon.

Ainsi les délégations recevaient tout le revenu qui leur était attribué, tandis
que les titres substitués ne devaient recevoir qu'un intérêt fixe et l'excédent
être gardé et capitalisé.

La Société était ainsi appelée à jouer le rôle de caisse d'épargne obligatoire
et à capitaliser au profit de ses adhérents.

INAUGURATION DU CANAL MARITIME

(17 novembre 1869)

L'inauguration du canal maritime a eu lieu avant le complet achèvement des travaux de creusement, par suite de circonstances qu'il paraît intéressant de rappeler.

A l'époque de l'Assemblée générale des actionnaires du 1er août 1867, la situation des travaux était la suivante :

Depuis le mois de mai précédent, date à laquelle le cube des déblais restant à exécuter était encore de 48 millions de mètres, on faisait régulièrement en moyenne un cube mensuel de 1.200.000 mètres ; on pouvait donc supputer qu'il ne resterait plus à exécuter que 40 millions de mètres cubes à la fin de ladite année 1867. Or, à cette dernière date, 34 nouvelles grandes dragues, complétant le nombre total de 60, et capables de fournir, pour leur part, un travail mensuel ensemble d'au moins 800.000 mètres cubes, devaient se trouver à leur tour en plein fonctionnement. Le travail mensuel total à partir du commencement de 1868, se trouverait ainsi porté à 2 millions de mètres cubes, et l'on pouvait avoir dès lors la presque certitude que, dans un délai d'environ vingt mois, le canal se trouverait complètement achevé.

En faisant connaître cette situation aux actionnaires, le Président de la Compagnie crut donc pouvoir fixer, avec le degré possible de certitude en pareille matière, la date du 1er octobre 1869 comme celle du complet achèvement des travaux et de l'ouverture du canal à la grande navigation.

A l'Assemblée générale des actionnaires de l'année suivante (2 juin 1868), le Président fut en mesure d'annoncer que ses prévisions relatives aux cubes mensuels de déblais s'étaient assez bien réalisées pour lui permettre de confirmer la date primitivement fixée du 1er octobre 1869 pour l'achèvement des travaux.

Enfin, à l'époque de l'Assemblée générale des actionnaires du 2 août 1869, voici quelle était la situation :

Il restait encore à cette date environ 5 millions de mètres cubes de déblais à exécuter. Or, les déblais à sec de la région de Suez, qui figuraient pour un chiffre notable dans le cube mensuel, devaient être terminés pour le 15 août, jour où l'on comptait inaugurer l'introduction des eaux de la mer Rouge dans les lacs Amers ; d'un autre côté, plusieurs portions de canal étaient déjà ou devaient être prochainement terminées, et les conditions spéciales du travail de dragages dans chacune des différentes sections du canal ne permettaient pas d'utiliser sur les portions en retard la totalité des dragues qui devenaient disponibles ; bref, il n'était plus possible de compter désormais que sur un travail mensuel notablement moindre que pendant les mois précédents ; et, par conséquent, sans même tenir compte des difficultés imprévues qui pouvaient se rencontrer encore dans l'exécution des dragages pendant la dernière période des travaux, on ne pouvait plus conserver l'espérance de voir le canal complètement achevé pour la date du 1er octobre.

Mais, fort heureusement, des considérations autres que celles tirées exclusivement de la situation et de la marche des travaux avaient fait reculer l'inauguration projetée de l'ouverture du canal à la grande navigation jusqu'à la date du 17 novembre.

Cette nouvelle date avait été fixée dans les circonstances suivantes :

Le vice-roi avait manifesté depuis longtemps au Président de la Compagnie son désir de donner le plus d'éclat et la plus grande solennité possibles à l'inauguration d'une œuvre que tous les peuples s'accordaient à regarder comme la plus grande et la plus utile des temps modernes ; d'une œuvre, qu'à ce titre, Son Altesse se faisait gloire et honneur d'avoir,

par son appui et ses encouragements personnels, en même
temps que par la participation si large du Gouvernement
égyptien, contribué à édifier et à mener à bonne fin. Aussi,
dans le courant de l'été de 1869, les travaux se trouvant
alors assez avancés, et leur marche régulière paraissant suffisamment assurée pour permettre de prévoir, d'une manière
à peu près certaine, le terme très prochain de leur achèvement, le vice-roi se mit-il en instance auprès des princes
et des souverains de l'Europe en vue d'obtenir le concours
de leur présence aux fêtes qu'il voulait offrir au monde entier
pour inaugurer l'ouverture du canal à la grande navigation;
et ce fut alors, c'est-à-dire à la suite d'une entente à ce sujet
avec les souverains qui avaient promis de se rendre à son
invitation, que Son Altesse demanda à la Compagnie de
fixer définitivement la date de l'inauguration au 17 novembre.

En faisant connaître cette nouvelle date aux actionnaires
dans la séance de l'Assemblée générale du 2 août 1869, le
Président ne pouvait certainement pas, vu le degré d'avancement des travaux, et tout en tenant un juste compte de
la réduction inévitable du travail mensuel pendant la dernière période d'exécution, concevoir ni par conséquent exprimer le moindre doute sur la question du complet achèvement du canal pour la nouvelle date fixée.

Les prévisions quant au terme extrême de l'achèvement
des travaux, quelque justifiées qu'elles dussent paraître aux
yeux de tous, se trouvèrent pourtant déjouées par suite de
difficultés d'exécution très sérieuses et tout à fait inattendues qui se présentèrent pendant la dernière phase des travaux. La plus grande difficulté résulta de la rencontre impré-
vue, en un point de la traversée du seuil de Serapeum, d'un
immense rognon de rocher inattaquable à la drague; quelques
nouvelles parties rocheuses se rencontrèrent également à la
traversée du seuil d'El Guisr; sur divers autres points du
canal où il y avait encore beaucoup à faire, les dragues

ayant à creuser dans des terrains très compacts ne donnaient plus qu'un rendement notablement moindre ; sur d'autres points encore, notamment dans la région sud des lacs Ballah, quelques portions de canal se trouvaient fort en retard, et elles ne présentaient pas assez de développement pour parer à ce retard par une accumulation suffisante de dragues ; enfin, tout le matériel venait d'être surmené pendant les derniers mois et l'on ne pouvait plus compter sur le même rendement des appareils. Bref, lorsque, si près du but pourtant, on se trouva aux prises avec toutes les difficultés qui viennent d'être énumérées, il fallut bien, malgré les plus prodigieux efforts déployés pour les surmonter, finir par se rendre à l'évidence et se résigner à reconnaître l'impossibilité d'achever le canal pour le nouveau terme fixé du 17 novembre. En raison de la véritable situation des choses, il eût été nécessaire de prolonger le délai d'exécution et de retarder en conséquence l'ouverture du canal d'au moins deux ou trois mois.

Mais tout ajournement était devenu impossible en présence des arrangements arrêtés entre le vice-roi et les souverains, ses invités, et des dispositions prises et en voie d'exécution de toutes parts pour assurer le concours de tous les peuples aux fêtes d'inauguration. La Compagnie dut donc se résoudre à ouvrir quand même le canal, tel quel, à la date fixée. On prévoyait qu'il serait à peu près impossible d'obtenir pour cette date une hauteur d'eau de plus de $5^m,20$ à $5^m,50$ au-dessus du banc rocheux du Serapeum. Aussi, afin de ne pas compromettre le succès de la grande épreuve du premier passage, par le canal, des nombreux navires qui viendraient prendre part à l'inauguration, la Compagnie jugea-t-elle prudent de poser comme condition que le tirant d'eau de ces navires ne dépasserait pas 5 mètres. Sous la réserve de cette seule condition, la Compagnie admettait au passage dans le canal tous navires de formes, de dimensions et d'un tonnage quelconques.

L'ouverture du canal maritime à la grande navigation a eu exactement lieu à la date du 17 novembre 1869 qui avait été fixée par le vice-roi.

Le récit qui va suivre des faits les plus saillants de l'inauguration du canal est emprunté (par extraits) du journal *l'Isthme de Suez*.

Cette inauguration, attendue par le monde entier avec un si vif intérêt, avait attiré en Égypte et dans l'isthme, de tous les points de l'Europe et du globe, un concours de spectateurs qu'il serait difficile de dénombrer ; depuis un mois, les paquebots de toutes les Compagnies maritimes en relations avec l'Égypte étaient littéralement encombrés de passagers ; les uns appelés par la splendide hospitalité du Khédive, les autres spontanément attirés par l'éclat prévu de cette solennité, par le désir de s'assurer par leurs yeux du succès d'une œuvre ayant rencontré tant d'incrédulités et de visiter ces déserts, transformés par le génie de l'homme, en peu d'années devenus plus célèbres que les vieux monuments des Ptolémées et des Pharaons.

La presse universelle, la science, les arts, le commerce, l'industrie, toutes les forces intellectuelles et actives des nations avaient dans cette foule leurs représentants illustres et autorisés ; et comme pour donner tout son relief à cette fête du travail et de la conquête pacifique, les souverains, les princes, les ambassadeurs attitrés des puissances, venaient la présider et conduire eux-mêmes cette manifestation de notre temps inouïe jusqu'ici dans les fastes du monde.

A Port-Saïd

Dès le 13 novembre, le prince et la princesse des Pays-Bas étaient rendus sur leur yacht à Port-Saïd, où se trouvait déjà le Khédive, venu d'Alexandrie sur son yacht *le Mahroussa*, accompagné de Chérif-Pacha, de Nubar-Pacha et de toute une suite de fonctionnaires égyptiens. Le 14, M. Ferdinand de Lesseps, avec les membres de sa famille présents dans l'isthme, arrivait également à Port-Saïd, où il trouvait réunie dans le port une flotte de navires de guerre et de navires de commerce. Le 15, l'empereur d'Autriche, escorté d'une frégate de guerre, entrait dans le port au milieu des acclamations des équipages et au bruit de salves d'artillerie ; il était accompagné par ses deux principaux ministres, MM. de Beust et Andrassy, par l'amiral Tegethoff et par le baron de Prothesch, ambassadeur d'Autriche près la Sublime

Porte. Le 16, dès la première heure, de nouveaux navires entraient dans le port ; ils se succédaient rapidement, et, à l'horizon, on en apercevait d'autres qui s'avançaient ; parmi eux se distinguait *le Peluse*, l'un des plus beaux bateaux à vapeur des Messageries impériales, amenant à Port-Saïd les membres du Conseil d'administration de la Compagnie du Canal. A huit heures, le prince royal de Prusse, à bord de la frégate *Herta*, entrait à son tour dans le port, recevant les mêmes honneurs que ceux qui avaient accueilli l'empereur d'Autriche. Bientôt un groupe composé de 20 navires apparaissait dans le lointain. *L'Aigle* était signalé. En ce moment, le canon éclate de toutes parts ; les vaisseaux de la rade répondent aux salves parties de l'intérieur du port ; tous les navires rangés dans les bassins sont couverts de pavois et ont leur pavillon national au grand mât et leurs matelots dans les vergues ; sur le rivage flottent d'innombrables bannières et banderoles ; et *l'Aigle* fait ainsi son entrée dans le grand bassin, encombré à ce point qu'il semble impossible de donner place à la foule des nouveaux arrivants.

Le spectacle qui se présente aux regards des voyageurs de *l'Aigle* est des plus imposants : 80 navires, dont environ 50 bâtiments de guerre sont rangés dans le bassin (quelques-uns seulement mouillés sur rade) ; tous les pavillons de l'Europe y figurent ; les salves d'artillerie redoublent ; *l'Aigle* s'avance lentement au milieu des hourras de tous les équipages ; les sons de la musique se mêlent aux acclamations parties des navires et à celles de la population groupée sur le rivage ; l'enthousiasme est sur tous les visages, l'émotion dans tous les cœurs. *L'Aigle* s'arrête, jette l'ancre, et au milieu de cette scène indescriptible, l'Impératrice exprime les impressions qu'elle a ressenties par ces mots : « De ma vie, je n'ai rien vu de plus beau ! »

Le Khédive, M. Ferdinand de Lesseps et ses fils s'empressèrent de se rendre à bord de *l'Aigle* pour saluer l'Impératrice. Dans le courant de la matinée, l'empereur d'Autriche et les princes étrangers se rendirent également à bord de *l'Aigle*.

Dans l'après-midi eurent lieu les cérémonies religieuses qui devaient précéder l'ouverture du canal à la navigation générale. Sur la plage, devant le quai Eugénie, trois estrades avaient été élevées : la première, la plus rapprochée du quai, était destinée aux illustres hôtes du vice-roi ; en face, entre elles et la mer, se dressaient, d'un côté l'estrade réservée au service musulman ; de l'autre, l'autel chrétien. C'était une noble et généreuse inspiration du Khédive voulant symboliser par là l'union des hommes et leur fraternité devant Dieu, sans distinction de cultes ; c'était pour la première fois qu'en Orient se voyait ce concours des croyances pour célébrer et bénir en commun un grand fait et une grande œuvre. A une heure les troupes égyptiennes venaient former la haie entre le débarcadère du port et les estrades ; l'artillerie égyptienne, de son côté, se massait entre la jetée de l'ouest et le lieu de la cérémonie. A trois heures, le prince de Prusse, le prince et la princesse des Pays-Bas, prenaient place sur l'estrade où ils étaient suivis par l'émir Abd-el-Kader, qui s'était embarqué à Beyrouth sur le navire de guerre français *le Forbin*, par M. Ferdinand de Lesseps, les membres du Conseil d'administration de la Compagnie, les états-majors des bâtiments de guerre ancrés dans le port, les ambassadeurs des puissances, les consuls, les membres du clergé catholique, etc. Bientôt après arrivait le Khédive et l'empereur d'Autriche donnant le bras à l'impératrice Eugénie. Leurs Majestés assistèrent debout aux deux cérémonies religieuses.

Après la prière musulmane, suivie d'un discours du grand uléma, un *Te Deum* fut chanté par le clergé chrétien, et la cérémonie fut close par une allocution de Mgr Bauër, protonotaire apostolique.

Le soir, un magnifique feu d'artifice donné par le vice-roi et l'illumination de Port-Saïd terminaient cette première journée.

De Port-Saïd à Ismaïlia

L'heure de l'épreuve décisive était enfin arrivée pour le canal de Suez. Il était temps, car les nouvelles les plus malveillantes étaient répandues et couraient de bouche en bouche à Alexandrie et au Caire. A en croire les colporteurs de ces nouvelles, le canal n'était pas transitable, l'inauguration était ajournée ; l'impératrice était partie pour la France ; l'empereur d'Autriche regagnait Trieste ; un énorme rocher interceptait le passage ; un incendie avait dévoré soixante maisons à Ismaïlia et la plus triste des déceptions attendait tout ce public d'élite qui était accouru pour voir un pays créé artificiellement sans aucune chance d'avenir et qui allait redevenir le désert comme par le passé : les ingénieurs avaient pris la fuite ; M. de Lesseps avait perdu la tête ; l'entrepreneur, foudroyé par le désespoir, s'était tué.

Cependant, tout se préparait pour commencer l'épreuve et franchir le canal.

Dans la nuit du 16 au 17 on apprenait à Port-Saïd un accident peu important en lui-même mais fâcheux pour l'impression qu'il pouvait produire : une corvette égyptienne, *le Latif*, et un aviso français, *la Salamandre*, avaient été envoyés en éclaireurs pour expérimenter la voie ; *la Salamandre* avait effectué sans la moindre difficulté tout le trajet entre Port-Saïd et Ismaïlia, et, le matin du 17, elle jetait l'ancre dans le lac Timsah ; *le Latif* avait été moins heureux : entre Port-Saïd et Kantara, une fausse manœuvre l'avait jeté en dehors du chenal très nettement tracé par des balises, et il était venu s'échouer sur la berge. Cet accident n'avait pas empêché le passage de *la Salamandre* qui marchait après *le Latif*. Le chenal principal était donc libre. Mais il importait de savoir quelle était l'étendue du mal et quels pouvaient être les

dommages causés par cet échouage. Des secours immédiats furent
expédiés de Port-Saïd. Dans la nuit, le Khédive partit de sa personne, se
rendant à Ismaïlia ; il s'arrêta sur le théâtre de l'accident, dirigea lui-
même les opérations, et, en peu de temps *le Latif* revint à flot et put
gagner Kantara où il devait stationner en gare afin de saluer les navires
au passage.

Le 17, dès huit heures du matin, toute la flotte s'ébranlait à Port-
Saïd pour entrer dans le canal. Les départs se succédèrent à des inter-
valles de cinq à dix minutes et se continuèrent jusqu'à fort avant dans
la soirée [1].

L'Aigle, le yacht de l'Impératrice, ayant à son bord M. de Lesseps et
ses deux fils, ouvrait la marche ;

Venaient ensuite :

Le yacht de l'empereur d'Autriche, accompagné du directeur général des travaux, M. Voisin-Bey ; puis deux corvettes portant, l'une les
ministres d'Autriche, MM. Beust et Andrassy, l'autre la suite de l'empereur ;

Le yacht du prince royal de Prusse, accompagné de l'ingénieur de
la division de Port-Saïd, M. Laroche ; puis, une canonnière portant la
suite du prince ;

Le yacht du prince et de la princesse des Pays-Bas, accompagnés de
M. Ruyssenaërs, consul général des Pays-Bas et vice-président de la
Compagnie, et de M. Gioia, ingénieur de la division d'El Guisr ;

Une corvette, portant le général Ignatief, ambassadeur de Russie à

---

1. Les dispositions suivantes avaient été prises par la Compagnie :
Les bâtiments qui devaient traverser le canal avaient été groupés de ma-
nière à former cinq divisions devant se mettre successivement en route dans
l'ordre ci-dessous :
Première division : Yachts des souverains et des princes ;
Deuxième division : Bâtiments d'Etats ;
Troisième division : Paquebots des Compagnies ;
Quatrième division : Vapeurs de commerce ;
Cinquième division : Yachts de plaisance.
[On verra plus loin, par la liste détaillée des navires ayant traversé le
canal, que cet ordre de marche n'a pas été ponctuellement suivi.]
En outre, des instructions générales avaient été remises à chaque com-
mandant de navire contenant toutes indications utiles pour la navigation dans
tout le parcours du canal jusqu'au mouillage de Suez, ainsi que diverses
prescriptions spéciales ayant pour principal but d'éviter les collisions entre
les nombreux navires appelés à cheminer en même temps et à une très petite
distance les uns des autres dans le canal. Parmi ces indications et prescrip-
tion on rappellera seulement les suivantes : D'une part, chaque bâtiment
devait se tenir constamment à une distance de 600 mètres (3 encâblures) du
navire marchant devant lui, et cette distance était portée à 1.000 mètres pour
l'intervalle entre les divisions ; d'autre part, le maximum de vitesse de marche
était fixé à 9 kilomètres à l'heure dans les parties rectilignes du canal et à
7^{km},500 dans les courbes.

Constantinople, et Mme Ignatief; un yacht, portant lord Elliot, ambassadeur d'Angleterre et lady Elliot; une corvette, portant le baron Prothesch, ambassadeur d'Autriche.

A la suite enfin, la longue file de bâtiments d'État et de navires de commerce venus à Port-Saïd pour prendre part à l'inauguration du canal.

A Ismaïlia

Pendant que la flotte cheminait dans le canal, un immense mouvement se produisait à Ismaïlia : une multitude de toutes les langues, de toutes les races, de toutes les couleurs, de tous les costumes, s'amoncelait dans les larges rues de la naissante cité. A tout instant défilaient, montés sur des chevaux ou des dromadaires, les fiers Bédouins du désert portant leur fusil en bandoulière ; des chameaux conduits par des hommes à pied, chargés de vivres, de tentes et de tous les ustensiles accessoires; tous les cheiks des villages égyptiens semblaient s'être donné rendez-vous devant le lac Timsah, tant leur foule était nombreuse; les invités et les touristes européens cherchaient des logements et n'en trouvaient pas, car tous les hôtels et même les maisons particulières étaient non pas occupés, mais encombrés. Heureusement la vigilance du vice-roi avait pourvu à cette difficulté, et, par ses ordres, des lignes de tentes contenant plusieurs lits, étaient dressées le long du canal d'eau douce et offraient un abri fort prisé en ce moment de détresse. Les indigènes, de leur côté, avaient dressé leurs tentes entre la ville et le canal d'eau douce. A toute minute, ces multitudes grossissaient. On a calculé que, dans les journées du 17 et 18, la population réunie à Ismaïlia a dû être d'environ 100.000 âmes.

Toute cette population s'était portée sur les hauteurs du seuil d'El Guisr, et, là, échelonnée le long des berges, elle attendait, non sans anxiété, l'arrivée de la flotte. Enfin, vers quatre heures et demie, *l'Aigle* fit son apparition entre les deux berges de la grande tranchée du seuil; l'Impératrice était assise sur la dunette, entourée de ses officiers et de ses dames d'honneur, ayant à ses côtés M. de Lesseps, ses deux fils et Mme Ch. de Lesseps. Dès que le yacht impérial fut à portée de la voix, les acclamations éclatent, les vivats à l'Impératrice se mêlent au nom salué de M. de Lesseps; l'Impératrice elle-même stimule cet élan; elle signale en quelque sorte aux spectateurs M. de Lesseps, comme celui sur lequel doit le premier se porter leur enthousiasme, et c'est dans un mouvement indescriptible de ravissement mêlé d'attendrissement que toute cette foule émue regarde passer ce beau navire portant la bonne nouvelle de l'union accomplie entre l'Occident et l'Orient. Oui, il y avait des larmes dans les yeux, des sanglots dans les poitrines, et les âmes les plus fermes, les intelligences les plus hautes n'étaient pas les moins émues.

Bientôt le yacht impérial entrait dans le lac Timsah où il était accueilli par les saluts de trois navires de guerre égyptiens qui eux-mêmes venaient d'arriver de Suez. A ces saluts se mêlaient les décharges de batteries de terre desservies par un régiment d'artillerie que le vice-roi avait fait venir à Ismaïlia pour la circonstance, les sons bruyants de tous les instruments de musique que possèdent les Arabes pour témoigner leur allégresse et les clameurs à la fois enthousiastes et reconnaissantes des races si diverses qui se pressaient autour de ce spectacle unique dans l'histoire des réceptions royales.

Dès que l'ancre fut jetée, le Khédive s'empressa de se rendre à bord de l'*Aigle*, et, après avoir présenté ses hommages à l'Impératrice, Son Altesse se jeta avec effusion dans les bras de M. de Lesseps.

En effet, ce navire impérial à cette place, porté sur les flots réunis de la Méditerranée et de la mer Rouge, au-dessus de cette dépression autrefois desséchée, c'était la gloire de son règne, l'immortalité de son nom ; c'était plus encore, c'était l'Égypte signalée à la reconnaissance des peuples par un des plus grands services qu'ait reçus l'humanité. L'Impératrice, elle aussi, avait sa belle part dans ce triomphe : elle avait, dès les débuts, apprécié et compris l'utilité de l'entreprise ; elle l'avait constamment soutenue de sa sympathie ; elle l'avait toujours couverte de sa sollicitude vigilante ; elle l'avait préservée de bien des dangers ; elle lui donnait un nouveau témoignage de son intérêt et de sa confiance en venant elle-même présider à cette inauguration, dernier terme d'un succès auquel elle avait tant contribué, et l'on conçoit qu'en voyant dans ces flots inconnus tant de grandes choses réalisées, son émotion, comme on l'assure, soit allée jusqu'aux larmes.

L'entrée de l'empereur d'Autriche dans le lac Timsah et celle des autres grands personnages royaux et diplomatiques suivaient de près celle de l'Impératrice ; les mêmes honneurs leur étaient rendus à mesure de leur arrivée.

Pendant ce temps, la ville et la plage s'illuminaient ; les tentes innombrables qui couvraient les bords du canal d'eau douce, couvert lui-même de dahabiehs qui avaient transporté à Ismaïlia les familles des pachas et des grandes notabilités de l'Égypte, formaient une ligne de lumière qui s'étendait sur tout le front de la ville depuis le village arabe jusqu'au chalet du vice-roi, lui-même brillamment éclairé. Des milliers de convives étaient reçus et se succédaient aux tables qu'avait fait préparer sur plusieurs points la munificence du vice-roi ; une splendide fête arabe se tenait sur ce vaste espace.

Et pendant, qu'à terre, tout était joie, chants et allégresse, la flotte qui, le matin, était partie de Port-Saïd à la suite de l'*Aigle*, venait, navire, après navire, s'ancrer dans le lac Timsah.

Dans la matinée du 18, le lac Timsah, comme port central de l'isthme, était inauguré par plus de 50 navires de toutes nationalités,

tous pavoisés, les uns représentant la puissance de leur pays, les autres
sa richesse et son commerce. Un pareil spectacle, on le comprend,
exerçait sur tous la plus profonde impression : cela faisait l'effet d'un
rêve ou d'un conte de fées.

La journée du 18 devait être consacrée à célébrer ce merveilleux
événement, à donner aux personnages réunis en ces lieux le temps
de se communiquer leurs sentiments et d'échanger leurs félicitations.
Dès huit heures du matin, l'Impératrice descendait à terre, et accompagnée par sa suite et par M. de Lesseps et ses enfants, elle allait, à
cheval, visiter le chalet du vice-roi et le Seuil d'El Guisr; puis, montée
sur un dromadaire, elle revenait à Ismaïlia parcourir la ville et le
village arabe; enfin, elle descendait au chalet de M. de Lesseps où elle
recevait avec une grâce bienveillante et sympathique les dames d'Is-
maïla averties de l'intention de l'auguste visiteuse.

A deux heures, l'Impératrice, l'empereur d'Autriche, la princesse
royale des Pays-Bas, les princes ayant assisté à l'inauguration, tra-
versaient de nouveau la ville au son des musiques militaires, au
milieu des flots pressés de la population, entre deux haies de soldats,
dans les voitures de la Cour égyptienne, pour aller rendre au Khédive,
dans le palais qu'il venait de se faire construire à Ismaïlia, la visite
qu'il leur avait faite à bord de leurs yachts.

Le soir, un bal brillant réunissait encore au palais tous ces hôtes
de l'Égypte; on y pouvait voir tous les uniformes et toutes les déco-
rations de l'Europe et de l'Orient; 4 à 5.000 personnes remplissaient
à peine les vastes salons du palais. Le départ de l'Impératrice et de
l'empereur d'Autriche était salué par un splendide feu d'artifice.

En même temps, une fête populaire des plus animées remplissait
d'illuminations et de clameurs les bords du lac Timsah et du canal
d'eau douce.

Du lac Timsah aux lacs Amers

Le 19, l'Aigle et les yachts de l'empereur d'Autriche, des princes et
des ambassadeurs devaient continuer leur trajet vers Suez. Il avait été
résolu que la petite escadre impériale jetterait l'ancre dans les lacs
Amers et y passerait la nuit. En conséquence, le 19, à midi et demi,
l'Aigle quittait le lac Timsah, et après avoir franchi la tranchée du
Serapeum, mouillait, à quatre heures et demie, au phare sud des lacs
Amers. Avant la nuit, 15 autres navires étaient mouillés autour de lui.
Il y avait quelque chose d'imposant et de solennel dans ce groupe de
navires immobiles, isolés de toute population, entourés par le désert,
au milieu de cette splendide nappe d'eau amenée là par le génie de
l'homme. Pendant la soirée les souverains et les princes ne cessèrent
d'échanger entre eux des visites, en même temps que les navires eux-
mêmes se saluaient par des fusées et des feux d'artifice.

Des lacs amers à Suez

Le lendemain, 20, *l'Aigle* se mettait en route à sept heures moins un quart : il entrait triomphalement dans la mer Rouge à onze heures et demie.

Ainsi, le problème du passage était résolu; le yacht impérial avait franchi en seize heures, sans accident, sans arrêt dans ses périodes de navigation, toute la ligne du canal maritime depuis le grand bassin de Port-Saïd jusqu'à la rade de Suez. Immédiatement le fait décisif et définitif était constaté dans le journal de bord et signé de l'Impératrice et de toutes les personnes qui l'accompagnaient.

Pendant toute la journé, les navires qui, la veille, étaient ancrés dans le lac Timsah arrivaient dans la mer Rouge, et la rade présentait à l'œil le magnifique spectacle de plus de 50 navires de tous pavillons et de tous rangs disséminés sur sa vaste étendue.

Dans l'après-midi, le Khédive, l'empereur d'Autriche, le prince royal de Prusse, les ambassadeurs d'Autriche, de Russie et d'Angleterre partaient pour le Caire, où les attendaient de nouvelles fêtes; ils étaient suivis le lendemain par le prince et la princesse des Pays-Bas.

Le 21, l'Impératrice visitait les fontaines de Moïse.

Retour à Port-Saïd

Le 22, *l'Aigle* reprenait la route de Port-Saïd; il entrait dans le lac Timsah après sept heures et demie de marche, il séjournait de nouveau devant Ismaïlia le 22; le 23, il partait de son mouillage à six heures et demie du matin et arrivait à Port-Saïd à deux heures et demie de l'après-midi, c'est-à-dire après sept heures et demie de marche comme pour la première partie du trajet. La traversée totale avait donc duré quinze heures de marche effective.

Les navires qui, après avoir suivi le yacht impérial à Suez, retournaient, à son exemple, à Port-Saïd, y arrivaient aussi dans des conditions de navigation supérieures à celles que quelques-unes d'entre eux avaient éprouvées dans le voyage d'aller. Du 21 au 28, ces navires se trouvèrent être au nombre de 45.

Ce voyage mémorable était terminé; et l'histoire, aussi bien que la mémoire de tous ceux qui ont eu le bonheur d'assister à ces solennités où, dans la personne de l'Impératrice, la France a recueilli tant d'hommages, en conservera le souvenir ineffaçable.

On complétera cet exposé des faits les plus intéressants de l'inauguration du canal maritime, en donnant ci-après la liste détaillée de tous les navires qui composaient la flotte d'inauguration.

LISTE DES NAVIRES

AYANT PRIS PART

A L'INAUGURATION DU CANAL MARITIME

(17-21 NOVEMBRE 1869)

Numéros d'ordre	NOMS DES NAVIRES	DÉSIGNATION ET NATIONALITÉ	Tonnage officiel	PERSONNAGES ET INVITÉS
		I. — NAVIRES AYANT TRANSITÉ DE PORT-SAÏD A SUEZ	Tonnes	
	Latif.............	Corvette égyptienne.	650	Éclaireur.
	Salamandre......	Aviso français.	250	—
	Verké..........	Yacht russe.	80	
		Première division		
1	Aigle	Yacht français.	2.000	Impératrice des Français.
2	Greif...........	Yacht autrichien.	1.000	Empereur d'Autriche.
3	Elisabeth........	Corvette autrichienne	1.400	Ministres d'Autriche (MM. de Beust et Andrassy).
4	Gargano	— —	900	Suite de l'empereur d'Autriche
5	Grille...........	Yacht Conf^{on} du nord de l'Allemagne.	200	Prince royal de Prusse.
6	Delphin	Canonnière Conf^{on} du nord de l'Allemagne.	240	Suite du prince royal de Prusse
7	Walk...........	Yacht hollandais.	600	Prince et princesse des Pays-Bas.
8	Yachut..........	Corvette russe.	800	Général Ignatief, ambassadeur de Russie et Mme Ignatief.
9	Psyché..........	Yacht anglais.	550	Lord Elliot, ambassadeur d'Angleterre et lady Elliot.
10	Vulcano........	Corvette autrichienne	600	Baron Prothesch, ambassadeur d'Autriche.
11	Peluse	Vapeur français.	1.800	Conseil d'administration et invités de la Compagnie.
		Deuxième division		
12	Forbin..........	Corvette française.	1.250	Abd-el-Kader.
13	Actif...........	Aviso français.	300	Éclaireur.
14	Bruat..........	Corvette française.	600	Navire allant à la Réunion.
15	Fauvette	Yacht français.	100	Touristes français.
16	Cambria........	Yacht anglais.	190	Touristes anglais.
17	Dido...........	— —	120	— —
18	Deer Hand.....	— —	130	— —

Numéros d'ordre	NOMS DES NAVIRES	DÉSIGNATION ET NATIONALITÉ	Tonnage officiel	PERSONNAGES ET INVITÉS
		Troisième division		
19	*Touareg*	Vapeur français.	495	Invités du Vice-Roi.
20	*Thabor*	— —	490	— —
21	*Europe*	— —	975	Voyageurs allant à Bombay.
22	*Newport*	Corvette anglaise.	700	Commission de l'Amirauté anglaise.
23	*Lynx*	Yacht anglais.	400	Lord Payer.
24	*Général Hotzebue.*	Vapeur russe.	400	Amiral et commission russes.
25	*Hawk*	Vapeur anglais.	500	Compagnie des télégraphes sous-marins.
26	*Principe Thomaso.*	Vapeur italien.	675	Touristes italiens.
27	*Principe Oddone.*	— —	520	— —
28	*Scilla*	— —	600	Invités du Vice-Roi.
		Quatrième division		
29	*Pluto*	Vapeur autrichien.	680	Touristes allemands.
30	*Principe Amedeo.*	Vapeur italien.	520	Touristes italiens.
31	*Rapid*	Corvette anglaise.	740	— —
32	*Hum*	Corvette autrichienne	650	— —
33	*Chibin*	Vapeur égyptien.	800	Invités du Vice-Roi.
34	*America*	Vapeur autrichien.	800	Touristes allemands.
35	*Assiont*	Aviso égyptien.	580	Invités du Vice-Roi.
36	*Behera*	Vapeur égyptien.	1.000	— —
37	*Vladimir*	Vapeur russe.	600	Touristes russes.
38	*Garbieh*	Corvette égyptienne.	1.250	Fonctionnaires égyptiens.
39	*Fayoum*	Vapeur égyptien.	1.000	Invités du Vice-Roi.
40	*Italia*	Vapeur italien.	360	Touristes italiens.
41	*Sicilia*	— —	600	— —
		Cinquième division		
42	*Nordstjernem*	Frégate norvégienne.	1.600	Membres de la presse scandinave.
43	*Pélaïo*	Vapeur espagnole.	190	Touristes espagnols.
44	*Pseswape*	Yacht russe.	210	Mouche de l'escadre russe.
45	*Delta*	Vapeur anglais.	1.100	Compagnie Péninsulaire.
46	*Anglia*	— —	540	Société Indo-Américaine.

Numéros d'ordre	NOMS DES NAVIRES	DÉSIGNATION ET NATIONALITÉ	Tonnage officiel	PERSONNAGES ET INVITÉS

II. — NAVIRES RESTÉS A PORT-SAÏD PENDANT L'INAUGURATION

1° Dans le port même

Numéros d'ordre	NOMS DES NAVIRES	DÉSIGNATION ET NATIONALITÉ	Tonnage officiel	PERSONNAGES ET INVITÉS
19 Navires	Noël	Trois-mâts français.	420	A destination de l'Inde.
	V. d'Aigues-Mortes	— —	630	— —
	Marinus..........	Trois-mâts anglais.	540	— —
	Godavery........	Vapeur français.	910	— —
	Guienne.........	— —	1.160	Bâtiment ayant amené des touristes.
	Cupréra	Vapeur italien.	600	Bâtiment ayant amené des touristes.
	Mahrussa........	Yacht égyptien.	2.400	Yacht de S. A. le Vice-Roi.
	Masr.............	— —	1.800	— —
	Mohamed-Aly	Frégate égyptienne.	1.800	»
	Thémis..........	Frégate française.	2.300	»
	A. Van Wassenaer.	Frégate hollandaise.	1.800	»
	Sjelland.........	Frégate danoise.	1.900	»
	Narenta.........	Corvette autrichienne	800	»
	Héligoland.......	— —	1.200	»
	Berenguela	Frégate espagnole.	1.600	»
	Vanadis.........	Frégate suédoise.	1.800	»
	Herta	Frégate prussienne.	1.400	»
	Arcona..........	— —	1.600	»
	Elisabeth	— —	2.000	»

2° Sur rade

Numéros d'ordre	NOMS DES NAVIRES	DÉSIGNATION ET NATIONALITÉ	Tonnage officiel	PERSONNAGES ET INVITÉS
7 Navires	Lord Warden....	Nav. cuirassé anglais.	»	»
	Royal Oak.......	— —	»	»
	Caledonia........	— —	»	»
	Prince Consort ...	— —	»	»
	Bellerophon......	— —	»	»
	Habsbourg.......	Nav. cuirassé autrich.	»	»
	Ferdinand Max...	— —	»	»

III. — NAVIRES AYANT TRANSITÉ DE SUEZ A PORT-SAÏD

Numéros d'ordre	NOMS DES NAVIRES	DÉSIGNATION ET NATIONALITÉ	Tonnage officiel	PERSONNAGES ET INVITÉS
6 Navires	Curaçao.........	Corvette hollandaise.	900	Retour de Batavia.
	Alphée	Vapeur français.	1.450	Retour de la Réunion.
	Erymanthe.......	— —	1.600	— —
	3 navires	De guerre égyptiens.	»	Venus de Suez à Ismaïlia.

En totalité, 84 navires ayant pris part ou assisté à l'inauguration du canal maritime.

TABLEAU RÉCAPITULATIF

NATIONALITÉ DES NAVIRES	NAVIRES AYANT TRAVERSÉ LE CANAL			NAVIRES RESTÉS A PORT-SAÏD			NOMBRES TOTAUX DE NAVIRES		
	Bâtiments d'État	Navires de Commerce	Totaux	Bâtiments d'État	Navires de Commerce	Totaux	Bâtiments d'État	Navires de Commerce	Totaux
Anglais	4	6	10	5	1	6	9	7	16
Autrichiens	5	2	7	4	»	4	9	2	11
Conf^{on} du nord de l'Allemagne	2	»	2	3	»	3	5	»	5
Danois	»	»	»	1	»	1	1	»	1
Egyptiens	5	4	9	3	»	3	8	4	12
Espagnols	»	1	1	1	»	1	1	1	2
Français	5	7	12	1	5	6	6	12	18
Hollandais	2	»	2	1	»	1	3	»	3
Italiens [1]	»	6	6	»	»	»	»	6	6
Russes	2	3	5	»	»	»	2	3	5
Suédois et Norvégiens	1	»	1	1	»	1	2	»	2
TOTAUX	26	29	55	20	6	26	46	35	81

1. La flotte italienne qui s'était rendue à Alexandrie, sous les ordres du duc d'Aoste, pour assister à l'inauguration du canal, dut renoncer à son projet et rentrer en Italie par suite des inquiétudes causées par une maladie du roi Victor-Emmanuel.

FÉLICITATIONS ADRESSÉES ET DISTINCTIONS ACCORDÉES A M. DE LESSEPS A L'OCCASION DE L'OUVERTURE DU CANAL A LA NAVIGATION.

Le lendemain de l'entrée de *l'Aigle* dans le a Timsah, M. de Lesseps avait reçu des mains de l'Impératrice le cordon de grand-croix de la Légion d'honneur, et, du khédive, le grand-cordon de l'Ordre de l'Osmanieh ; en outre, l'Impératrice avait remis à M. de Lesseps une magnifique coupe d'argent, chef-d'œuvre d'art, sur laquelle était gravée cette inscription : *L'Impératrice Eugénie à Ferdinand de Lesseps : 18 novembre 1869.* En même temps, l'empereur d'Autriche décorait le Président du grand-cordon de son Ordre de François-Joseph. Peu de temps après, M. de Lesseps recevait également la grand-croix de l'Ordre de Léopold, de Belgique ; de l'Ordre du Sauveur, de Grèce ; de l'Ordre des Saints-Maurice et Lazare, d'Italie ; de l'Ordre de Saint-Stanislas, de Russie [1].

Le décret impérial conférant à M. de Lesseps la dignité de grand-croix de la Légion d'honneur, daté de Compiègne le 19 novembre, était ainsi conçu :

Sur la proposition de notre Ministre des Affaires étrangères,

Considérant les services rendus par M. Ferdinand de Lesseps pour le percement de l'isthme de Suez, et voulant lui donner, à cette occasion, un témoignage exceptionnel de notre bienveillance,

Avons décrété et décrétons ce qui suit :

M. Ferdinand de Lesseps, ancien ministre plénipotentiaire, est élevé à la dignité de grand-croix de notre Ordre impérial de la Légion d'honneur.

Le succès de l'inauguration du canal fut constaté de la manière la plus chaleureuse par la Presse de tous les pays. Le *Journal officiel de l'Empire français*, entre autres, annonça

---

1. En juillet 1883, M. de Lesseps a reçu le grand-cordon de l'Ordre impérial du Lion et Soleil de Perse.

le grand événement à ses lecteurs dans les termes suivants :

L'inauguration du canal de Suez est terminée. Le yacht impérial, ayant à bord l'Impératrice, a franchi en quinze heures la distance qui sépare Suez de Port-Saïd... Sa Majesté revient en France, après avoir donné par sa présence à l'inauguration du canal de l'isthme de Suez un témoignage éclatant de l'appui accordé par l'Empereur et par le Gouvernement impérial à la grande entreprise qui vient d'être couronnée de succès. Au moment où cette œuvre, si longtemps discutée, s'accomplit dans les conditions les plus favorables, on se souvient, non sans un juste sentiment de fierté pour l'esprit d'initiative qui appartient au caractère français, de toutes les difficultés et de tous les obstacles et de toutes les erreurs qu'il a fallu vaincre pour mener à bonne fin une tâche si laborieuse et si utile.

Dans le discours prononcé par l'Empereur, le 29 novembre, à la réunion du Sénat et du Corps législatif, on lit le passage suivant :

Les progrès de la science rapprochent les nations. Pendant que l'Amérique réunit l'océan Pacifique à l'Atlantique par un chemin de fer de 1.000 lieues d'étendue, partout les capitaux et les intelligences s'entendent pour relier entre elles, par des communications électriques les contrées du globe les plus éloignées. La France et l'Italie vont se donner la main à travers le tunnel des Alpes. Les eaux de la Méditerranée et de la mer Rouge se confondent déjà par le canal de Suez.

L'Europe entière s'est fait représenter en Égypte à l'inauguration de cette entreprise gigantesque, et si, aujourd'hui, l'Impératrice n'assiste pas à l'ouverture des Chambres, c'est que j'ai tenu à ce que, par sa présence dans un pays où nos armes se sont autrefois illustrées, elle témoignât de la sympathie de la France pour une œuvre due à la persévérance et au génie d'un Français.

On peut lire également, dans le discours prononcé par l'empereur d'Autriche, le 13 décembre, à l'occasion de l'ouverture du Reichsrath, à Vienne, les appréciations suivantes[1] :

---

1. Avant de se rendre à Port-Saïd pour assister à l'inauguration du canal, l'empereur d'Autriche avait fait une visite au Sultan, à Constantinople.

Honorés Messieurs, ç'a été une joie pour moi de vous saluer au retour
d'un long voyage que j'ai entrepris récemment dans des pays avec
lesquels, nous surtout, sommes appelés à entretenir des relations actives
et toujours croissantes.

Je dis avec satisfaction que j'ai rencontré partout de chaleureuses
sympathies pour notre patrie et pour notre avenir.

Une œuvre qui honore le génie et la persévérance de son fondateur,
et à l'inauguration de laquelle j'ai pris part, promet, par son achèvement, à notre commerce et à notre industrie un terrain nouveau pour
cette activité progressive et créatrice que je recommande à votre sollicitude d'encourager.

C'est là une tâche à laquelle tous ceux qui y sont conviés peuvent
s'adonner d'autant plus librement que la situation pacifique à l'extérieur
nous y engage d'une façon non équivoque, et que nos relations de
tous côtés, même où des symptômes menaçants avaient pu passa-
gèrement se produire, ont pris une tournure amicale et rassurante.

A la suite de l'inauguration, indépendamment de nombreuses adresses des Chambres de Commerce et des Sociétés
de navigation maritime de toutes les nations de l'Europe,
tous les Gouvernements ont envoyé à M. de Lesseps leurs
félicitations et leurs encouragements.

Il ne sera pas sans intérêt de mentionner spécialement
ici les félicitations du Gouvernement anglais [1].

---

1. Nous croyons également intéressant de citer ici (en traduction) l'extrait
suivant d'un article publié le 17 novembre 1869, le jour même de l'inauguration du canal, par le journal *the Times*, réflétant bien probablement l'opinion d'alors d'une partie tout au moins du public anglais sur l'œuvre du
canal et sur ses futures destinées; et il est à noter que cet extrait a été
reproduit, sans commentaires d'ailleurs, dans le numéro du même journal
du 1er janvier 1901.

« Le canal de Suez doit être ouvert aujourd'hui même. Une entreprise à
laquelle les Pharaons et les Ptolémées, avec d'autres souverains des dynasties intermédiaires, travaillèrent à différentes époques et avec des succès
divers, dans tout le cours des siècles de la lointaine antiquité, est maintenant
annoncée comme virtuellement accomplie.

« Il a été beaucoup écrit récemment pour jeter des doutes sur les résultats
matériels et financiers permanents de cette grande entreprise; mais, au
milieu des opinions contradictoires, il semble maintenant pleinement établi
qu'un navire, — peut-être le yacht impérial *l'Aigle*, avec l'impératrice
Eugénie à bord, — traversera aujourd'hui le canal, même s'il peut être
nécessaire de fermer celui-ci immédiatement après les fêtes.

« Nous autres Anglais, nous avons été accusés d'un culte vil pour le
succès, d'une incapacité de juger des choses autrement qu'en les estimant à
leur valeur marchande ou d'être influencés par des considérations autres que

Lettre, du 27 novembre 1869, de lord Clarendon,
Ministre des Affaires étrangères, à M. de Lesseps

Monsieur, la nouvelle qui est arrivée en Angleterre, dans ces derniers jours, du succès de l'ouverture du canal de Suez, a été reçue avec une grande et universelle satisfaction. En ayant l'honneur de vous féliciter, vous aussi bien que le Gouvernement et la nation française qui ont pris un aussi profond et constant intérêt à vos travaux, je sais que je représente exactement les sentiments de mes compatriotes.

Malgré les obstacles de tous genres contre lesquels vous avez eu à lutter et qui résultaient, nécessairement, tant des circonstances matérielles que d'un état social auquel de pareilles entreprises étaient inconnues, et bien que vous n'ayez eu pour vaincre ces difficultés que les ressources de votre génie, un brillant succès a finalement récompensé votre indomptable persévérance.

C'est un véritable plaisir pour moi d'être l'organe qui vous transmet les félicitations du Gouvernement de Sa Majesté sur l'établissement d'une nouvelle voie de communication entre l'Orient et l'Occident et sur les avantages politiques et commerciaux qu'on peut, avec confiance, attendre comme le résultat de vos efforts.

L'Empereur ayant été informé télégraphiquement de ces félicitations par M. de Lesseps, qui, alors, se trouvait encore en Égypte, lui adressa à son tour le télégramme suivant :

---

celles du plus sordide intérêt personnel. C'est pour ce motif que nous sommes particulièrement impatients de rendre pleine justice au percement de l'isthme avant que le degré de réussite éventuelle de l'œuvre devienne tout à fait évident. Nous ne voulons pas admettre que l'on dise que le canal doit être jugé d'après l'usage qui pourra en être fait. C'est en elle-même une grande œuvre, quoi qu'il puisse en advenir.

« On a allégué, assez naturellement, que, si l'œuvre de M. de Lesseps peut présenter quelques fins pratiques, il se trouvera que la dépense, en totalité ou pour la majeure partie, incombera à l'Egypte ; que la gloire pourra être attribuée à la France ; mais que le bénéfice devra nécessairement être recueilli par l'Angleterre.

« Pour le moment, cependant, nous préférerions écarter tous les aspects utilitaires de la question. Nous ne voulons même pas nous arrêter au résultat effectif que donnera la pratique. Mais nous déclarons qu'à supposer même que l'œuvre se montre totalement inutile ; que l'excavation ne soit pas durable, et que les sables, à une époque peu éloignée, recouvrent le canal après l'effondrement de ses berges et affirment ainsi de nouveau leur empire sur une région qu'ils ont tenue si longtemps comme leur domaine, il y aurait toujours, dans l'audace avec laquelle l'œuvre a été entreprise et dans la persévérance avec laquelle elle a été poursuivie jusqu'à son état actuel, au mépris de tous les obstacles et de toutes les oppositions, quelque chose de nature à provoquer une admiration sans réserve et à nous faire envisager cette journée comme une des dates les plus mémorables de ce prodigieux XIXe siècle.

Je suis heureux des félicitations que vous a adressées le Gouvernement anglais, et je vois avec plaisir qu'on rend justice à vos efforts, qui ont été couronnés d'un si éclatant succès.

Réponse de M. de Lesseps à lord Clarendon, du 29 décembre 1869

Monsieur le Comte, la lettre que Votre Excellence m'a fait l'honneur de m'adresser, le 27 novembre, m'a causé une vive satisfaction. Je connaissais depuis longtemps vos sympathies personnelles pour le succès de mon entreprise, mais le témoignage que vous voulez bien me donner au nom du Gouvernement de la Reine, et comme expression du sentiment de vos compatriotes, m'est doublement précieux. D'une part, il fait prévoir que l'Angleterre recueillera de grands avantages du canal de Suez et en fera profiter la Compagnie que je dirige ; d'autre part, il montre que l'opinion publique de la Grande-Bretagne et de la France, partagée par nos deux Gouvernements, servira à consolider une alliance qui doit être la base de toute politique. de civilisation, de progrès et de liberté.

Pour clore l'exposé des faits les plus saillants se rapportant à l'inauguration du canal, on citera encore les faits suivants :

EN FRANCE

La Société de géographie de Paris, dans sa séance du 18 février 1870, avait à décerner pour la première fois le prix annuel de 10.000 francs fondé par l'Impératrice en faveur du Français qui aurait pu le mériter « pour le voyage, la découverte, le travail ou l'entreprise, jugé le plus utile soit au progrès, soit à la diffusion de la Science géographique, soit aux relations commerciales de la France ».

La Société décerna ce prix à M. de Lesseps.

Le Président de la Société, en remettant à M. de Lesseps, assis à ses côtés, la médaille du prix, lui adressa les paroles suivantes :

Monsieur, je suis heureux d'avoir à vous remettre le prix que S. M. l'Impératrice a daigné charger notre Société de décerner.

Vous avez donné à la France, au monde entier, un grand exemple d'initiative, d'énergie, de persévérance ; malgré les mauvais vouloirs que vous n'avez que trop souvent rencontrés, vous avez marché vers le but sans vous arrêter un instant. Vous aviez la foi, Monsieur! votre œuvre, qui fait tant d'honneur à notre pays, qui est un si grand bienfait pour tous les peuples, restera comme une des plus grandes gloires de ce siècle.

M. de Lesseps, après avoir, en quelques paroles émues, remercié la Société et son Président, déclara qu'il abandonnait le montant du prix en faveur du voyage que la Société faisait alors entreprendre dans l'Afrique équatoriale.

La Société pour l'Encouragement de l'Industrie nationale, dans sa séance du 15 juillet 1870, avait à décerner pour la première fois la médaille d'or dite « grande médaille de Chaptal ».

Sur la proposition de son Comité du Commerce, elle décerna cette médaille à M. de Lesseps « pour services rendus à l'Industrie et au Commerce par l'ouverture du canal de Suez ».

Le rapport du Comité, après un long exposé des résultats commerciaux amenés par l'ouverture du canal, se terminait ainsi :

Tels sont les faits qui ont engagé votre Comité du Commerce à faire à la Société d'Encouragement la proposition de remettre à M. F. de Lesseps la grande médaille dont elle dispose cette année; elle récompensera à la fois l'homme qui, par son énergique volonté, a su mener à bien une immense entreprise, et un fait considérable qui est à la fois une révolution et un progrès dans notre commerce avec les peuples de l'Orient.

Bien que venant après les nombreuses distinctions dont les souverains l'ont honoré, celle-ci n'en sera pas moins sensible à M. F. de Lesseps; elle lui est offerte par une réunion d'hommes qui ne donne pas facilement son suffrage et qui n'a jamais récompensé que les services rendus à l'industrie et au commerce de son pays.

EN ANGLETERRE

A l'occasion d'une invitation qui lui avait été adressée pour assister à l'inauguration de l'établissement du télégraphe électrique entre l'Inde et l'Europe par la mer Rouge présidée par le prince de Galles, M. de Lesseps fit un séjour en Angleterre en juin et juillet 1870.

Pendant ce séjour, indépendamment de nombreuses et éclatantes manifestations en son honneur dans les deux grandes cités maritimes de Londres et de Liverpool, il fut l'objet des distinctions suivantes :

La Société britannique d'Encouragement des Arts, des Manufactures et du Commerce, présidée par le prince de Galles lui accorda (2 juillet) la médaille dite « du prince Albert » (instituée en 1863 par la Société en mémoire du prince, son ancien Président) en récompense des services rendus aux Arts, aux Manufactures et au Commerce par le percement du canal de Suez.

D'autre part, une lettre du 11 juillet, émanant de M. Gladstone, premier lord de la Trésorerie, annonça à M. de Lesseps sa nomination à la dignité de grand-croix de l'Ordre de l'Étoile de l'Inde dans les termes suivants :

Monsieur, le Gouvernement de la Reine désire que vous ne quittiez pas nos rivages sans quelque marque d'honneur en reconnaissance de l'énergie, de l'habileté et de la persévérance avec lesquelles, pendant tant d'années et au milieu de si grandes difficultés, vous avez amené la formation du canal de Suez, aujourd'hui heureusement achevé.

Précieuse pour toutes les nations du monde et pour les intérêts généraux de l'humanité, cette nouvelle et grande ouverture aux passagers et au trafic est par-dessus tout précieuse pour l'Inde qu'elle met en communication plus facile et plus étroite avec les grandes Nations civilisées du continent, aussi bien qu'avec le Royaume-Uni auquel elle est jointe par un lien politique.

A une époque antérieure de son règne, il a plu à Sa Majesté de fonder un ordre nommé « Order of Star of India » (Ordre de l'Étoile de l'Inde).

Dans ses clauses régulières, cet ordre est borné aux sujets de Sa Majesté et aux indigènes de l'Inde. Mais il est conféré comme honoraire aux personnes de grande distinction qui n'appartiennent pas à ces deux catégories et qui ont rendu des services signalés à l'Inde. Nul n'a plus manifestement que vous droit à de pareils titres, et j'ai reçu de la Reine le commandement de vous proposer de recevoir, avec l'approbation de votre Gouvernement, la grand-croix de l'Ordre.

Si cette proposition vous est agréable, j'inviterai, dès que j'en serai informé, lord Granville à solliciter du Gouvernement de l'Empereur l'autorisation qui, j'en ai la confiance, ne sera pas refusée.

(Le 27 juin 1871, M. de Lesseps fut investi par la reine, au château de Windsor, des insignes de sa décoration.)

Enfin, une autre lettre du 11 juillet, émanant du « Chambellan de Londres », annonça à M. de Lesseps que la « Cour du Common Council » (Cour des Aldermen ou Conseil municipal), réunie sous la présidence du lord-maire, avait résolu à l'unanimité que la franchise de la cité de Londres, enfermée dans une boîte d'or, lui serait présentée « pour son habileté à concevoir et son énergie et sa persévérance indomptables à exécuter l'achèvement heureux du canal de Suez ». La lettre demandait en même temps à M. de Lesseps de fixer un jour à sa convenance pour la réception des compliments que la Corporation de Londres avait l'intention de lui présenter.

Cette réception eut lieu à Guidhal, le 30 juillet, avec une grande solennité.

Le chambellan de Londres s'adressa en ces termes à M. de Lesseps :

Les marchands et les trafiquants de notre grande cité commerciale ne pouvaient rester spectateurs indifférents du progrès et de l'achèvement de votre merveilleuse entreprise, le canal maritime de Suez. C'est pourquoi la Corporation de Londres a profité de votre visite dans notre pays pour manifester l'admiration de nos citoyens, en offrant à votre acceptation la franchise honoraire de leur cité.

L'accomplissement heureux de votre œuvre extraordinaire a réalisé le rêve de trente siècles et a complété les desseins autrefois formés par les Pharaons et les Ptolémées des âges passés.

Par l'application de la science et de la diplomatie et d'une persévérance inaltérable, vous avez dompté des obstacles considérés jusqu'ici comme insurmontables ; vous avez démontré en même temps que le travail libre et le capital libre étaient capables d'achever ce que n'avaient pu exécuter les monarques despotiques aidés par d'innombrables captifs.

Vous avez réussi à subjuguer à votre volonté le sable intraitable, substituant aux patients et endurants « navires du désert » les navires de toutes les nations portant le commerce du monde entier.

Vous avez réellement rectifié la géographie, uni l'Europe à l'Inde, relié les deux extrémités du monde : en particulier, vous avez facilité l'intercourse entre nous et nos colonies des antipodes parlant anglais comme nous.

Vous avez fait plus encore que tout cela, car aucun bien ni aucune grande action ne reste sans donner ses fruits. Vous avez relevé les espérances et inspiré l'énergie de ceux qui veulent couper le continent américain et marier l'Océan Atlantique à l'Océan Pacifique.

Nous n'oublierons pas qu'à la France appartient presque exclusivement l'honneur et le mérite de cette grande entreprise ; et, depuis que les Anglais ont renoncé à leur scepticisme, ils ne se sont pas montrés lents à reconnaître qu'ils ont contracté à cet égard une dette de gratitude envers votre pays et envers vous-même.

Le commerce britannique, nous n'en doutons pas, se servira avec bonheur de la route que vous lui avez ouverte et justifiera ainsi les paroles que vous avez prononcées en disant que, quoique la France ait construit le canal, vous comptiez sur l'Angleterre pour le maintenir par la prédominance de son commerce.

Nous inscrivons votre nom aujourd'hui sur le livre de notre droit de cité en compagnie intime de ceux de Richard Cobden, l'apôtre du libre échange, et de Georges Peabody, le philanthrope américain, homme dont les actes, comme les vôtres, étaient pacifiques et purs de sang.

Notre grand poète Milton a dit que « la paix avait ses victoires non moins renommées que celles de la guerre » ; mais la conviction prévaut dans notre siècle que des hauts faits, tels que les vôtres, confèrent une plus haute gloire et conduisent à de plus fiers triomphes que ceux du guerrier le plus heureux. Nous comprenons bien que, comme un enfant du brave et belliqueux pays pénétré en ce moment de l'enthousiasme militaire, vous puissiez décliner une telle appréciation de votre grande entreprise ; mais lorsque l'épée sera rentrée dans le fourreau, et nous prions avec ferveur que ce soit promptement, lorsque le rugissement du canon aura cessé de nous étourdir, lorsque la pompe et l'éclat de la guerre aura cessé de nous éblouir, lorsque enfin les actions seront soumises avec calme et sans passion à la lumière invoquée de l'impartiale histoire, nous ne doutons pas que la France, plus encore, l'Europe et les civilisations unies, ne vous adjugent le prix d'avoir remporté une glorieuse et décisive victoire, la plus bienfaisante pour l'humanité.

Puissiez-vous vivre longtemps pour jouir de la satisfaction de votre succès, des honneurs que vous avez conquis et des distinctions que vous ont décernées toutes les nations de l'Europe ! De même que vous avez soumis un élément intraitable, puisse votre génie se diriger à rendre plus accessible à notre usage une autre des grandes forces de la nature, en prêtant votre coopération à ces habiles ingénieurs perfectionnant et étendant la communication télégraphique du globe ! jetant des chaines dans la mer, non selon le vieil exemple de Xerxès, dans le but d'exercer un esprit puéril de vengeance, mais afin de rapprocher les relations entre les hommes en liant les continents aux continents, et en formant ainsi une communauté d'intérêts, de pensées et de sentiments de nature à instruire les nations de leur commune fraternité, à les mettre à même de se mieux comprendre et apprécier les unes les autres et à rendre de moins en moins fréquent le recours à l'arbitrage destructeur de la guerre.

Et maintenant, Monsieur, au nom de Sa Seigneurie le Président, de ses collègues les aldermen et de chacun des membres de cette Cour, je vous présente une copie de la résolution dans une boîte qui a été préparée pour la recevoir, et je vous offre la main d'un concitoyen, en vous souhaitant santé, bonheur et continuation de votre utilité pour le monde.

FIN DE LA PREMIÈRE PARTIE

ANNEXE I

ORGANISATION ADMINISTRATIVE DE LA COMPAGNIE

A LA DATE DE L'INAUGURATION
DE L'OUVERTURE DU CANAL MARITIME A LA NAVIGATION

17 NOVEMBRE 1869

PROTECTEURS

S. M. le roi DON FRANÇOIS D'ASSISE ;
S. M. le roi DE PORTUGAL ;
S. M. le prince NAPOLÉON.

PRÉSIDENTS HONORAIRES

Ch. DUPIN (baron), sénateur, membre
de l'Institut ;
ELIE DE BEAUMONT, sénateur, secré-
taire perpétuel de l'Académie des
Sciences ;
D'AVILA (comte).

CONSEIL D'ADMINISTRATION[1]

Président-directeur

Ferd. DE LESSEPS, ministre plénipotentiaire.

Vice-présidents

D'ALBUFÉRA (duc), député au Corps
législatif ;
RUYSSENAERS (S.-W.), consul général
des Pays-Bas, en Egypte ;
REVOLTELLA (chevalier), banquier à
Trieste[1].

MEMBRES

ALLOURY ;
D'ANDRADA (Alvarès), ancien secré-
taire d'ambassade ;
BRUSI (Antonio) ;
DE CLERCQ, ministre plénipoten-
tiaire ;
CORBIN DE MANGOUX, conseiller à la
Cour impériale de Bourges ;
COUTURIER, banquier à Paris ;
DAVID, ministre plénipotentiaire ;
DEFRANCE (comte), capitaine de fré-
gate ;
DELAMALLE (Victor), membre du
Conseil général de l'Indre ;
EXELMANS (vicomte), vice-amiral ;
DE FLEURIAU ;
FLURY-HÉRARD (Paul), banquier, con-
sul général du Japon ;
DE GALBERT (comte) ;

---

1. Liste des nouveaux membres nommés en cours des travaux, en remplacement des membres décédés ou
démissionnaires qui faisaient partie du
premier conseil d'administration :
MM. Alloury, De Clercq, David, comte
Defrance, vicomte Exelmans, de Fleuriau, comte de Gontaut, Guillaume,
comte de Lesseps, de Lesseps (Ch.-A.),
Millon marquis de Mirabeau, Motet Bey,
marquis de Raigecourt.

---

1. M. le chevalier Revoltella, banquier à Trieste, l'un des trois vice-présidents, est décédé le 3 novembre 1869.

DE GONTAUT (comte A.);

GUILLAUME (Émile), ingénieur civil;

DE LAGAU, ministre plénipotentiaire;

DE LESSEPS (comte), sénateur;

DE LESSEPS (baron J.), chargé d'affaires du bey de Tunis;

DE LESSEPS (Ch.-A.), ancien secrétaire d'ambassade :

MILLON, député au Corps législatif;

DE MIRABEAU (marquis);

MOTET-BEY, lieutenant-colonel du génie.

DE PONTOI-PONTCARRÉ (marquis), membre du Conseil général d'Eure-et-Loir;

DE RAIGECOURT (marquis), ancien pair de France;

RANDOING;

RÉALI (chevalier), banquier à Venise;

TIRLET (vicomte), ancien membre de l'Assemblée législative;

TORELLI (L.), ancien ministre de l'Agriculture et du Commerce.

Secrétaire général

MERRUAU (Paul).

Membres honoraires

FLURY-HÉRARD (Prosper), banquier;

LANGE (D.-A.), représentant de la Compagnie en Angleterre.

COMITÉ DE DIRECTION

Ferd. DE LESSEPS, *président-directeur;*

Duc D'ALBUFÉRA, *vice-président;*

Baron J. DE LESSEPS;

Vicomte TIRLET;

Comte Th. DE LESSEPS;

V. DELAMALLE, *membre adjoint;*

P. MERRUAU, *secrétaire général.*

AGENCE SUPÉRIEURE EN ÉGYPTE

VOISIN-BEY[1], agent supérieur, directeur général des travaux;

Em. OLIVIER[2], commissaire de S. A. le vice-roi, près la Compagnie.

CONSEIL JUDICIAIRE

SENARD, avocat à la Cour impériale de Paris;

Léon CLÉMENT, avocat à la Cour de cassation;

CHAMPETIER DE RIBES, avocat à la Cour impériale;

FRÉVILLE, agréé au Tribunal de commerce;

MOCQUART, notaire à Paris;

DENORMANDIE, avoué près le Tribunal de 1re instance;

RIBODEAU-DUMAS, avoué près la Cour impériale;

Ch. DE LESSEPS, chef du contentieux.

---

1. En juin 1867, l'Agence supérieure a été réunie à la Direction générale des travaux et transférée, par là même, d'Alexandrie à Ismaïlia.

2. M. Em. Olivier a été nommé en remplacement de M. Conrad, décédé le 9 mai 1865.

ANNEXE II

TABLEAU DU PERSONNEL DE LA COMPAGNIE

A LA DATE DE L'INAUGURATION
DE L'OUVERTURE DU CANAL MARITIME A LA NAVIGATION

17 NOVEMBRE 1869

I. — ADMINISTRATION CENTRALE, A PARIS

SECRÉTARIAT GÉNÉRAL

MERRUAU, secrétaire général.

Cabinet du président

VALOIS, chef de cabinet.

Secrétariat

1er *Bureau*

DE LAROSE, chef de bureau.
BARRÉ, sous-chef de bureau.
NÉROT, employé.
LE CHARPENTIER, employé.
HERBET, employé.
O'NEILL, expéditionnaire.

2e *Bureau*

FONTANE, chef de bureau.
BRÉANT, sous-chef de bureau.
MÉREL, traducteur (langues turque, arabe et grecque).
SAVOUILLAN, traducteur (langues anglaise, allemande et italienne).
FOURNIER, expéditionnaire.

Contentieux

LIGNIÈRES, chef de bureau.

Économat

SIMON, économe.
FOURQUIER, employé.

COMPTABILITÉ GÉNÉRALE, FINANCES ET TITRES

SAINT-AMAND MARTIGNON, chef de division.
GARNOT, sous-chef de division.

Caisse

WAGNER, caissier.
CHARPENTIER, sous-caissier.
FOURCADE,   —

Grand-Livre

PORCHEZ (Eugène), sous-chef de bureau.
CORARD,   —
BERGEZ employé.
PORCHER jeune, —

Portefeuille

MARC, sous-chef de bureau.
BAER, employé.

Vérification

DEJEAN (Abel), chef de bureau.
BRACHET, employé.
DE JEAN (G.), —
MONMARQUÉ, —

Correspondance et compte courant

HÉBERT, sous-chef de bureau.
LEGRAND, employé.

Vidal, employé.
Midavaine, expéditionnaire.

Archives
Delaunay, sous-chef de bureau.
Séglas, employé.
Fourcade jeune, expéditionnaire.

Titres
Meunier, chef de section.
Villeneuve, sous-chef de section.
Ancelin, sous-chef de bureau.

Bernavon, employé.
Durand, —
Masse, —
Quesnel, —
Fourcade père, —
Vandervenne, —
Grisard, —
Guérin, —
Maillot, —
Damois, —
Naizon, —

II. — SERVICES D'ÉGYPTE

AGENCE SUPÉRIEURE

Voisin-Bey, agent supérieur, directeur général des travaux.

Agence et caisse d'Alexandrie
Daubrée, agent.
Campos, agent postal.
Kahla, interprète principal.
Abdallah, commis de douane.
Lamare, caissier principal.
Deroy, comptable.
Hassan, aide-caissier.
Della-Décima, expéditionnaire.
Nicoullaud, chef du contentieux.
Omer-Nicoullaud, commis d'ordre.

Agence et caisse du Caire
Vernoni, agent.
De Franciis, comptable.
Carabet, aide-caissier.

Caisse de Suez
Lesieur, caissier.
Bernard, payeur ambulant.

Caisse d'Ismaïlia
Moczanski, caissier.
Massia, sous-caissier.
Raphael, payeur ambulant.

Caisse de Port-Saïd
Fiorentino, caissier.
Lombardo, payeur ambulant.

SERVICE DE SANTÉ

Service central
Aubert-Roche, médecin en chef.
Bargeton, secrétaire-comptable.
Leverrier, économe central.

Circonscription de Port-Saïd
Zarb, médecin chef de service.
Anastasiadis, médecin ajoint.
Arciro, pharmacien.

Circonscription de Raz-el-Ech
Casella, aide-médecin.

Circonscription de Kantara
Bourboukaki, médecin.
Bagnagatti, pharmacien.

Circonscription d'el Guisr
Paladini, médecin.
Monda, pharmacien.

Circonscription d'Ismaïlia
Companyo, médecin chef de service.
Berjoan, médecin adjoint.
Aillaud, pharmacien.
Hussein, aide-médecin.
Monda-Kourmonsi, aide-pharmacien.

Circonscription du Serapeum
Déchen, médecin chef de service.
Chabassy, médecin adjoint.
Soliman-Effendy, aide-médecin.
Marguet, pharmacien.

Circonscription de Chalouf

CHAIX, médecin chef de service.
ARGIRO, médecin adjoint.
PERRIN, pharmacien.
PERRACHI, aide-médecin.

Circonscription de Suez

SALÉMI, médecin chef de service.
IBRAHIM-NÉGIB, médecin adjoint.
THÉODORO, pharmacien.

SERVICE DU DOMAINE

POILPRÉ, chef du service.
HOLLEBECK, sous-chef.
AUBERT, agent.
JOOS, comptable.
MARTIN, expéditionnaire.
DE GAVOTY, agent technique.
GÉRIN, agent.

Bureau de Paris

CURMER, dessinateur.

SERVICE DU TÉLÉGRAPHE

Service administratif

RICHE, chef du service.
THÉVENET, chef du service central.
LAVESVRE, chef de la comptabilité.
JEANDEL, agent comptable.

Service actif

BRUNET (Jean), agent à Ismaïlia.
BRUNET (Antoine),   —   —
SAINT-HILAIRE,   —   —
SIMON,   — à Kantaru.
BASTIDE,   — à Port-Saïd.
BŒHM,   —   —
PAGÈS,   — au Serapeum
BRISSAUD,   — à Suez.
BONTEMPS,   —   —

Service de Paris

VACHER, employé comptable.

SERVICE DU TRANSIT ET DES TRANSPORTS

GUICHARD, chef du service.

Inspection

BOURQUELOT, inspecteur.
DE LATOUR,   —

Secrétariat

DESAVARY, chef du secrétariat.
GAULTIER, secrétaire, commis d'ordre.
RIGA, expéditionnaire.

Magasins

VINCENT, magasinier-économe.
SPARTALY, comptable.

Comptabilité

VACHON, chef de la comptabilité.
RIVA,   comptable.
MARRE,   —
HÉRAUD,   —
COMBAZ,   —
MOUILLESEAUX,   —
DESVEAUX,   —
MARTIN-BELLET,   —
RUMEAU,   —
BARTOLOTTI, expéditionnaire.

Service technique

POUCHET, chef de service.
MOUGEL (Fernand), sous-chef de bureau.
BOURRÉ, agent chargé des bâtiments.

Port-Saïd

BLANCK, chef de traction.
EMERY, comptable.
BOURGEY, contremaître de chantier.
BRISSAUD, mécanicien.
DELARFEUIL,   —

Ismaïlia

DECERFZ, chef de traction.
DE LATOUR fils, comptable.

Suez

LENORMAND, agent technique.

Agence d'Ismaïlia

Autran, agent principal.
De Saurimond, agent du mouve-
ment.
Coulomb, comptable.
Sakakini, interprète.
Fesquet, agent à Kantaru.
Chappas, agent au kil. 63.

Agence de Port-Saïd

De Rouville, agent principal.
Chartrey, agent du mouvement.
Koller, sous-agent.
Leduc, interprète.

Agence de Suez

Schiff, agent principal.
Rigot, agent à l'écluse.
Gouin, capitaine de port.
Pisani, comptable.
Blanpied, —
Barbarin, agent à Chalouf.

Service de Paris

Buquet, agent technique.
Beckers, —

DIRECTION GÉNÉRALE DES TRAVAUX

Voisin-Bey (déjà nommé), Agent
supérieur, directeur général des
travaux.

Secrétariat

Ritt, chef du secrétariat.
Moll, sous-chef.

Bureau technique

Cadiat (Ernest), chef de bureau.
Ratuld, chef de section (Etudes).
Lacroix, conducteur.
Czepeck, dessinateur.

Bureaux administratifs

Riga, commis d'ordre.
Combès, économe-comptable.
Benvenuti, comptable.
Lombard, employé.
Thomé, —

Comptabilité générale

Magnan, chef de la comptabilité gé-
nérale.
Jardin, sous-chef.
Castel, chef de bureau.
Czepeck père, comptable.
Barbaza, —
Lachiche, —
Aleu de Soria, —
Dalligny, sous-chef de bureau.
Jarret, comptable.
Terren, sous-chef de bureau.
Plendoux, comptable.
Barthès, —
Daine, —
Clark, —
Bruneau, —
Bordes, —

Bureaux détachés

Geyler, chef des bureaux détachés.
Coulet, sous-chef.

Bureau central

Lapierre, commis d'ordre.
Brochier, comptable.
Stephan, écrivain-traducteur.

Campements

Tétard, agent à Ismaïlia.
De Brunetière, agent à El Guisr.
Du Bourguet, agent à Kantara.
Régnier, agent à Port-Saïd.
Cipriotti, aide-agent à Port-Saïd.
D'Angelis, agent au Serapeum.
Merlé, agent à Chalouf.

Division du matériel

Monteil, ingénieur du matériel.
Vincent (Edouard), chef comptable.
Signoud, comptable.
Wilbois, commis d'ordre.
Couppé, dessinateur.
Collet, —
Bader, chef de dépôt à Ismaïlia.
Rolland, comptable.
Dupré, chef de dépôt à Port-Saïd.
Montalti, dessinateur.

Division de Port-Saïd

Laroche, ingénieur chef de division.

Bureau divisionnaire

Béringer, chef de bureau.
Faure, commis d'ordre.
Lesieur, chef comptable.
Comboul, conducteur (études).
Michel, agent auxiliaire.

Section de Port-Saïd

Thouzet, chef de section.
Poirson, conducteur.
Geoffroy, —
Vabre, maître de port.

Section des jetées

De Kerhor, chef de section.
Prévissich, agent auxiliaire.

Section de Raz-el-Ech

Heidegger, chef de section.
Collas, conducteur.

Division d'El Guisr

Gioia, ingénieur chef de division.

Bureau divisionnaire

Dubois, chef de bureau.
Caillaud, chef comptable.

Section d'El Guisr

Fulter, chef de section.
Masqueray, conducteur.
Richard, —
Blondel, —
Defraire, agent auxiliaire.
Tinti, —
Latif, dessinateur.

Section de Kantara

Paponot, chef de section.
Aladenize, conducteur.
Brouard, —
Le Chevallier, agent auxiliaire.

Division d'Ismaïlia

Berthault, ingénieur chef de division.

Bureau divisionnaire

Lalueugue, chef de bureau.
Hérent, chef comptable.
Saucède, conducteur.
Plattéeu, expéditionnaire.

Section d'Ismaïlia

Gutter, chef de section.
Bros, agent auxiliaire.
Quesnel, —
Duchesne, comptable.

Section du lac Timsah

Gouget, chef de section.
Kerviller, conducteur.
Mougel (Léopold), conducteur.
De Galard, comptable.

Section du Serapeum

Saint-Vanne, chef de section.
Dorget, dessinateur.
Meugly, agent auxiliaire.
Orsoni, comptable.

Division de Suez

Larousse, ingénieur chef de division.

Bureau divisionnaire

Palaa, chef de bureau.
Kruger, conducteur.
Sert, dessinateur.
Leclerc, chef comptable.
Gérard (Oscar), commis d'ordre.
Moughile, drogman-écrivain.

Section de Suez

Aumas, chef de section.
Accouturier, conducteur.
Evrot, —

Section de la plaine de Suez

Fabre, chef de section.
Bourthoule, agent auxiliaire.

Section de Chalouf

Henry, chef de section.
Champ-Renaud, conducteur.

Section des Lacs Amers

Verjus, chef de section.

Service de Paris

Cadiat (Victor), ingénieur chef du service.
Gaget, chef de bureau.
Perrodon, sous-chef de bureau.
Guérinière, employé principal.
Collavecchia,   —
Rouette,   —
Dauzats, contrôleur.
Saint-Aude, agent à Marseille.
Vodoizet, employé à Marseille.

SERVICES RELIGIEUX

Culte catholique

Ismaïlia : un curé et un servant.
El Guisr :   —
Port-Saïd :   —
Serapeum : un curé.
Chalouf :   —

Culte grec

Ismaïlia : un pope et un servant.
Port-Saïd : deux popes et un servant.

Culte musulman

Ismaïlia : deux muezzins.
El Guisr : un muezzin.
Port-Saïd :   —

ANNEXE III

TABLEAU DES FONCTIONNAIRES
ET PRINCIPAUX EMPLOYÉS DE LA COMPAGNIE

DÉCÉDÉS EN COURS DES TRAVAUX
OU AYANT QUITTÉ LE SERVICE AVANT LE 17 NOVEMBRE 1869

DATE DE L'INAUGURATION DE L'OUVERTURE DU CANAL MARITIME A LA NAVIGATION

I. — ADMINISTRATION CENTRALE, A PARIS

SECRÉTARIAT GÉNÉRAL

Secrétariat

Colombel, employé.
Gasnault, traducteur.
Tancrède, employé.

Contentieux

Belland, chef du contentieux.
Garnon, employé.
Templer, —

Services administratifs

(Supprimés en 1861)

Calvet, employé.
Cottrau, chef de bureau.
Holland, —
Homberg, —
Maurin, chef de division.

COMPTABILITÉ GÉNÉRALE

Barberot, employé.
Blanc —
Bourget, sous-chef de bureau.
Caussemille, caissier central.
Lafont, employé.
Lelouvier, —
Le Porquier, —
Du Merle, —
Naveau, —
Rémusat, sous-caissier.
Sacré, employé.
Van der Veene (Théophile), employé

TITRES

Saint-Edme Petit, chef de divison.
Détrois, commis d'ordre.
Poinsignon, employé.

II. — SERVICES D'ÉGYPTE

INSPECTION GÉNÉRALE

(Supprimée en 1867)

Comte Sala, inspecteur général.

AGENCE SUPÉRIEURE

Vernoni (Charles), chef de service.
Grandguillot, sous-chef.

De Régny, chef du secrétariat.
Pierre, caissier.
Bembaron, payeur.
Canut, —
Dorier, —
D'Arzac, contrôleur.
Bourgarel, économe.
Buul, agent transiteur.
Frangi, comptable.
Terni, —
Tournier, —
Truand, —
De Bourville, agent au Caire.
Martin, chef comptable.
Beroard, secrétaire.
Costa, agent à Suez.
Manoury, avocat-conseil.
Marthoud, commis d'ordre.

SERVICE DE SANTÉ

Dr Bourgoin, médecin.
Dr Fibich, —
Dr de Guérin, —
Dr Héroard, —
Dr Ibrahim Mustapha, médecin.
Dr Panet, médecin.
Dr Papatheodoro, —
Dr Paterno, —
Dr Terrier, —
Dr Valentini, —
Dr Zuridi, —
Ahmet Raffat, aide-médecin.
Ali Effendi, —
Salvo Cazala, —
Amid, pharmacien.
Chambard, —
Jonquelair, —
Montani, —
Signoux, —
Richard Woss, pharmacien.

SERVICE AGRICOLE

(Domaine de l'Ouady)

(Supprimé en 1866)

Boroni, agent des plantations.
De Carné, agent.
Hassan Effendi, nazir du Chiflik.

Moharem Salamé, chef arpenteur-comptable.
Moutran, interprète.
Voisin (Jules), agent.

DIRECTION GÉNÉRALE DES TRAVAUX

1re PÉRIODE : ANNÉES 1859 ET 1860

Mougel-Bey, directeur général des travaux jusqu'en octobre 1861.

Direction et Contrôle des travaux à Paris

Audibert, employé.
Blomme, chef de bureau.
Bourdon, chef de service.
Bourgeois, employé.
Debénath, employé.
De Peyrelongue, employé.
Rombi, dessinateur.
Thorel, chef de bureau.
Van de Poll, dessinateur.
Van der Veene (Pierre), employé principal.

Direction et Contrôle des travaux en Égypte

De Montaut, ingénieur chef du service central; puis, en 1861, ingénieur chef de division.
Baratte, sous-ingénieur du matériel.
Borelli, employé.
Boriglione, —
Clausel, —
Gaudefroy, photographe.
Mustapha Effendi, drogman.
Pompéï, employé.

Section de Port-Saïd

Goëlo, conducteur chef de bureau.
Guillaume (Georges), employé.
Maehly, sous-ingénieur mécanicien.
Schadé, conducteur.

Section du canal d'eau douce

Cazaux, ingénieur chef de division.
Daru, ingénieur.

Section de Suez

Longo, conducteur.

2e PÉRIODE : A PARTIR DE 1861

DIRECTION ET CONTROLE EN ÉGYPTE

Secrétariat

ARCACHE, écrivain-traducteur.
BOURDIER, piqueur.
BOURIOL, —
DEJOULT, employé.
ECKOLD, dessinateur.
GAILLY, —
LECOCQ DE LA FRÉMONDIÈRE, dessinateur.
MAROUM SAYAN, écrivain-traducteur.
MIKALSKI, piqueur.
MOLLARD, dessinateur.
PESANO, conducteur.
RICHOU, —
RIEHR, —
ROUS, chef de section.
SAUTEREAU, dessinateur.

Comptabilité générale

BERGONNIER, employé comptable.
BERNARD-VAILLANT, employé comptable.
BERTAUX, employé comptable.
BOIVIN, —
BREYNAT, —
CHARDARD, —
DROUAULT aîné, chef comptable.
DROUAULT jeune, employé comptable.
GUÉDON, —
HUBIDOS, sous-chef comptable.
JOUVE, employé comptable.
LAMBERT, —
LAVISSIÈRE, —
LEGAL, —
LETESSIER, —
LEVIEUX, contrôleur.
LEVITRE, sous-chef comptable.
MARC, employé comptable.
MARLINGE, contrôleur.
MICHEL, employé comptable.
RIGAULT, —
TIRRON, —
VARLET, sous-inspecteur.
ZIMMERMANN, employé comptable.

Ingénieur en chef des travaux

(Service supprimé le 1er mars 1865)

SCIAMA, ingénieur en chef.
DAUMAS, rédacteur.
DREYFUS, secrétaire.
FRANCHETTI, rédacteur.
GUILLAUD, comptable.
JOLLY, ingénieur.
LAFFÉRÈRE, conducteur.
LALLEMAND, —
LAMBERT, chef de section.
RICHARD, —
SERF, dessinateur.
TISSOT, chef de bureau technique.

Services divers des travaux

BOURSIER, conducteur.
CLOSIER, — chef des études.
COURADY, piqueur.
CUVIER, conducteur.
DUBOIS, —
DURAND, —
GEOFFROY (Alexandre), conducteur.
GRAS, conducteur.
GABUSSI, chef de section.
JOTTAY, —
LASSALLE, —
LEMASSON, —
MOUSSEAU, —
SIMON, piqueur.

Agents de l'entreprise Hardon

*Provisoirement conservés
par la Compagnie (1863-1864)*

BARELLIER, chef de division.
BORDELET, chef de section.
QUILLEBŒUF, —
CLERC, —
MÉZIÈRES, employé.
OLAGNIER, —
FLAMANT, —
DENIS, —

Service du recrutement

(Supprimé en 1866)

CAZÉJUS, inspecteur.
ESPÉRON, agent à Gazza.
MANI, — à Tantah.

Philibert, agent à Jaffa.
Sayech, drogman du gouverneur général.

Bureaux détachés

Brossard, sous-inspecteur des postes et télégraphes.
Caron, commissaire municipal.
Daunos, agent du télégraphe.
Delforge, commissaire municipal.
Gauneau, agent du télégraphe.
Lestrade, agent de la poste.
Moroni, agent de campement.
Rousselot, agent du télégraphe.
Sanson, commissaire municipal.

Intendance générale
(Service supprimé en 1864)

Angot, intendant général.

Secrétariat

Bonfanti, comptable.
Bouis, magasinier général.
Naggiar, drogman.
Rémy, secrétaire.

Comptabilité

Block, comptable.
Choquin de Sarzac, comptable.
Cochard, comptable.
Girettte, —
Maziau, sous-chef.

Inspection du Caire

Sizo, inspecteur.
Bescriani, sous-inspecteur.
Benick de Saxenfeld, agent de renseignements.
Bigiavi, agent des transports.
Bressif, comptable.
Musso, agent chargé de missions.
Rosé, magasinier principal.

Sous-inspection d'Alexandrie

Bernard, commis aux achats.
Breton, magasinier.
Castellucio, comptable.
Fernandez, agent des transports.

Inspection de Zagazig

Wilkinson, inspecteur.
D'Arbonne, magasinier.
Bonfort, agent des transports.
Costi, contrôleur ambulant.
Deneumoulin, comptable.
De Romano, agent des transports.

Inspection de Port-Saïd

De Sinceny, inspecteur.
Arnaud, contrôleur.
Balaman, magasinier principal.
Benoit, comptable.
Brémont, agent des transports.
Brochier, comptable.
Chagny, —
Chaudru, magasinier.
Delaveau, —
Delbert, contrôleur.
Finkel, comptable.
Gailly, sous-inspecteur,
Olivier, magasinier.
De Reverony, agent à Damiette.

Inspection d'Ismaïlia

Farfara, inspecteur.
Hess, sous-inspecteur.
Bastier, comptable.
Durondeau, chef comptable.
Durousseau, magasinier principal.
Frantz, comptable.
Kerrich, agent des transports.
Levasseur, magasinier.
Magnani, comptable.
Melissi, magasinier.
Montandon, comptable.
Oberlin, agent des mouvements.
Paravey, comptable.
Rigot, agent des transports.
Tesseyre, comptable.
Valette (Hippolyte), agent des mouvements.

Service des magasins et transports

Albert, comptable.
Audibert, contrôleur.
Bancel, magasinier principal.
Bauquels, comptable.

BERTRAND, comptable.
BRUNEL, sous-chef du service.
DIONIS DU SÉJOUR, comptable.
DUMARCHÉ, agent des transports.
GALLOTTE, magasinier principal.
JUILLET SAINT-LAYER, chef du service central.
LA BLANCHETAIS, commis d'ordre.
DE LAPLANE, agent des transports.
LEMAITRE, médecin vétérinaire.
MEUNIER, agent principal des transports.
THIÉBAULT, comptable.
TRIPOD, agent des transports.
VAUTHIER, magasinier principal.
WASCOSSO, aide-contrôleur.

Service du matériel

BORCK, destinateur.
GUILLOT, chef comptable.
SAUNIER, magasinier.

Division de Port-Saïd
(Voir la période 1859-1860)

BADOIS, chef de section.
BANÈS, agent de la marine.
BIAUZON, chef de section.
BOTTGER, comptable.
BOURDIN, piqueur.
BOURGOIN, chef de bureau.
BROUSSE, dessinateur.
DAYAN, rédacteur-interprète.
DUPERRON, comptable.
ESTER, chef de section.
FÉLIX, piqueur.
GATIER, comptable.
DE GAVOTY, dessinateur.
HUGUES, chef comptable.
JOURDAN, comptable.
LATIF Manoug, conducteur mécanicien.
LECLERC, chef comptable.
LÉNARD, dessinateur.
LESCURE (Alphonse), comptable.
MARÉCHAL, chef de section.
ODENTKIRSCHEN, piqueur.
PERANO, conducteur.
PEYRUSSON, piqueur.
PEYTAVI, chef de section.

PIQUANT, contremaître aux ateliers.
PORCELET, chef de section   —
ROUBAUD, comptable.
SCHMIDT, chef du matériel et des ateliers.
SÉNÉQUIER, contremaître du matériel et des ateliers.
STRIGELLI, piqueur.
TYAN-MAUSOUR, drogman écrivain.

Division d'El Guisr

AHMED-OUADY, drogman.
ANDRÉ, conducteur.
BARON, piqueur.
BONNAFÉ,   —
BOY, conducteur.
CHRETIEN, chef de section.
DUPONT, piqueur.
KORIKOWSKI, conducteur.
LATIF-MOHAMMED, drogman.
LESCURE (Adrien), comptable.
MAUREL,   —
MICHAUD, piqueur.
MARTIN (Auguste), piqueur.
MOKLIN, conducteur.
PARANS, piqueur.
POILAY (Edouard), conducteur.
POILAY, jeune   —
POILPRÉ (Emile), chef comptable.
VALETTE père, piqueur.
VENTAJOUX,   —
VILMUS,   —

Division d'Ismaïlia

VILLER, ingénieur chef de division.
BETTÈS, sous-ingénieur   —
ANGIBAULT, piqueur.
BROS,   —
CAILLIÉ, chef de section.
CARRON, piqueur.
DUCHÈNE, comptable.
LALLEMAND, conducteur.
LECOMTE (Louis), chef de section.
LECOMTE (Edouard), dessinateur.
LE TORR DE CHAUMESNIL, conducteur.
LORY (Paul), piqueur.
MARIETTE, dessinateur.
MARTEAU, piqueur.
MASSON, chef de section.

Orsoni, comptable.
Silvestre, piqueur.
Saint-Marc-Castel, comptable.
Vidal,   —
Vigouroux, piqueur.

Division de Suez

(Voir la période 1859-1860)

Collin, chef comptable.
Giffard, conducteur.
Jacq Yves, piqueur.
Linant, conducteur.
De Marcilly, dessinateur.
Massaoui, écrivain-traducteur.
Mougbib-Mohammed, drogman.
Monstapha-Bonnel, drogman.
Paran, piqueur.
Pierrat, conducteur.
Riche (Armand), chef de section.
Theodoro, comptable.

Division du canal d'eau douce

(Voir la période 1859-1860)

Bouriot, chef de bureau.
Chanoine, conducteur.

Fauqué, comptable.
Gros, conducteur.
Lory (Auguste), chef de section.
Philippot, comptable.
Poujol, piqueur.
Vincent (Edouard), comptable.

Division de la marine

(Service supprimé en 1864)

Capitaine Philigret, chef de service.
Capitaine Conseil, inspecteur.
Bernis, capitaine de port au Mex.
Bucciapti, agent des mouvements.
Caruance, comptable.
Gorra, commis d'ordre.
Greppo, contremaître de chantier.
Hélouis, comptable.

Service de Paris

Hanet-Cléry, chef de service.
Buvignier, sous-chef de bureau.
Denvil, employé.
Leguillon, agent réceptionnaire.
Pelissier, employé.

ANNEXE IV

RELEVÉ DU PERSONNEL AYANT PRIS PART A LA CONSTRUCTION DU CANAL

PROVENANT

DES ÉCOLES POLYTECHNIQUE, CENTRALE, DES ARTS ET MÉTIERS ET DES MINES DE FRANCE
ET DES ÉCOLES POLYTECHNIQUES DE L'ÉTRANGER

NOMS	PROMOTION	FONCTIONS DANS LES TRAVAUX DU CANAL	DURÉE DES SERVICES	
			ENTRÉE	SORTIE

I. — COMPAGNIE
Ecole Polytechnique

NOMS	Promotion d'entrée	FONCTIONS DANS LES TRAVAUX DU CANAL	ENTRÉE	SORTIE
Berthault	1843	Ingénieur chef de division	Novembre 1866	Fin des travaux.
Cadiat (Victor)	1854	Ingénieur chef du service de Paris	Août 1863	—
Hanet-Cléry	1844	— —	Octobre 1861	Août 1862.
Juillet-Saint-Lager	1831	Chef du service central du transit	Mars 1865	Octobre 1868.
Laroche	1849	Ingénieur chef de division	Février 1859	Fin des travaux.
Larousse	1851	— —	1856 (Etudes)	—
De Latour	1841	Inspecteur du transit	Mai 1864	—
Montaut	1843	Ingénieur chef du service central. Ingénieur chef de division	1856 (Etudes)	Fin 1861.
Mougel-Bey	1828	Directeur général des travaux	—	Octobre 1861.
Sciama	1839	Ingénieur en chef des travaux	Août 1861	Mars 1865.
Viller	1839	Ingénieur chef de division	Mars 1862	Février 1866.
Voisin Bey	1838	Directeur général des travaux. Agent supérieur de la Compagnie en Egypte	Janvier 1861	Fin des travaux.

NOMS	PROMOTION	FONCTIONS DANS LES TRAVAUX DU CANAL	DURÉE DES SERVICES	
			ENTRÉE	SORTIE
Ecole Centrale				
Promotion de sortie				
BADOIS	1860	Chef de section	Juin 1863	Mai 1864.
CADIAT (Ernest)	1862	Chef de bureau technique	Septembre 1863	Fin des travaux.
CAILLIÉ	1854	Chef de section des ateliers	Septembre 1860	Août 1866.
KERVILLER-Pocard	1866	Chef de section	Août 1867	Fin des travaux.
KRÜGER	1865	Conducteur	Juillet 1866	—
LINARD	1862	Dessinateur	Novembre 1862	Avril 1864.
MONTALTI	1860	Conducteur	—	Fin des travaux.
POIRSON	1853	—	Avril 1866	—
POUCHET	1855	Ingénieur du transit	Juillet 1859	—
RICHE (Armand)	1844	Chef de section	Juin 1861	Juin 1864.
Ecoles des Arts et Métiers (Aix, Angers, Châlons)				
Promotion d'entrée				
DAUZATS	1856	Contrôleur (service de Paris)	Février 1862	Fin des travaux
DUPRÉ	1856	Chef de dépôt du matériel	Février 1861	—
GUITER	1839	Chef de section	Mars 1861	—
MONTEIL	1850	Ingénieur chef du matériel	—	—
Employés des Ponts et Chaussées de France				
ALADENIZE	»	Conducteur	Juillet 1863	Fin des travaux.
AUCOUTURIER	»	—	Juillet 1866	—
AUMAS	»	Chef de section	Juillet 1865	—
BARBELET	»	Chef de chantier	Novembre 1862	Juin 1863.
BÉRINGER	»	Chef de bureau divisionnaire	Mars 1866	Fin des travaux.
BETTÈS	»	Sous-Ingénieur chef de division	Septembre 1865	Septembre 1866.

NOMS	PROMOTION	FONCTIONS DANS LES TRAVAUX DU CANAL	DURÉE DES SERVICES	
			ENTRÉE	SORTIE
BIAUZON	»	Chef de section	Juillet 1863	Mai 1864.
BLONDEL (Alfred)	»	Conducteur	Septembre 1867	Fin des travaux.
BOURGOIN	»	Chef de bureau divisionnaire	Juin 1863	—
BOURIOT	»	—	Juin 1861	Octobre 1866.
CAZAUX	»	Ingénieur chef de division	1856 (Études)	—
CLOZIER	»	Conducteur chef des études	Février 1860	Juin 1864.
COMBOUL	»	Chef de section	Avril 1863	Fin des travaux.
CUVIER	»	Conducteur	Juillet 1863	Novembre 1863.
DUBOIS	»	Chef de bureau divisionnaire	Novembre 1866	Fin des travaux.
EVROT	»	Conducteur	Novembre 1865	—
FABRE	»	Chef de section	Juillet 1866	—
GEOFFROY	»	Conducteur	Janvier 1866	Avril 1869.
GOËLO	»	Chef de bureau divisionnaire	Mars 1860	Octobre 1862.
GOUGET	»	Chef de section	Mars 1862	Fin des travaux.
HENRY	»	—	Juin 1863	—
LALHEUGUE	»	Chef de bureau divisionnaire	Octobre 1865	—
LAMBERT	»	Chef de section	Septembre 1863	Décembre 1866.
LASSALLE	»	Conducteur	Novembre 1865	Mai 1866.
LE COMTE (Louis)	»	Chef de section	Novembre 1861	Septembre 1866.
LOSTIE DE KERHOR	»	—	Juillet 1863	Fin des travaux.
MASSON	»	Chef de section	Juillet 1863	Juillet 1865.
PALAÀ	»	Chef de bureau divisionnaire	Décembre 1862	Fin des travaux.
PEYTAVI	»	Chef de section	Juin 1861	Juin 1864.
RATULD	»	Chef de section des études	Octobre 1860	Fin des travaux.
RICHON	»	Conducteur	Août 1861	Novembre 1862.
ROUS	»	Chef de section	—	Juillet 1865.
SAUCÈDE	»	Conducteur	Février 1866	Fin des travaux.

NOMS	PROMOTION	FONCTIONS DANS LES TRAVAUX DU CANAL	DURÉE DES SERVICES	
			ENTRÉE	SORTIE

Écoles Ploytechniques de l'Étranger

ECOLE DE LAUSANNE

Champ-Renaud......	»	Conducteur............................	Janvier 1868	Fin des travaux.

ECOLE DE MUNICH

Heidegger.........	»	Chef de section......................	Juillet 1863	Fin des travaux.
Schmidt...........	»	Ingénieur, chef du matériel et des ateliers.......	Octobre 1861	Décembre 1863.

UNIVERSITE DE TURIN

Gabussi..........	»	Chef de section......................	Février 1862	Août 1862.
Gioia.............	»	Ingénieur chef de division............	Avril 1861	Fin des travaux.
Tissot...........	»	Chef de bureau technique.............	Mai 1861	Mai 1865.

ECOLE DE VIENNE

Bader.............	»	Chef de dépôt du matériel............	Décembre 1862	Fin des travaux.

II. — ENTREPRISE BOREL LEVALLEY ET Cⁱᵉ

École Polytechnique

Promotion d'entrée

Blondel..........	1857	Ingénieur chef de division............	Mars 1865	Fin des travaux.
Borel............	1838	Co-directeur de l'entreprise..........	Mars 1864	Octobre 1869.
Champouillon......	1853	Ingénieur du service de Paris.........	—	Fin des travaux.
Cotard...........	1854	Ingénieur chef de division............	—	—
Guillaumet........	1853	Chef de section......................	Juillet 1864	Juin 1869.
de Laugaudin......	1851	—	Septembre 1864	Fin des travaux.

NOMS	PROMOTION	FONCTIONS DANS LES TRAVAUX DU CANAL	DURÉE DES SERVICES	
			ENTRÉE	SORTIE
Lavalley (Alexand.)	1840	Co-directeur de l'entreprise................	Mars 1864	Fin des travaux.
de Mauriac........	1853	Sous-chef de section...................	Juillet 1864	—
Rousseau..........	1859	Chef de section......................	—	—
Scheider	1851	Conducteur.........................	Août 1866	—

École Centrale

Promotion de sortie

NOMS	PROMOTION	FONCTIONS DANS LES TRAVAUX DU CANAL	DURÉE DES SERVICES	
			ENTRÉE	SORTIE
Abonnat	1855	Magasinier principal..................	Septembre 1865	Fin des travaux.
Bouffé...........	1863	Conducteur.........................	—	Mai 1869.
Bourcière........	1865	Conducteur principal..................	—	Fin des travaux.
Brard............	1866	Conducteur.........................	Septembre 1868	—
Carié (Paul).......	1860	Ingénieur de la Société des forges et chantiers de la Méditerranée....................	»	»
Cuinat...........	1856	Chef de section......................	Janvier 1865	Mai 1867.
Faucon..........	1863	Conducteur.........................	Juin 1864	Janvier 1866.
Lecellier.........	1864	Chef de section......................	Septembre 1865	Fin des travaux.
Lemasson.........	1863	Chef de section (a servi d'abord à la Compagnie)..	Juillet 1867	—
Libaudière........	1866	Conducteur.........................	Septembre 1868	—
Maeyens	1866	—	Mars 1867	—
Mlodecki..........	1866	—	Juillet 1869	—
Rodolphe	1849	Chef de section	Mai 1864	—
Sage.............	1860	—	Février 1865	—
Salleron..........	1860	Conducteur principal..................	Novembre 1864	—
Thévenet (Jules)...	1848	Représentant de la maison Bazin frères. (Économat général)......................	»	»
Vincent..........	1857	Conducteur principal..................	Février 1865	Fin des travaux.

NOMS	PROMOTION	FONCTIONS DANS LES TRAVAUX DU CANAL	DURÉE DES SERVICES	
			ENTRÉE	SORTIE
		Ecole Libre des Mines		
FLEURY	»	Sous-chef de section	Août 1868	Fin des travaux.
		Écoles des Arts et Métiers		
	Promotion d'entrée			
BERNARDOT	1862	Conducteur	Février 1867	Fin des travaux.
BOURGEY	1857	Contrôleur du matériel	Janvier 1866	Décembre 1866.
CHAUMOUNOT	1858	Conducteur	Novembre 1866	Juillet 1868.
CHIARISOLI	1857	—	Avril 1866	Fin des travaux.
CHIRADE	1848	Dessinateur	Avril 1864	Juillet 1865.
COITTIER	1854	Chef de bureau	Septembre 1866	Fin des travaux.
COSTET	1852	Sous-chef des réparations	Août 1865	—
GEOFFROY	1843	Conducteur	Septembre 1866	—
GRANDVOINNET	1841	—	—	Décembre 1866.
JOLY	»	Conducteur	Décembre 1866	Fin des travaux.
LASSIA	1857	Dessinateur	Janvier 1866	Mars 1866.
LECOCQ DE LA FRÉMONDIÈRE	1858	Dessinateur. Agent des travaux. (A servi d'abord à la Compagnie)	Septembre 1863	Fin des travaux.
MONTEL	1852	Chef de section	Juin 1864	Fin des travaux.
NICOLAS	1862	Dessinateur	Août 1867	—
PATURAUD	1856	Conducteur	Août 1866	Mai 1869.
SAVIGNAC	1856	Dessinateur	Octobre 1866	Fin des travaux.
SCHNEIDER	1855	Conducteur	Mars 1867	—
SCRIBOT	1848	Dessinateur	Janvier 1868	Septembre 1868.

NOMS	PROMOTION	FONCTIONS DANS LES TRAVAUX DU CANAL	DURÉE DES SERVICES	
			ENTRÉE	SORTIE
Employés des Ponts et Chaussées				
Henry	»	Conducteur	Août 1865	Fin des travaux.
Kerforn	»	—	—	Août 1866.
Wolméringer	»	—	Janvier 1866	Fin des travaux.
Écoles Polytechniques de l'Étranger				
ECOLE DE CARLSRUHE				
De Biedermann	»	Conducteur	Septembre 1868	Fin des travaux.
Roth	»	Chef de bureau technique	Novembre 1866	Septembre 1867.
ECOLE DU HANOVRE				
Hegermann	»	Conducteur	Juillet 1866	Mai 1869.
Janicki	»	Ingénieur chef de division	Juillet 1864	Fin des travaux.
ECOLE DE MEININGEN ET DE NUREMBERG				
Freisslich	»	Chef de bureau technique	Octobre 1864	Fin des travaux.
ECOLE DE ZURICH				
Anastasia	»	Dessinateur	Septembre 1867	Fin des travaux.
Branner	»	—	Février 1868	—
Fontana	»	—	Janvier 1868	Mai 1869.
Giánini	»	—	Mars 1867	Fin des travaux.
Jeannerat	»	—	Janvier 1868	—
Jona	»	Conducteur	Septembre 1867	—
Mlodecki	»	Dessinateur	Juin 1868	Juillet 1869.
Pioda	»	—	Février 1867	Mai 1869.

NOMS	PROMOTION	FONCTIONS DANS LES TRAVAUX DE CANAL	DURÉE DES SERVICES	
			ENTRÉE	SORTIE

III. — ENTREPRISES DIVERSES

École Centrale

Dussaud (Auguste).	1864	Entrepreneur des jetées de Port-Saïd.		
Lasseron (Charles).	1832	Entrepreneur de la distribution d'eau douce d'Ismaïlia à Port-Saïd.		

TABLEAU RÉCAPITULATIF

PROVENANCE DU PERSONNEL	DISTRIBUTION			TOTAUX
	COMPAGNIE	ENTREPRISE BOREL-LAVALLEY et Cie	ENTREPRISES DIVERSES	
Ecole Polytechnique de France..........	13	10	»	23
Ecole Centrale	10	17	2	29
Ecoles des Arts et Métiers...............	4	18	»	22
Ecole des Mines.....................	»	1	»	1
Employés des Ponts et Chaussées	33	3	»	36
Ecoles Polytechniques de l'Etranger.......	7	13	»	20
Totaux........	67	62	2	131

TABLE DES MATIÈRES

ERRATA DU TOME I

PAGES	ENDROITS DES ERRATA	AU LIEU DE	LIRE
8	Tableau des distances :		
	Malte	(différence) 3.778	3.738
	Trieste	(distance) 5.980	5.960
	Bordeaux	— 6.650	5.650
11	4° ligne de la note	Par le canal 6.551	— 6.515
57	4° ligne à partir du bas de la page	Pert-Saïd	Port-Saïd
64	4° ligne de l'art. 19	Sera arrêté par nous	sera arrêtée par nous
72	5° ligne du 2° alinéa de la note 1	A des candidats présentés par ledit Gouvernement.	à des candidats désignés —
104	3° ligne de la citation	La Commission s'était imposée	— s'était imposé
137	Dans la liste des membres	Lefebvbe	Lefebvre
140	Dans la liste des délégués	Corbin de Mongoux	— de Mangoux
152	23° ligne à partir du haut de la page	Lac Menzaleb	lac Menzaleh
179	3° avant-dernière ligne	Inéviable	inévitable
181	18° ligne à partir du haut de la page	L'accroisement	l'accroissement
190	Avant-dernier alinéa de la note	Thewfik-Pach	Thewfik-Pacha
211	2° ligne à partir du bas de la page	Le Président peut faire	— put faire
233	2° colonne du tableau :		
	5° année	6.500 000	6.000.000
	6° année	6.500.000	6 000.000
253	2° ligne. Pour le côté d'Afrique	6.655	6.665
262	1° ligne de la note 1	Convention de 23 avril 1869	— du 23 avril 1869
272	7° ligne des conditions de l'émission	Remboursables en quarante années	— en cinquante années
283	14° ligne à partir du bas de la page	Au projet du Trésor égyptien	au profit —
285	5° avant-dernière ligne de la note	Pours tatuer	pour statuer
291	4° alinéa des conditions de la souscription	180 francs en souscrivant	100 francs —
307	Dernier nom du tableau des navires	Deer Hand	Deer Hound
308	Tableau des navires :		
	n° 24	Général Hotzebue	— Kotzebue
	n° 26	Principe Thomasa	— Tommaso
	n° 35	Assiont	Assiout

PAGES	ENDROITS DES ERRATA	AU LIEU DE	LIRE
309	Tableau des navires	Capréra	Caprera
	—	Herta	Hertha
311	1re ligne	Dans le a Timsah	dans le lac Timsah
318	3e alinéa	Cette réception eut lieu à Guidhal	— à Guild Hall
320	Annexe 1. — Protecteurs	S. M. le prince Napoléon	S. A. I. le prince Napoléon
321	Avant-dernière ligne de la note 1	Millon marquis	Millon, marquis
322	1re colonne	Réali	Reali
322	2e colonne	Em. Olivier	Em. Ollivier
	—	Ribodeau-Dumas	Ribadeau-Dumas
	—	Ch. de Lesseps, chef du contentieux	Ch. Lesseps —
	Note 2	Em. Olivier	Em. Ollivier
	—	Décédé	(mot à supprimer)
323	1re colonne	Le Charpentier	Le Carpentier
324	1re colonne	Della-Décima	Dalla-Decima
	2e colonne	Vandervenne	Van der Veene
329	2e colonne	St Edme Petit	St Elme Petit
333	1re colonne	Juillet St-Layer	Juillet St-Lager
338	Au-dessous de l'en-tête du cadre	Ecoles Ploytechniques	Ecoles Polytechniques

Vve Ch. DUNOD, Éditeur, quai des Grands-Augustins, 49, Paris

Des eaux comme moyen de transport. — Navigation fluviale et maritime, par A. DEBAUVE, ingénieur en chef des ponts et chaussées.

   1re *partie.* **Rivières.** 1 vol. gr. in-8° et atlas de 26 planches. . . 16 fr.
   2e *partie.* **Canaux.**   —   32   —   18 »
   3e *partie.* **Ports maritimes.** —   71   —   26 »
   Les trois parties réunies coûtent. . . . . 55 »

   La première partie traite de la navigation en général, régime des fleuves, inondations, torrents, amélioration des rivières.
   La deuxième partie comprend la construction et l'alimentation des canaux, des écluses, digues, réservoirs et l'exposé des voies navigables de la France.
   Enfin la troisième partie est consacrée à l'étude de la mer et de ses mouvements, des ouvrages extérieurs et intérieurs des ports, des phares et des balises, et contient en plus une note sur les canaux maritimes.

Les ports maritimes de l'Amérique du Nord sur l'Atlantique.

   Tome I. **Les Ports canadiens,** par le baron QUINETTE DE ROCHEMONT, inspecteur général des ponts et chaussées, et VÉTILLART, ingénieur en chef des ponts et chaussées. In-8° avec un atlas de 13 grandes planches en couleurs . . . . 18 fr.

Les Travaux souterrains de Paris, par BELGRAND, membre de l'Institut, inspecteur général des ponts et chaussées, directeur des eaux et égouts de Paris.

   Tome I. **La Seine.** — Études hydrologiques. — Régime de la pluie, des sources, des eaux courantes; applications à l'agriculture. 1 fort vol. in-8° avec figures et 1 atlas. 40 fr.

   Tome II. **Les Aqueducs romains.** — Distribution d'eau en Égypte, en Grèce, à Rome. — Sources. — Détails de construction des aqueducs romains; leur reconstruction par les papes. — Aqueduc romain de Sens. 1 vol. in-8° avec fig. et 1 atlas . . . . 30 fr.

   Tome III. **Les anciennes eaux.** — Puits. — Anciens aqueducs. — Pompes. — Machines hydrauliques. — Distribution des anciennes eaux. — Fontaines publiques. 1 fort vol. gr. in-8° avec fig. et 1 atlas. . 70 fr.

   Tome IV. **Les eaux nouvelles.** — Canaux de Paris; pompes à feu. — Usines hydrauliques. — Dérivation de la Dhuis et de la Vanne. — Réservoirs et Puits artésiens. 1 fort vol. gr. in-8° avec fig. et 1 atlas. . 55 fr.

   Tome V. **Les Égouts et les Vidanges.** — Période ancienne, période actuelle, tracé, exécution et matériel des égouts. — Vidanges, fosses, extraction, voirie, améliorations à faire, assainissement de Paris. 1 fort vol. gr. in-8° avec figures. 50 fr.

Tours, imprimerie DESLIS FRÈRES, 6, rue Gambetta.

www.ingramcontent.com/pod-product-compliance
Lightning Source LLC
Chambersburg PA
CBHW061303030726
47595CB00001B/185